U0727717

配电实用技术
与系统维护

杨立伟 著

黑龙江朝鲜民族 出版社

图书在版编目(CIP)数据

配电实用技术与系统维护 / 杨立伟著. -- 哈尔滨：
黑龙江朝鲜民族出版社, 2024. -- ISBN 978-7-5389
-2945-4

Ⅰ. TM727

中国国家版本馆CIP数据核字第2025RV8106号

PEIDIAN SHIYONG JISHU YU XITONG WEIHU

书　　名　配电实用技术与系统维护
著　　者　杨立伟
责任编辑　赵海霞
责任校对　姜哲勇
装帧设计　韩元琛
出版发行　黑龙江朝鲜民族出版社
发行电话　0451-57364224
电子信箱　hcxmz@126.com
印　　刷　黑龙江天宇印务有限公司
开　　本　787mm×1092mm　1/16
印　　张　18
字　　数　310千字
版　　次　2024年12月第1版
印　　次　2025年4月第1次印刷
书　　号　ISBN 978-7-5389-2945-4
定　　价　72.00元

前　言

随着我国经济的不断发展，社会用电量也在不断提高，尤其是工厂等生产制造业对电量的需求越来越大。因此，对于厂用供配电系统安全性和可靠性的要求也越来越高。工厂在生产加工过程中的某些流程对于生产的连续性有着严格要求，一旦出现断电致使设备停止运转，很可能发生爆炸、设备报废等事故，对生产企业造成严重的安全威胁。所以，提高厂用设备的供电持续性，保证可靠、安全的供电，对企业的安全生产，其重要性是不言而喻的。

目前，实现配电自动化所需要的技术已经成熟，电力公司所要做的工作是分析本公司配电网所需要的潜在功能，以确定合适的实现方案。值得注意的是，每个电力公司的配网都有其特殊性，比如地理环境、范围和规模、管理模式、用户性质等，这往往决定了该公司的配电自动化系统的最佳模式。

本书旨在对配电实用技术与系统维护进行探究。配电设备的检修与维护是配电系统安全、稳定运行的关键。在日常的检修与维护工作中，对检修人员进行培训，使其掌握常用的检修与维护技术，对不同类型的配电设备采用有针对性的方法，可以提高工作效率，从而达到事半功倍的效果。

目　录

第一章 绪 论

第一节 电力系统的基础知识

一、电力系统和电力网

1. 电力系统

由于目前电能还不能大量地储存，电能的生产、传送、分配和使用都是在同一时间内完成的，因此必须将各个环节有机地连成一个整体。电力系统就是由各种电压等级的电力线路将各发电厂、变电所和电力用户联系起来的一个发电、输电、配电和用电的整体。

电能具有输送方便、控制灵活、转换容易、利用率高、清洁经济等诸多优点，是厂矿企业最主要的动力和社会生活不可缺少的能源。

电能从生产到供给用户使用，一般要经过发电、变电、输电、配电和用电几个环节。由发电厂、变电所、输配电线路和电力用户连接而成的统一整体，称为电力系统。

发电厂是生产电能的工厂，可将煤、石油、天然气、水等一次能源转换成电能。发电厂可分为火、水、核、风、太阳、地热等发电厂。电能又称为二次能源。

电力网是连接发电厂和用户的中间环节，由变电所和各种不同电压等级的电力线路组成。按电压等级的高低和其供电范围的大小，电力网可分为地方电力网、区域电力网及超高压远距离输电网三种类型。地方电力网是指电压等级在 110 kV 及以下、供电半径在 100 km 以内的电力网；区域电力网是指电压等级在 220 kV 及以上、供电半径超过 100km 的电力网；超高压远距离输电网是指电压等级为 330 ~ 500kV 的电力网，一般由远距离输电线路连接而成。

变电所起着变换电压、交换和分配电能的作用，由电力变压器和配电装置组成，可分为区域变电所、地区变电所和终端变电所等。区域变电所是指由大电网供电，高压侧电压为 330 ~ 500kV 的变电所，全所停电后，将引起整个系统解列甚至瓦解；地区变电所是指由发电厂或区域变电所供电，高压侧电压为 110 ~ 220 kV 的变电所，全所停电后，将使该地区中断供电；终端变电所是指主要由地区变电所供电，其高压侧为 10 ~ 110kV 的变电所，全所停电后，将使用户中断供电。用来接受和分配电能而不承担变换电压任务的场所称为配电所，通常又称开闭所。

电力用户消耗电能，将电能转换成其他形式的能量，又称为负荷。

电力系统加上发电厂的动力部分（火电厂的锅炉、汽轮机、热力管网等；水电厂的水库、水轮机、压力管道等）构成了动力系统。

随着国民经济的发展，用电量不断地增加，发电厂、输电线路、变压器等的容量和数量迅速增大，电力用户对电能的稳定性、可靠性的要求也愈来愈高。同时，由于用电的负荷中心在城市、大工业中心，而发电厂一般建在水力、热力资源的产地，例如丰富的水力资源集中在水流落差较大的偏僻地区，煤、石油、天然气等的矿区距离负荷中心也很远。为了能满足不断增长的用电需要，保证用电质量，就需要在这些一次能源产地建立很大规模的火电厂、水电站，再通过输电线路将电能送往负荷中心。与建在大城市周围的发电厂相比，不仅节省了大量的燃料运输费用，而且杜绝了因燃料燃烧而导致的城市污染。为了能大容量、高质量、远距离地输送电能，还必须建设高压输电线路及相应的升压、降压变电所（或称变电站），这样才能将电能供给用户使用。

将分散于各地的各种类型的发电厂，通过输电线路、变电所与用户连接成一个整体，就是现代的电力系统。

电力系统联网运行，在技术和经济上具有十分明显的优越性。

（1）可以减少系统的总装机容量

由于不同地区的生产，生活及时差、季差情况等存在差异，它们的最大负荷不会同时出现，因此，联网后的最高负荷小于原有各电网最高负荷之和，这样就可以减少全网系统的总装机容量，从而节约电力建设投资。

（2）可以减少系统的备用容量

为了防止发电机组发生故障或检修时中断对用户的供电，电力系统必须装设一定的备用容量。由于备用容量在电力系统中是可以互用的，所以电力系统越大，它在总装机容量中所占的比重就越小。

（3）可以提高供电的可靠性

联网后，由于各发电厂之间的备用容量可以相互支援，互为备用，而系统中所有发电厂的设备同时故障和检修的概率很小，因此电力系统越大，抵抗事故的能力越强，供电的可靠性越高。

（4）可以安装大容量的机组

大容量机组效率高、占地面积少、投资和运行费用低。但是孤立运行的电厂或容量较小的电力系统，因没有足够的备用容量，不允许采用大机组，否则一旦机组因事故或检修退出工作，将造成大面积停电，给国民经济带来严重损失。电网互联后，由于拥有足够的备用容量，从而为安装大容量机组创造了条件。

（5）可以合理利用动力资源，提高系统运行的经济性

水电厂的生产受季节的影响大，丰水期水量过剩，枯水期水量短缺。组成大型电力系统后，水、火电厂联合运行，可以灵活调整各电厂的发电量，提高电厂设备的利用率。例如，在丰水期让水电厂多发电，火电厂少发电并适当安排机组检修；而在枯水期让火电厂多发电，水电厂少发电并安排检修。这样互相调节后，可以充分利用水利资源，减少煤炭消耗，从而提高电力系统运行的整体经济效益。此外，水电厂进行增减负荷的调节比较简单，宜作为调频厂，因而有水电厂的系统调频问题比较容易解决。

（6）可以提高电能质量

电力系统容量越大，因负荷波动所引起的系统频率和电压的波动就越小，电能质量也就越好。

为了表示电力系统中各个元件之间的相互连接关系，通常采用电气接线图和地理接线图。电气接线图主要用单线图来显示系统中各个发电厂和变电所的发电机、变压器、母线、线路、开关等元件之间的电气连接关系，通常称为电气主接线图。地理接线图主要表示系统中各个发电厂和变电所的真实地理位置、电力线路的路径，以及它们之间的相互连接关系。

建立大型电力系统的目的是：可以充分利用地方丰富的水、煤矿等资源（如水电与火电互补，负荷移峰填谷），减少传输线路和能量损耗，降低发电成本；利用发电厂的工作特点，进行合理的分配负荷，使系统在最经济的情况下运行；不受地方负荷的限制，可以增加单位机组的容量，提高工作生产效率；在减少备用机组的情况下，能提高对用户供电的可靠性，有利于国民经济的发展。例如在局部电力系统发生故障时，可以切除部分次要负荷，来保证主要用户不间断供电的可靠性。

2. 电力网

（1）电力网的作用

电力网简称电网，是由各种不同电压等级的电力线路及其相联系的变配电所组成的。电力网是电力系统的重要组成部分，其作用是将电能从发电厂输送并分配到用户，因此它是发电厂和用户不可缺少的中心环节。

（2）电力网的分类

① 按本身结构方式分，电力网可分为开式电力网和闭式电力网。

开式电力网是指用户从单方向获得电能的电力网；闭式电力网是指用户从两个或两个以上方向获得电能的电力网。环形结构和两端供电的电力网都属于闭式电力网。

② 按电网的作用不同分，电力网可分为输电网和配电网。

输电网是输电线路的电网，是由 35kV 及以上的输电线路与其相连的变电所组成。输电网是电力系统的主要网络，简称主网，也是电力系统中电压最高的网络，在电力系统中起骨架作用，所以又称为网架。它的作用是将电能输送到各个地区的配电网，或直接送给大型工业、企业用户。

配电网是由 10kV 及以下的配电线路与其相连的配电变电所组成，它的作用是将电能分配到各类用户。

③ 按电压等级分，电力网又可分为地方性电力网和区域性电力网。

区域性电力网是指电压在 220kV 及以上的电力网；地方性电力网是指电压在 110kV 及以下的电力网。

我国做出了实施西部大开发的重大决策，西电东送就是其中的重要举措之一。通过互联电网将中西部富余的电力输送到经济发达、资源相对缺乏的东部地区，既符合我国的能源发展战略，有利于合理调整能源结构、改善东部的生态环境，又能实现东西部地区优势互补，极大地推动了中西部地区的经济发展。

二、电力系统的特点及对它的基本要求

1. 电力系统运行的特点

（1）电能的生产和使用是同时完成的

到目前为止，大容量电能的储存问题还没有解决，因而电能的生产和使用是同时完成的。这就是说，任一时刻，系统中的发电量取决于同一时刻用户的用电量，因此必须保持电能的生产、输送和使用处于一种动态的平衡状态，这是电力系统中的一个最突出的特点。当供 / 用电出现不平衡时，系统运行的稳定性就会变坏。电力系统是一个由发电机、电力网及用户组成的整体，系统中任意一个元件、任意一个环节设计不当，或保护不完善、操作失误、电气设备出现故障等，都会影响到系统的正常运行。

（2）过渡过程十分短暂

电能以电磁波的形式传播，传播速度为 $3 \times 10^5 \text{km/s}$，电力系统中的过渡过程是十分短暂的。例如开关的切换操作、电网的短路等过程，都是在很短的时间内完成的，系统中的过渡过程的时间以毫秒或微秒计。因此，为保证电力系统的正常运行和故障情况下所进行的调整及切换操作非常迅速，必须设置比较完善的自动控制与保护系统，对系统进行灵敏而迅速的监视、测量和保护，以便由系统的切换、操作或故障引起的系统的变化限制在一定的范围之内。

（3）有较强的地域性特点

我国地域辽阔，自然资源分布很广，使得我国的电源结构有很强的地域特点，如有的地区以火电为主，有的地区以水电为主。另外，各地域的经济发展情况不一样，工业布局、城市规划、电气化水平等也不相同，如常说的"西电东送""北煤南运与西煤东运""西气东输""南水北调"等就是这种地区特色的具体写照。我国的火电站总发电量的70%、水电占22%、核电占6%，火电与水电的比例随季节的不同而稍有变化。因此必须针对不同地区的特点，在对电力系统规划设计、运行管理、布局及调度时，进行全面的考虑。

（4）与国民经济关系密切

电力工业与国民经济现代化关系密切，只有国家实现了电气化，才能实现国民经济的现代化。电能为国民经济各部门提供动力，也是人们的物质文化生活现代化的基础。随着国民经济的发展和人民生活现代化进程的加快，国民经济各部门电气化、自动化的水平愈来愈高，因此任何原因引起的供电不足或中断，都会直接影响各部门的正常生产，造成人民生活紊乱。

2. 对电力系统的基本要求

电力系统的基本任务是为国民经济和人民生活提供充足、可靠、经济且质量好的电能，这也是对电力系统最基本的要求。

（1）保证连续可靠的供电

电力工业必须优先于其他工业部门的发展，只有电力工业先行发展，国民经济才能有计划按比例地发展，人民物质文化生活的现代化才有可靠的保证。这一点是在国家工业建设、设计规划时应优先考虑的问题。另外，还要对电力系统的运行加强现代化管理，提高现有设备的运行、维护质量，保证电力系统正常运行，还必须进行科学的用电调度，保证为国民经济各部门和人民生活提供充足的电力。

运行经验表明，电力系统中的大型事故往往是由局部性事故放大而造成的，所以为保证供电的可靠性，首先要保证各元件工作的可靠性，这就要求搞好设备的正常运行维护和定期的检修试验；其次要提高运行水平，防止误操作发生，而且在事故发生后应及时采取措施以防事故扩大。

应当指出，要绝对防止事故的发生是不可能的，各种用户对供电可靠性的要求也是不一样的。按对供电可靠性的要求可以将负荷分为三级。

① 一级负荷：中断供电将造成人身伤亡，重大设备损坏，重大产品报废，或在政治、经济上造成重大损失。一级负荷应由两个或两个以上独立的电源供电。

② 二级负荷：中断供电将造成主要设备损坏，大量产品报废，重点企业大量减产，或在政治、经济上造成较大损失。二级负荷应由两回线路供电。

③ 三级负荷：所有不属于一级和二级的一般电力负荷。三级负荷对供电电源无特殊要求。

（2）保证良好的电能质量

电力系统不仅要满足用户对电能的需要，还要保证电能有良好的质量。只有这样，才能保证产品的质量，才能保证设备、人身的安全。电能的质量指标是以电压、频率和波形来衡量的。例如，给定的允许电压偏移为额定值的 ±5%，给定的允许频率偏移为 ±（0.2 ~ 0.5）Hz，各次谐波畸变率满足要求。

（3）保证电力系统运行的经济性

通过降低发电厂的煤耗，降低电网的能量损耗，可以降低电能生产、输送的成本。合理的规划与设计、合理的调度，可以实现发电厂和电力网的经济运行。例如，使水电厂能充分利用水能，避免弃水；使火力发电厂中经济性能好的多发电，并避免频繁开停机；使功率在系统中合理分布，以降低电能在输送、分配中的损耗等等。另外，提高发电厂本身的效率、减少厂用电，也是提高系统运行经济性的重要方面。

除此以外，环境保护问题受到人们的日益关注。在火力发电厂中产生的各种污染物质，包括氧化硫、氧化氮、飞灰等排放量的限制，也将成为对电力系统运行的要求。

第二节　电力系统的中性点运行方式

一、概述

三相电力系统中三相绕组或三根相线的公共联结点，称为中性点。中性点通常用字母"O"来表示。当中性点接地时，称为"零点"。

1. 中性线、保护线、保护中性线

由中性点引出的导线称为中性线，一般用字母"N"表示。当中性点接地时，中性线称为零线。

（1）中性线及其功能

中性线（N线）是与电力系统中性点连接并且传导电能的导体，其主要功能是：一是用来传导三相系统中的不平衡电流（包括谐波电流）和单相电流；二是便于连接单相负载及测量相电压；三是用来减小负荷中性点的电位偏移，保持三相电压平衡。因此，中性线是不允许断开的。在下面将要介绍

的 TN 系统的中性线上不得装设熔断器或开关。

（2）保护线及其功能

保护线（PE 线）是为了防止电击，而将电气设备的外露可导电部分、装置外部导电部分、总接地端子、接地线、接地极、电源接地点或人工接地点进行电气连接的导体。其中，将总接地端子或接地干线到接地极的保护线称为接地线，用字母"E"表示。使电气设备的外露可导电部分、外部导电部分在电位上实施相等的连接线称为等电位连接线。在等电位连接线中，作为主要连接的称为主等电位连接线，作为局部或辅助连接的称为辅助等电位连接线。外露可导电部分是指电气装置中能被触及的导电部分，它在正常情况时不带电，但在有故障情况下可能带电，一般是指金属外壳，如高低压柜（屏）的框架、电动机机座、变压器或高压多油开关的箱体以及电缆的金属外护层，等等。装置外部导电部分又称为外部导电部分，它不属于电气装置，但亦可能引入电位（一般是地电位），如水、暖气、煤气、空调等的金属管道以及建筑物的金属结构。保护线的主要功能包括保障人身安全、防止触电事故、传导不平衡电流，以及减小负荷中性点的电位偏移。

（3）保护中性线及其功能

保护中性线（PEN 线）兼有中性线（N 线）和保护线（PE 线）的功能，用于功能性和保护性结合在一起的场合，但首先必须满足保护性措施的要求。保护中性线不用于由剩余电流保护装置 RCD 保护的线路内。

2. 低压配电系统的保护接地

低压配电系统中，按保护接地的形式不同，分为 TN 系统、TT 系统和 IT 系统。

（1）TN 系统

在 TN 系统中，电源系统有一点直接接地，通过中性点引出中性线和保护线。根据中性线和保护线的布置，TN 系统的形式有以下三种：

①在整个系统中，中性线和保护线的功能合在一根导线上。

②在整个系统中，有分开的中性线和保护线。

③系统中一部分中性线和保护线的功能合在一根导线上。

TN 系统第一个字母 T 表示电源系统的一点直接接地，第二个字母 N 表示设备外露的可导电部分与电源系统接地点直接电气连接；字母 S 表示中性线和保护线是分开的；字母 C 表示中性线和保护线的功能合在一根导线上。

（2）TT 系统

在 TT 系统中，电源系统有一点直接接地，电气设备外露可导电部分与电源系统的接地无电气联系。电气设备的接地体可能是一台单独使用，也可能是多台共同使用。

（3）IT 系统

在 IT 系统中，电源系统的中性点不接地或经电阻或经消弧线圈接地。接在这种电网中的电气设备，应通过接地装置将设备的外壳与地相连。

IT 系统中第一个字母 I 表示电源系统所有带电部分不接地或一点经电阻或经消弧线圈接地；第二个字母 T 表示设备外露导电部分的接地与电源系统的接地无电气联系。

TN 系统和 TT 系统都是中性点直接接地系统，且都引有中性线，因此称之为"三相四线制系统"。TN 系统中设备外露的可导电部分均采用与公共的保护线（PE 线）或保护中性线（PEN 线）相连接的保护方式。IT 系统的中性点不接地或经阻抗（约 100）接地，且通常不引出中性线，因此一般称之为"三相三线制系统"。

电力系统中电源（含发电机和电力变压器）的中性点有四种运行方式：中性点不接地；中性点经电阻接地；中性点经消弧线圈接地；中性点直接接地。

电力系统中电源中性点的不同运行方式，对电力系统的运行，尤其是对发生单相接地故障时有明显的影响，并且直接影响电力系统二次电路的保护配置及监察、测量、信号电路的选择和运行。因此下面对中性点的四种运行方式分别加以讨论。

二、中性点经电阻接地的电力系统

电力系统中性点通过电阻接地，其中性点电阻可以选用高电阻、中电阻、低电阻三种接地方式。

高电阻接地方式主要用于 200MW 以上大型发电机回路和某些 6～10kV 配电网；另外，煤矿选煤厂对一些 660V 供电系统也采用了高电阻接地方式，根据电网对地电容值，其中性点电阻在 76～1520Ω 选择。由于高电阻接地方式下的单相接地故障电流较小，接地故障时一般动作于信号，以保证接地后能维持 2h 的运行条件。

中电阻接地方式在大型火力发电厂的 6kV 厂用电系统中已经得到使用，一些城市配电网也已采用此种接地方式。采用中电阻接地方式后，电网的绝缘水平允许降低，过电压保护设备的选用（例如无间隙氧化锌避雷器）条件放宽。由于单相接地故障电流较大，仍然可以考虑故障时作用于跳闸。

低电阻接地方式采用小于 10Ω 电阻接地方式，其特点是可以获得一个大的阻性电流叠加在故障点上，可保证快速切除故障。其优点还表现在：过电压水平低，谐振过电压发展不起来，可采用绝缘水平较低的电缆和设备；减少绝缘老化效应，延长设备使用寿命，提高网络及设备可靠性；能把双重接地（异相故障）的概率降低至最低限度；为采用简单的、有选择性和有足够灵敏度的继电保护提供了可能性。

低电阻接地方式的接地故障电流达 600 ~ 1000A，甚至更大，有一个原因是为了避开高压电动机的启动和线路冲击合闸。还应注意过高的接地故障电流引起的对地电位升高（可达数千伏，大大超过了安全允许值）引起的安全问题。

中性点经电阻接地系统的特点是实现简单，中性点电阻一旦接入就不用经常改变。同时电阻接地设备结构简单，容易维修，所需设备和投资不高，日后改造也简便易行。电网中性点通过电阻接地后，对电弧接地过电压有较大的抑制作用，从而有效地防止了异常过电压对电动机、电缆绝缘的危害，保证了用电设备的安全运行。

三、中性点经消弧线圈接地的电力系统

中性点经电阻接地电力系统可以抑制电弧接地时的过电压，但是当电网电容电流太大时，一旦出现接地故障，在本来就较大的电容电流中又增加了一部分有功分量，使得接地故障电流上升，故障点的热效应加剧，会使电气设备的铁芯和绝缘过热，电缆在接地故障处的相间绝缘会因过热烧毁而发展为多相短路。

而当采用中性点经消弧线圈接地方式后，由于人为增加的电感电流补偿了电容电流，电网的单相接地电流仅为补偿后很小的残余电流，并对电弧的重燃有明显的抑制作用，可大大减少高幅值电弧接地过电压发生的可能性。

中性点经消弧线圈接地系统发生单相接地时，允许连续运行 2h，在这段时间内，运行人员应尽快采取措施，查出接地点并消除。

需要注意的是，如果系统中性点的位移电压过高，则发生单相接地时应用消弧线圈也难以熄弧。因此，要求中性点经消弧线圈接地的系统，在正常运行时，其中性点的位移电压不得超过额定电压的15%。这样，在单相接地时，中性点位移电位不超过额定相电压，以利于电弧熄灭。

由于消弧线圈能有效地减少单相接地电流，迅速熄灭故障电弧，防止间歇性电弧接地时所产生的过电压，故广泛应用于3～60kV电压等级的电网中。

四、中性点直接接地的电力系统

在我国，对于110kV及以上电压等级的电网，除个别雷害特别严重地区的电网是采用中性点经消弧线圈接地外，绝大多数是采用中性点直接接地方式，以便降低绝缘水平，减低设备和线路的造价。

当中性点直接接地的电力系统发生单相接地故障时，其他非故障的两相对地电压仍维持不变，即仍为原来的相电压，因此，凡中性点直接接地的电力系统中的供用电设备的每相绝缘只需按相电压考虑，而无须按线电压考虑。这对于110kV及以上的超高压系统，技术经济价值尤为明显。因为高压电器特别是超高压电器，其绝缘问题是影响电器设计和制造的关键所在。电器绝缘要求如果降低了，就相当于降低了高压电气设备的成本，并且同时改善了高压电器的性能。因此，我国110kV及以上的超高压系统的电源中性点通常都采用中性点直接接地的运行方式。

在低压配电系统中，我国目前广泛应用的 TN 系统及国外应用较广泛的 TT 系统，都属于中性点直接接地的系统，而且引有中性线或保护中性线。这种系统的安全保护性能良好，与前面中性点不接地的电力系统不同，一旦发生单相接地故障时，便形成单相短路（用符号 $k^{(1)}$ 表示），单相短路电流要比线路的正常负荷电流大得多，将使线路上的断路器自动跳闸或使熔断器熔体熔断，从而把发生单相接地故障的部分切除，防止单相接地时产生间隔电弧过电压的可能，减少电气设备毁坏事故及人身伤亡，而电力系统中其他未发生故障的部分正常运行。

但是，中性点直接接地系统在单相接地时，将产生很大的单相接地电流，个别情况下甚至比三相短路电流还大。因此它与小接地电流系统相比，存在下列缺点：

1. 大的接地电流将引起电压的急剧下降，从而影响系统的稳定性。

2. 大的接地电流将在导线周围产生较强的单相磁场，使相邻的通信线路和信号装置受到电磁干扰。所以，为了有效限制单相短路电流，采用中性点经阻抗接地，或只将系统中一部分变压器的中性点直接接地（即适当选择中性点直接接地的数目）。

3. 过大的接地短路电流将产生很大的电动力和热效应，可能引起故障范围扩大和损坏用电设备。

4. 增加断路器的维修工作量。

5. 任何部分发生单相接地时，必须断开故障线路，即使采用自动重合闸装置，在永久性故障时，供电也将较长时间中断。

第三节　供电质量要求

1. 决定供电质量的主要指标

电能质量是指供电装置在正常情况下不中断和不干扰用户使用电力的物理特性。电能质量有五个比较大的方面：频率、电压偏差、电压波动、高次谐波和三相不平衡，除此之外还包括供电可靠性、操作容易、维护费用低和能源使用合理等。影响供电质量的因素是电力网上的电气干扰，主要指电压偏差、电压波动、高次谐波和三相不平衡等。

2. 供电频率、频率偏差及其改善

（1）供电频率

频率是衡量电力系统电能质量的一项重要指标。

我国采用的工业频率为50Hz，一般交流电力设备的额定频率就是50Hz，此频率简称为"工频"。

当电力系统频率变化时，对用户的正常工作有不利的影响。例如对电动机来说，频率降低将使电动机的转速下降，从而使生产率降低，并影响电动机的寿命；反之，频率增高将使电动机的转速上升，增加功率消耗，降低经济性。

电力系统频率不稳定，将影响电子电器设备的正常运行，特别是某些对转速要求较严格的工业部门（如纺织、造纸等），频率的偏差将大大影响产品质量，甚至产生废品。另外，频率偏差对发电厂本身将造成更为严重的影响。

（2）频率调整

电力系统频率的变化主要是由系统负荷变化引起的。系统负荷变化有三种情况：第一种是变化幅度很小，变化周期短，变动有很大偶然性；第二种是变化幅度较大，变化周期较长；第三种是变化缓慢地持续变动。根据负荷的变动进行电力系统的频率调整，分为一次、二次、三次调整。一次调整是由发电机组的调速器进行的，对第一种负荷变动引起的频率偏差所做的调整；二次调整是由发电机组的调频器进行的，对第二种负荷变动引起的频率偏差所做的调整；三次调整是对第三种负荷变动在有功功率平衡的基础上，按照最优化的原则在系统中各发电厂之间进行负荷的经济分配，实际上是进行系统经济运行问题的调整。如果电力系统发生短路故障，或用电负荷突然大幅度增加，引起电网频率显著下降，这时可以在电力系统中设置低频自动减负装置。按频率自动减负装置由频率测量元件、时间元件和执行元件三部分组成。频率测量元件是装置的启动元件，其整定值低于工频 50Hz。当系统频率下降到频率测量元件的整定频率时，频率测量元件动作，启动时间元件，整定时限到后，由执行元件动作切除装置所安装的线路负荷。如果在整定时限到达之前，系统频率恢复到整定频率以上，装置将自动返回。

3. 供电电压、电压偏差及其调整

（1）供电电压

电压是衡量电力系统电能质量的重要参数之一。

电力系统中的所有电气设备，都有规定的工作电压和频率。在额定电压和额定频率下工作时，电气设备的安全性、经济性最好，使用寿命长。例如感应电动机的转矩与电压的平方成正比，如电源电压偏高，则电动机转矩增大，电流也增大，电动机将因温度升高而损坏绝缘，减少使用寿命；反之，如电压偏低，则电动机的转矩按平方减小，当负荷转矩一定时，将使电流增大，同样导致影响电动机的绝缘和使用寿命；当电压过低时，电动机将不能启动或停止转动，这时电动机定子绕组将产生过电流，电动机有可能因过热被烧毁。

（2）电压偏差

电压偏差又称电压偏移，是由于供配电系统运行方式的改变以及负荷的并不剧烈的变动所引起的，它的变动是相当缓慢的。电压偏差是指电气设备的端电压与其额定电压之差，若用电设备的额定电压为 U_N，而某时刻实际端电压为 U，则电压偏差为 $\Delta U = U - U_N$。

（3）电压调整

为了满足用电设备对电压偏差的要求，供电系统主要采取以下电压调整措施：

① 尽可能使系统的三相负荷均衡在 220/380V 三相四线制系统中，如果三相电力负荷分配不均衡，将使负荷侧中性点的电位偏移，造成有的相电压升高，从而增大线路的电压偏差。因此，无论在设计还是实际运行中，应使三相负荷尽可能均衡。

② 合理地减少系统阻抗。供电系统中的电压损耗与系统中各元件的阻抗成正比，因此可考虑减少系统的变压级数、增大导线电缆的截面或以电缆取代架空线等，都能减少系统阻抗，降低电压损耗，从而缩小电压偏差，达到电压调整的目的。

③ 合理地改变系统运行方式。对于一班制或两班制的工厂或某些物业负荷，当用电负荷在一昼夜中相差较大时，可采用改变两台变压器并列运行的方式、用低压联络线等措施。

④ 采用无功功率的补偿装置。为了提高功率因数，减少系统的电压降，在供配电系统中普遍应用并联电力电容器的补偿装置。

⑤ 正确选择无载调压变压器的变压比和电压分接头，或采用有载调压电力变压器。我国 6 ~ 35kV 的电力变压器，一般为无载调压型。如 SL7、S9 系列等油浸自冷式电力变压器，其高压绕组（即一次绕组）通过无载调压分接开关的调压范围为 ±5%（如果设备端电压偏高，则接 +5%；如设备端电压偏低，则接 -5%），当分接开关换接时，必须停电后才可进行，因此它是不能频繁操作的。对于一般用户来说，无载调压型电力变压器是能够满足要求的。

变电所中的变压器有下列情况之一时，应采用有载调压变压器：

a. 在 35kV 以上电压的变电所中，降压变压器直接向 35kV、10（6）kV 电网送电时；

b. 35kV 降压变电所的主变压器在电压偏差不能满足要求时。

10（6）kV 配电变压器不宜采用有载调压型，但在当地 10（6）kV 电源电压偏差不能满足要求，且用电单位有对电压要求严格的设备、单独设置调压装置在技术经济上不合理时，也可采用 10（6）kV 有载调压变压器。

4. 电压波动、闪变及其抑制

（1）电压波动

电压波动是指电网电压的快速变动或电压包络线的周期性变动。电压波动值，以用户公共供电点的相邻最大电压方均根值 U_{max} 与最小电压方均根值 U_{min} 之差对电网额定电压 U_N 的百分值来表示。

电压波动的频率用单位时间内电压波动的次数来表示。统计频率的时段取引起电压波动的冲击性负荷一个周期；电压变化的速度低于 0.2% 的电压变化不统计在变化次数中；同一方向的变化，如间隔时间（一次变化结束到下次变化开始的时间段）不大于 30ms，则算一次变化。

① 电压波动的产生。电压波动是由于供配电系统中负荷的急剧变动所引起的。负荷急剧变动，使电厂相应变动，从而使用户公共供电点的电压出现波动现象。如电动机的启动、电焊机工作，特别是大型电弧炉和大型轧钢机等冲击性负荷的工作，都会使系统电压损耗增加而导致电气设备的端电压出现波动现象。

② 电压波动的危害。电压波动会影响电动机的正常启动，甚至使电动机无法启动，对同步电动机还可引起其转子振动。可使照明灯发生明显的闪烁现象，而且使某些电子设备，特别是电子计算机无法正常工作。电压波动对无稳压设备的照明的影响最为明显，急剧的照度变化将刺激眼睛，甚至难以正常工作和学习。

（2）闪变及等效闪变值

闪变是指人眼对灯闪的主观感觉。引起灯光（照度）闪变的波动电压，称为闪变电压。波动的电压调幅波（电压幅值包络线波形）可分解为若干不同频率的正弦波分量。将不同频率的正弦波分量的方均根值等效为 10Hz 值的 1min 平均值，以额定电压的百分值表示，称为等效闪变电压值。

（3）电压波动和闪变的抑制

抑制电压波动和闪变，可采取下列措施：

① 对负荷急剧变动的大型用电设备，采用专用线或专用变压器单独供电。这是最简便、有效的办法。

② 设法增大供电容量，减小系统阻抗。如将单回路线路改为双回路线路，或将架空线路改为电缆线路等，使系统的电压损耗减小，从而减小负荷变动时引起的电压波动。

③ 减少或切除引起电压波动大的负荷。在供配电系统出现严重电压波动时可采取这一措施。

④ 选用较高的电压等级。对大功率电弧炉的炉用变压器宜由短路容量较大的电网供电，一般是选用更高电压等级的电网供电。

⑤ 装设无功功率补偿装置，以吸收冲击无功功率和动态谐波电流。国内外普遍采用一种静止无功补偿装置（简称 SVC）。SVC 是一种能吸收随机变化的冲击无功功率和动态谐波电流的无功补偿装置。其类型有多种，其中以自饱和电抗器型（SR 型）的效能最好。SR 型电子元件少，可靠性高，反应速度快，维护方便经济，且我国一般变压器厂均能制造，是最适于在我国推广应用的一种 SVC。

5. 高次谐波及其抑制

（1）高次谐波的产生和危害

高次谐波是指对周期性非正弦交流量按傅里叶级数分解所得到的一系列频率为基波频率整数倍的所有谐波分量，通常称为谐波。其中基波频率是指工频 50Hz。

高次谐波的产生，主要在于电力系统中存在各种非线性元件。因此，即使电力系统中电源的电压为正弦波，但由于非线性元件存在，结果在电网中总有谐波电流或电压存在。产生谐波的元件很多，例如荧光灯和高压汞灯等气体放电灯、变压器、电焊机、感应电动机和感应电炉等，都产生谐波电流或电压。最为严重的是大型的晶闸管交流设备和大型电弧炉，它们产生的高次谐波电流最为突出，是造成电力系统中谐波干扰的主要因素。

高次谐波对电气设备的危害很大。谐波电流通过变压器，可使变压器的铁芯损耗明显增加，从而使变压器出现过热，缩短使用寿命。谐波电流通过交流电动机，不仅会使电动机的铁芯损耗明显增加，而且还要使电动机转子发生振动现象，严重影响机械加工或产品质量。谐波对电容器的影响更为突出，谐波电压加在电容器两端时，由于电容器对谐波的阻抗很小，因此电容器很容易发生过负荷，甚至造成烧毁。此外，谐波电流可使电力线路的电能损耗和电压损耗增加；可使计量电能的感应式电度表计量不准确；可使电力系统发生电压谐振，从而在线路上引起过电压，有可能击穿线路设备的绝缘；还可能造成系统的继电保护和自动装置发生误动作；并可对附近的通信设备和通信线路产生信号干扰。

（2）高次谐波的抑制

抑制高次谐波，可采取下列措施：

① 大容量的非线性负荷。由短路容量较大的电网供电。

② 增加整流装置的相数。整流装置的相数越多，整流波形的脉冲数越多，其次数低的谐波被消去的也越多。增加整流相数对高次谐波抑制的效果相当显著。

③ 三相整流变压器采用 Y，d 或 D，y 联结。这是抑制高次谐波最基本的方法。采用 Y，d 或 D，y 联结的三相整流变压器，能使注入电网的谐波电流消除 3 次及 3 的整数倍次的谐波电流。又由于电力系统中的非正弦交流电压或电流通常对横轴（时间轴）是对称的，不含直流分量和偶次诸波分量，因此采用 Y，d 或 D，y 结线的整流变压器后，注入电网的谐波电流只有 5、7、11……等次谐波。

④ 宜选用 D，ynll 联结组别的三相配电变压器。由于 D，ynll 联结的变压器高压绕组为三角形联结，3 次及 3 的整数倍次的高次谐波可在其中形成环流而不致注入高压电网，从而有利于抑制高次谐波。

⑤ 装设静止无功补偿装置。对大型电弧炉和硅整流设备，可装设静止无功补偿装置（SVC），来吸收高次谐波电流，以减少这些用电设备对系统产生的谐波干扰。

⑥ 装设无源电力谐波滤波器。在大型晶闸管整流器与电网连接处，装设诸波滤波器（又称分流滤波器），使滤波器对需要消除的谐波进行调谐，使之发生串联谐振。由于串联谐振时阻抗极小，从而使这些谐波电流被它分流吸收而不致注入电网中去。

无源电力谐波滤波器一般有单调谐波滤波器、双调谐波滤波器和高通谐波滤波器。

单调谐波滤波器主要用来滤除较为严重的低频单次谐波。双调谐波滤波器相当于并联两个单调谐波滤波器，它同时滤除两种频率的谐波，一般用在高压大容量装置中。高通谐波滤波器有一阶减幅型、二阶减幅型、三阶减幅型和 C 型。一阶减幅型由于基波功率损耗太大，一般不采用；二阶减幅型的阻抗频率特性较好，而且结构简单、基波损耗较小，所以在工程上应用广泛；三阶减幅型基波损耗更小，但特性不如二阶减幅型好，应用不多；C 型滤波器是一种新型的高通形式，特性介于二阶与三阶之间，基波损耗很小，只是它对功频偏差及元件参数变化较为敏感。

⑦ 装设有源电力谐波滤波器。有源电力谐波滤波器，以实时监测的谐波电流为补偿对象，具有良好的补偿效果和通用性。

有源电力谐波滤波器根据与补偿对象连接方式的不同，可分为串联型和并联型，实际应用中多采用并联型。并联型有源电力滤波器是一种向电网注入补偿谐波电流，用来抵消负荷产生谐波电流的滤波装置。其主要电路由静态功率变流器（逆变器）构成。对有源滤波器，为了与交流侧交换能量，达到补偿目的，逆变器的直流侧必须具有储能元件。该元件可以是直流电感，也可以是直流电容。

有源电力滤波器的主要电路包括电压型和电流型两种。电流型有源电力滤波器在直流侧采用电感；电压型有源电力滤波器在直流侧采用电容。由于电压型有源电力滤波器在输出功率容量较小时，其自身损耗较小，效率较高。故目前国内外大多数有源电力滤波器均采用电压型结构。

6. 三相电压不平衡度及其补偿

（1）三相电压不平衡及三相电压不平衡度

在供电系统中，当电压的三相相量间幅值不相等或相位差不等于 120° 时，称为三相电压不平衡。

供电系统的三相电压不平衡主要是三相负荷不对称所引起的。由于电力系统中有一部分单相负荷，三相负荷的不平衡便可能引起三相电压不平衡。低压配电系统中应用 Y，yn0 接线，中性线故障也会造成三相电压的不平衡。

电压不平衡现象有短时的，例如一相不对称短路、断线等；也有持续的，例如一相非对称运行方式以及非对称负荷等。

三相电压不平衡对电气设备的危害很大。对于变压器，三相电压不平衡将降低变压器的利用率，使其容量得不到充分的利用。对于交流电动机，三相电压不平衡将降低电动机的效率，使其转矩减少，同时缩短电动机的使用寿命。对于多相整流装置，三相电压不对称将严重影响多相触发脉冲的对称性，使整流装置产生较大的非特性谐波，进一步影响电能质量。

（2）三相不平衡的补偿方法

产生三相不平衡的原因，主要是单相负荷在三相系统中容量和位置的分布不合理。因此在设计供电系统时，要将单相负荷平衡地分布于三相中。考虑到用电设备功率因数的不同，尽量地兼顾有功功率与无功功率的平衡分布。如采用合理分布方法仍达不到要求时，可采用以下措施：

① 对于不平衡负荷，尽可能采用单独的变压器供电。

② 对于不对称负荷，尽量连接在短路容量较大的系统。

③ 采用特殊接线的变压器。对于大容量且较恒定的单相负荷，可以采用高电压大容量的平衡变压器。这是一种用于三相一两个并兼有降压及换相两种功能的变压器，它能帮助系统起到三相平衡的作用。

第四节 电力用户供配电系统的特点及配电电压的调整

一、电力用户的分类

1. 按照电力系统的过程对负荷分类

按照电力系统的生产、供配电、消耗过程，电力系统负荷可分为如下五类：

（1）用电负荷

用电负荷是指电网供电的用户的用电设备，在某一时刻实际耗用的有功功率与无功功率的总和。通俗地讲，就是用户在某一系统所要求的功率。从电力系统来讲，是指该时刻为了满足用户用电所需具备的发电能力。

（2）线路损失负荷

电能从发电厂到用户处的电力系统输、变、配电设备在输送过程中，所消耗于供电线路、变压器等设备的全部有功及无功功率。

（3）供电负荷

供电负荷是指用电负荷加上同一时刻的线路损失负荷。从发电厂对电网供电时，在发电厂升压变压器的出线侧开始测量与计算所负担的电网全部有功及无功负荷称为供电负荷。有的电网把属于地区公用发电厂的厂用电负荷也作为地区供电负荷。

（4）厂用电负荷

电厂在发电过程中，由于制气、凝汽、冷却、排灰等需要消耗一定的电能，而这些厂用电设备所消耗的有功与无功功率，称为厂用电负荷。

（5）发电负荷

电网上的供电负荷，加上同一时刻的各个发电厂的厂用电负荷，构成电网的全部生产负荷，称为电网发电负荷。

2. 按电力系统中负荷发生时间对负荷分类

根据电力负荷发生时间的不同，可分为以下三类：

（1）高峰负荷

高峰负荷又称最大负荷，是指电网或用户在一天时间内所发生的最大负荷值。为了分析的方便，常以小时用电量作为负荷。高峰负荷又分为日高峰负荷和夜高峰负荷，在分析某单位的负荷率时，选一天24h中最高的几个小时的平均负荷作为高峰负荷。

（2）低谷负荷

低谷负荷又称最小负荷，是指电网或用户在一天24h内发生的用量最少的一个小时平均电量。为了合理用量，应尽量减少发生低谷负荷的时间。对于电力系统来说，高峰负荷与低谷负荷的差值越小，用电越趋近于合理。

（3）平均负荷

平均负荷是指电网或用户在某一段确定时间阶段的平均小时用电量。为了分析负荷率，常用日平均负荷，即一天的用电量除以一天的用电小时。为了安排用电量、做好用电计划，往往也用月平均负荷和年平均负荷。

3. 用电负荷分类

（1）根据用户在国民经济中所在部门不同，用电负荷可分为以下四类：

① 工业用电负荷；

② 农业用电负荷；

③ 交通运输用电负荷；

④ 照明及市政生活用电负荷。

（2）根据突然中断供电所引起的损失程度，用电负荷可分为以下三类：

① 一类负荷；

② 二类负荷；

③ 三类负荷。

（3）根据国民经济各个时期的政策和季节的要求，用电负荷可分为三类：

① 优先保证供电的重点负荷；

② 一般性供电的非重点负荷；

③ 可以暂时限制或者停止供电的负荷。

二、电力用户供配电系统的特点

电力用户供配电系统的设计与运行具有以下特点。

1. 安全性

安全是电力生产的首要任务。在电能的生产、输送、分配和使用中，应保证供电的安全性，确保不发生电气设备事故和人身伤亡等。

2. 可靠性

保证供电的可靠性，是电力用户供配电系统运行中的一项极为重要的任务。因为供电中断将导致生产停顿、生活混乱，甚至危及人身设备安全，造成严重的经济和政治损失。所以电力用户供配电系统的运行中，要避免发生供电中断，满足用户对供电可靠性的要求。

3. 保证良好的电能质量

电压和频率是标志电能质量的两个重要指标。我国规定：频率为 50Hz，允许偏差 ±（0.2% ~ 0.5%），各级额定电压允许偏差为 ±5%U_N。电压或频率超过允许偏差范围，不仅对设备的寿命和安全运行不利，还可造成产品减产或报废。所以，电力用户供配电系统在各种运行方式下都应满足用户对电能质量的要求。

4. 经济性

所谓经济性指基建投资少、年运行费用低。在满足上述必要的技术要求的前提下，提高运行的经济性。二者应综合考虑。

5. 灵活性和方便性

电力用户供配电系统应具有一定的灵活性和方便性。接线力求简单，能适应负荷变化的需要，可以灵活、简便、迅速地由一种运行状态转换到另一种状态，避免发生误操作。并能保证正常维护和检修工作安全、方便地进行。

6. 发展性

电力用户供配电系统应具有发展和扩建的可能性。为适应将来的发展，对电压等级、设备容量、安装场地等应留有一定发展的余地。

三、电力用户供配电电压的选择

1. 高压配电电压的选择

电力用户的高压配电电压，主要取决于当地供电电源电压及工厂高压用电设备的电压、容量和数量等因素。通常有 10kV、6kV、35kV 等。

工厂采用的高压配电电压通常为 6 ～ 10kV。综合考虑来看，10kV 更优于 6kV。因为在同样的输送功率和输送距离时，配电电压越高，线路电流越小，所采用的导线（电缆）截面越小，可减少线路的初投资和金属消耗量，且可降低线路上的各种损耗。而实际使用的 6kV 开关设备的型号规格与 10kV 的基本上相同，因此采用 10kV 电压级，在开关设备的投资方面也不会比采用 6kV 电压级时有多少增加。另外，从供电的安全性和可靠性来说，6kV 与 10kV 也差不多。所以，采用 10kV 电压较之采用 6kV 电压更适应于发展，输送功率更大，输送距离更远。

配电电压级对用电设备配电的适应性问题，则取决于用电设备本身。如果供电电源的电压是 6kV，工厂拥有相当数量的 6kV 用电设备，可考虑采用 6kV 电压作为工厂的高压配电电压。如果 6kV 用电设备数量不多，则应选择 10kV 作为工厂的高压配电电压，而 6kV 用电设备则可通过专用的 10/6.3kV 变压器单独供电。3kV 作为高压配电电压的技术经济指标很差，不能采用。如果工厂有 3kV 用电设备时，可采用 10/3.15kV 的专用变压器单独供电。

如果当地的电源电压为 35kV，而厂区环境条件又允许采用 35kV 架空线路和较经济的电气设备时，则可考虑采用 35kV 作为高压配电电压。将 35kV 架空线路深入工厂各车间负荷中心，并经车间变电所直接降为低压用电设备所需的电压。这种高压深入负荷中心的直配方式，可以省去一级中间变压，简化供电接线，降低电能损耗，提高供电质量，但必须考虑高压的安全用电。

2. 低压配电电压的选择

电力用户的低压配电电压，主要取决于低压用电设备的电压，可采用220/380V 或者 380/660V。

一般情况下采用 220/380V，其中相电压 220V 接一般照明灯具及其他220V 的单相设备，线电压 380V 接三相动力设备及 380V 的单相设备。但某些场合宜采用 660V 甚至更高的 1140V 作为低压配电电压，例如矿井下，因负荷中心往往离变电所较远，所以为了保证负荷端的电压水平，采用 660V或更高电压配电。采用 660V 电压配电，较之采用 380V 配电，不仅可以减少线路的电压损耗，提高负荷端的电压水平，而且能减少线路的电能损耗，降低线路的有色金属消耗量和初投资，增加配电半径，提高供电能力，减少变电点，简化工厂供配电系统，还能进一步扩大感应电动机的制造容量。因此提高低压配电电压有明显的经济效益，是节电的有效手段之一，这在世界各国已成为发展的趋势。但是将 380V 升高为 660V，需电器制造部门全面配合，我国目前尚有困难。我国现在采用 660V 电压的工业，尚只限于采矿、石油和化工等少数部门。至于 220V 电压，现规定不作为低压三相配电电压，而只作为单相配电电压和单相用电设备的额定电压。

四、电压调整措施

电压调整是指调节电力系统的电压，使其变化不超过规定的允许范围，以保证电力系统的稳定水平及各种电力设备和电器的安全、经济运行。电压是衡量电能质量的基本指标之一，是反映电力系统无功功率平衡和合理分布的标志。无功功率平衡和电压调整是电力系统规划设计必须考虑的因素。进行电压调整，确保电压质量是运行调度人员的主要任务之一。

1. 通过改变发电机端电压调压

在各种调压措施中，最直接、最经济的手段是利用发电机调压。因为这是一种不需要额外投资的调压手段，所以应当优先考虑采用。发电机调整端电压是通过调节励磁从而改变无功功率出力来实现的，现代的同步发电机可在额定电压的 95% ~ 105% 范围内保持以额定功率运行，也就是发电机保持同样出力的情况下，可以在 10% 范围内调节电压。在发电机不经变压器升压就向用户供电的简单系统中，如果线路不是很长、线路上电压损耗不是很大的情况下，一般只通过改变发电机励磁，改变其母线电压就可以将电压调整到合格的范围。但是在发电机经过多级变压器变换电压向远方供电的情况下，末端电压随着负荷的改变可能产生 20% 的电压变化，单依靠发电机调压显然不能保证这部分用户的电能质量，可采用其他调压方式共同调节。

2. 通过调整变压器变比调整电压

双绕组变压器的高压绕组和三绕组变压器的高中压绕组一般都有若干个分接头可供选择，通过选择不同的分接头，使变压器变压比例发生变化，从而达到调压目的。在无功充裕的系统中，运用各种类型的有载变压器调压，方便、有效，而且有些负荷不采用有载调压变压器几乎就无法获得负荷需要的电能质量，中低压配电网中因为输电线路电阻较大，通过无功功率调压往往效果不够好，经常不得不采用具有分接头的有载调压变压器。但是只有当无功充足时，用改变变压器变比调压才会有效，当系统无功不足时，必须先增设无功补偿设备。若在无功不足时调节变压器分接头升压，可能引起整个系统电压的"崩溃"，因为节点电压平方与无功功率成正比，若该点电压升上去了，则该点所需要的无功会更多，最终导致整个系统的电压继续下降，导致电压"崩溃"。

3. 通过补偿设备调压

系统中无功功率不够充分时，需要考虑运用各种补偿设备进行调压。这些补偿设备可分为两类，即串联补偿和并联补偿。所谓串联补偿就是指串联电容器补偿，但是作为调压措施，串联补偿电容器由于设计、运行等方面的原因，应用比较少。并联补偿指并联电容器、调相机和静止补偿器。并联电容器的优点：电容器可以根据需要连接成组，可以分组集中使用，又可以分散安装，就地提供无功，从而减少线路功率损耗和电压损耗；电容器还可以做到随电压波动分组投切，再加上电容器运行损耗小，投资费用低，因此，电容器仍是电网中应用最普遍的无功补偿设备。并联电容器的缺点：电容器只能发出感性无功功率以提高节点电压，不能吸收无功功率来降低节点电压，因此，在低负荷时，应当切除节点上的部分乃至全部电容器。调相机的优点：

调相机的调压方式是借改变其励磁电流的大小来改变其供出或吸收的感性无功功率。在负荷较大时可以过励磁运行发出无功功率，在负荷较小时可以欠励磁运行吸收无功功率；可以通过调节调相机励磁，平滑地改变其无功功率的大小和方向，因此可以平滑地调节电压，既可以升压也可以降压；调相机还可以装设自动励磁调节装置，在电力系统电压变化时自动增减无功出力以维持系统电压，这对于提高电力系统运行的稳定性是有益的。调相机缺点：调相机的有功功率损耗比较大，在满负荷运行的情况下，有功功率损耗可以占到其额定容量的1.5% ～ 5%,而且调相机容量越小,有功损耗所占比重越大。此外，调相机是旋转设备，运行的维护量也比较大。静止补偿器是一种可控的动态无功补偿装置，其特点是将可控的电抗器与电容器并联使用，电容器发出无功，可控电抗器则可以吸收无功功率，根据无功负荷的变化情况进行调节，以保持母线电压的稳定。

4. 适当增大导线半径

部分老城网都因为导线半径小、电阻大，而导致电网电压损耗太大。所以，加大导线半径是城网改造的重要内容。对于新架设线路的导线需要考虑一定的裕度，尤其对中低压线路，因其承受能力小，容易出现过负荷过大。

5. 组合调压

顾名思义，就是几种调压措施的组合。既然不同的调压措施都各有优缺点，应当综合采用各种调压措施，取长补短，才能达到最好的调压效果。选择调压措施的几个原则：首先采用发电机调压。在无功充足的情况下，优先采用改变变压器分接头调压。在无功不足的情况下，需要采用补偿设备。为合理选择调压措施，要进行技术、经济比较。所选措施不但在技术上优越，能够满足调压的要求，而且要有最优的经济指标。经济比较时，主要有三个经济指标，即折旧维修费、投资回收费和电能损耗费，对于每种参与比较的方案三项指标之和最小的方案就是经济上的最优方案。

第二章　配电设备

配电设备是电力系统中重要的一个组成部分，配电的设备在运行的过程中所具有的稳定性是电网供电自身所具有稳定性的重要保证。基于此，本章主要对配电设备进行探究。

第一节　配电网开关设备

电力系统是发、送、变、配、用电各部分的总称，它按电压分层、按地域分区，而开关设备则在各层、各区、各线路段起分割和联络作用。应该说凡是为配电自动化这一目标服务的开关设备，都在配电自动化开关设备之列。因此，它除包括各类重合器、分段器、新型成套组合电器等智能化或自动化的开关设备外，还应包括与之相配用的新型断路器与熔断器。因为这两种传统开关设备与重合器、分段器配合后，被注入了新的活力，能达到自动隔离故障区段的目的。这对它们自身而言，其对外表现已不再是简单的排除故障，而对重合器或分段器而言，没有它们，自动隔离故障区段的能力就受到了限制。它们与重合器、分段器已作为一个有内在联系的开关设备群体而存在。此外，"自动"和"智能"也是有差别的，通常所说的"智能电器"是以微电脑的应用为前提的，液压控制的重合器、分段器虽然自具检测、操作与"记忆"能力，但不能叫"智能开关设备"，而称为自动化开关设备为宜。

一、重合器

（一）重合器的功能及特点

交流高压自动重合器简称重合器，是一种自具控制及保护功能的高压开关设备。它能够按照预定的开断和重合顺序在交流线路中自动进行开断和重合操作，并在其后自动复位和闭锁。所谓"自具"，即本身具备故障电流（包括过流及接地电流）检测、操作顺序控制和执行功能，无须附加继电保护装置和提供操作电源。该设备适合于户外和野外安装。

重合器的"智能"程度比断路器要高得多，而二者之间存在的诸多不同之处主要表现在以下几个方面：

1. 作用不同。对重合器强调的是识别故障所在地，而对断路器强调的是短路故障的切除。前者强调开断、重合操作顺序、复位和闭锁；而后者仅强调开断和关合。

2. 结构不同。重合器的结构由灭弧室、操作机构、控制系统和高压合闸线圈（某些早期小容量产品除外）等四部分组成；而断路器通常仅由灭弧室和操作机构两部分组成。

3. 控制方式不同。重合器是自具控制设备、检测、控制、操作自成体系，在设计上是统一考虑的，无须附加装置；而断路器与其控制系统在设计上往往是分别考虑的，其操作电源亦需另外提供。

4. 开断特性不同。重合器的开断具有反时限特性，以便与熔断器的时间—电流特性相配合。所谓双时性，即重合器的时间—电流特性有快慢之分；而断路器所配继电保护装置虽有定时限与反时限之分，但无双时性。一般继电保护常用的速断与过流保护，也有不同的开断时延，但这种时延只与保护范围有关，一种故障电流对应一种开断时间，故与重合器同一故障电流下可对应两种开断时间的双时性是不同的。

5. 操作顺序不同。不同重合器的闭锁操作次数、分闸快慢、重合间隔等一般都不同，因使用地点及前后配合的开关设备的不同可出现"二快二慢"、"一快二慢"等各种不同的操作情况；而断路器的循环操作顺序常由标准统一规定。

6. 开断能力的意义不同。同样额定开断电流的重合器和断路器，是用不同的试验条件和试验程序来考核的，前者比后者苛刻。

7. 使用地点不同。重合器既可安装于变电站内，也可安装在荒郊野外的柱上；而断路器因受操作电源和继电保护装置的限制，只能安装在变电站内。

（二）重合器的品种及典型结构

重合器按相数分，有单相、三相；按控制方式分，有液压（机械）、电子；

按灭弧介质分，有油、SF$_6$、真空；按安装方式的不同，还有柱上、地面、地下之分。由于最早的重合器是油重合器，其他各式各类的重合器都由油重合器发展而来，且绝缘和灭弧介质的不同不改变重合器的功能，因而下面主要以液压控制的油重合器为例，对实现其功能的主要组成部件予以阐述。

1. 单相及三相重合器的典型结构

（1）单相重合器的典型结构。单相重合器用来保护单相线路，也可用于长期只有单相负荷的三相线路（中性点有效接地系统）。当发生单相永久性接地故障时，可仅将故障相重合器进行分闸闭锁，而其余两相可依然正常运行。在单相负荷多的农村，尤其是那些采用中性点多点接地的三相四线制线路的国家（如美国）应用单相重合器较多，有其经济、灵活的一面。

在单相油重合器中，并联保护间隙用于保护串联脱扣线圈免遭雷电危害，隔板位于串联脱扣线圈和灭弧室之间，以防线圈受到电弧的伤害。单相油重合器的液压控制、计数原理及结构与下面介绍的三相液压油重合器类似，在此不多述。

（2）三相重合器的典型结构。典型的产品有美国库柏（Cooper）公司的RX型三相液压油重合器，我国已有类似结构的产品。重合器的防雨罩下有一个手动操作柄，当把手柄提起来时，它使重合器内部的合闸接触器触头闭合，使合闸线圈励磁合上主触头。完成合闸操作后，接触器触头又打开。防雨罩下还设有不重合杆、触头位置指示器和操作计数器，若拉下不重合杆，在第一次跳闸操作后就能闭锁，而与整定的闭锁操作次数无关。熔断器的作用是在电路发生过载和短路时，通过迅速断开电路，保护系统安全。检测故障的串联脱扣线圈与主触头串联，能承载线路的额定电流。最小动作电流为其额定电流的2倍。延时装置每相一个。当脱扣线圈铁芯连杆挂住延时臂右端的销钉，线圈铁芯的行程就受到延时机构的束缚。延时装置内充有特殊的油，右部的活塞向下运动时，活塞下面腔体内的油压升高。左侧有两个泄油通道、小电流定时阀和弹簧承载阀，小电流定时阀阀杆上有一条槽，在最小脱扣电流作用下，由这条槽提供活塞走完一定行程所需的泄油时间，即时间—电流特性的起点（与最小脱扣电流相对应）。当故障电流增大时，脱扣线圈铁芯连杆的拉力增加，活塞腔的油压也随之增加，通过小电流定时阀的油量也略有增加，同时，弹簧承载阀在压力油的作用下流过的油量随油压的增大而有较大的增加，使脱扣线圈铁芯连杆下移的时间缩短，跳闸操作相应加快，调整弹簧承载阀内弹簧的压力可以改变特性曲线的陡度。

重合器的灭弧原理及绝缘结构与通常的多油断路器差别不大，多采用自动吹弧的横吹灭弧室。美国 Cooper 公司的 RX 型三相液压油重合器为双断口桥式动触头；而英国雷诺公司的 OYT 型油重合器每相单断口，同样是沿袭该公司的油断路器灭弧室结构。

重合器和断路器相比的另一个不同之处是自具接地故障保护。因为在有些系统中接地电流很小，除串联脱扣线圈做相间故障保护外，还必须加装独立的用作检测接地故障的互感器及继电器。在电子控制的 SF$_6$ 重合器和真空重合器中无串联脱扣线圈，相间故障及接地故障的检测都是靠来自互感器的信号。各种重合器组件间的电气接线虽有差别，但差别不大，合闸线圈一定在主触头的电源侧、直接工作在高压状态，且属瞬时性通电，这些都是共性的。此外，有些小容量的重合器，触头关合靠储能弹簧完成。而弹簧的储能是在过流分闸的过程中，由串联线圈铁芯的运动来实现的。

（3）真空重合器的典型结构。典型的产品有美国 Cooper 公司的 KFE 型真空重合器，它具有以下优点：

① 无须外接电源或电池提供操作及电子线路运行的能源。该能源完全从系统获取。合闸线圈的能源同油重合器一样直接取自高压线路，分闸磁铁靠脱扣电容器储能提供，而电容器储能是借助与合闸线圈相耦合的充电线圈在合闸线圈通电的过程中获得。因为分闸磁铁在合闸过程中被置于吸持位置后靠一永久磁铁操持，分闸过程只需储能电容器的放电电流，在分闸磁铁中产生的磁场和永磁方向相反，使总的合成磁场瞬时近似为零，衔铁就会被所压缩的弹簧作用下释放，而使重合器的分闸弹簧解扣，因而该重合器的分闸启动只需很低的能量。分闸弹簧、合闸铁芯返回弹簧也都是在合闸过程中储能的，而电子控制器的运行能源及信号检测来自 6 只 1000 ∶ 1 的套管式电流互感器。可见，该重合器有彻底的，无须外接电源就能自动工作的自具能力。

② 将真空灭弧室置于封闭的油罐中，既免除了油灭弧室检修频繁的麻烦，又解决了真空灭弧室外绝缘不足的棘手问题。该重合器结构紧凑，与油重合器相比，体积减小 21%，重量减少 24%。不足之处是合闸磁铁线圈开断灭弧仍有赖于油，对油仍有一定的劣化作用。

③ 采用液压—机械—电子的混合控制与时序机构，既承袭了油重合器操作简便、可靠的诸多优点，又拓宽了其慢速动作电流—时间特性的整定调节范围，使之适应性更强。

2. 液压重合器的时序控制原理

液压重合器的时序机构完成排序及定值都与机械件或液压件的配合分不开，有的液压件多些，有的机械件多些。美国原爱迪生公司的产品，用液压泵与有关的凸轮、连杆配合达到排序调节操作的次数和完成合闸闭锁。当分闸铁芯向下移动时，带动分闸铁芯活塞也向下移动，压缩分闸铁芯复归弹簧，并迫使分闸活塞室下部的油流出。在设置为快速分闸的情况下，分闸活塞室的油顺利通过程序活塞室的上部孔道排出。

重合器分闸后，串联分闸线圈断电，线圈引力消失。由于分闸铁芯复归弹簧的复原作用，活塞上移，使活塞上部的油，流过程序活塞下部的逆止阀，排入程序活塞室，使程序活塞上升一级。每当切断故障电流时，这种泵油及提升的动作就发生一次，同时带动计数器记录一次动作。当重合器机构使主动触头分开时，合闸铁芯的闭锁释放，合闸铁芯在复位弹簧的作用下使其下部让出空间，油将流入铁芯让出的空间，油的流速由空间底部的时间定值孔调节。油的流速快慢决定了合闸铁芯上移速度的快慢，可延时 1.5 ~ 2s 的重合时间。当合闸铁芯上移到其行程顶端时，合闸线圈触点又闭合，使断路器重合。至此重合器完成了一次分闸及一次重合闸动作。

若故障是瞬时的，第一次重合故障已消失，串联脱扣线圈不会动作而使重合器保持在合闸位置，第一次动作所引起的程序活塞上移的"记忆"将因程序活塞自身作用缓慢复位而自行消失。因为下部油的排出需要时间，在 25℃时，程序活塞的复归时间为 1 ~ 1.5min。第一次重合后，如果故障依然存在，马上又检测到过电流，立即出现又一次分闸动作，程序活塞将基本在原来的基础上如前所述再向上提升一级，随后是第二次重合动作。

如果故障在第二次重合后依然存在，且重合器是按"二快二慢"整定的，那么第三次分闸时，分闸时间将按延迟的时间—电流特性曲线动作。原因是在第一、二次动作时，程序活塞下部所泵入的油量将使活塞上升到这样一个高度，即程序活塞将堵塞其上部排油孔。所以在第三次切断故障电流时，油的排出只有通过时间定值孔排油。这也就控制了分闸铁芯运动的速度，而分闸铁芯只有到达其行程下端时，才能使保持分闸弹簧于储能状态的闭锁释放，重合器才能分闸。油通过较小的孔道流出时将会受到油压的控制，也就是受到故障电流的控制，当有很大的故障电流时，产生的油压足以使大电流排油孔的弹簧阀门打开，油通过大电流排油孔排出。后续的分合动作重复进行，直到整定的分闸次数后将由闭锁计数器拨动分闸闭锁机构使重合器不再重合。

当每次脱扣后，合闸铁芯在重合间隔向上运动时，使杠杆旋转，并经四连杆作用于棘爪而带动棘轮连同计数活塞做上提运动，合闸铁芯上升到行程终点时，棘爪与棘轮的啮合脱离，每分闸一次，上提约7.9mm。活塞上提时，单向球阀开启，油进入活塞室，使活塞保持在上提位置完成一次记数。棘轮杆的下端是阶梯定位架，可使合闸闭锁机构的动作杠杆在不同的跳闸次数后与之相撞，而使重合器闭锁于分闸状态。由凸轮杆、相间故障脱扣凸轮、接地故障脱扣凸轮及电子控制器在相连的顺序控制开关等组成，只要将凸轮的锁定凸固定在所需的次数位置即可。当重合器操作时，棘轮杆的向上运动同时带动凸轮杆做类似的上移，引起凸轮组件做钟表计数式的旋转，使顺序控制开关的滚轮沿凸轮的边缘做相对滚动。当所需的快速动作次数完成后，开关的滚轮即可使开关的接通状态改变，转为由电子控制器决定其慢速动作特性。

（三）重合器电子控制器

重合器的电子控制器按其电路元件的特征大致可分为分立元件式及单片机式两大类。前者往往要借助各种附件（如顺序配合辅助附件、瞬时分闸并闭锁辅助附件等）来完成某些特定的控制功能；而后者则可仅用一套硬件借助巧妙的软件构思及通信功能等来实现比前者更完善的控制功能。通常，电子控制器所在的箱室与重合器的灭弧及导线系统是有效隔离的，用多芯屏蔽电缆连接控制器与套管式电流互感器及操作机构。分立元件式电子控制室完成控制所借助的各种附件，并非脱离控制器而存在，而是控制器的一个可分离部件，位于控制箱内，可按用户要求，同时供货。为使控制器能工作于-30℃～+40℃环境条件，在控制器的箱室中备有温度调节控制，以控制电路所在环境的温度和湿度。

1. 分立元件式电子控制器

与集成电路相比，其优点是价格便宜，元件耐用，维修简单；其缺点是体积大，功能少，插件多，选择范围窄，调整不便，可靠性较差。线路电流的检测靠装于重合器本体的三个套管式电流互感器。当电流互感器的电流超过最小分闸电流，电子装置的过流检测和时序电路开始启动。经过计时电路整定的时延后，分闸电路开始充电，向重合器发出分闸信号。然后，在顺序继电器控制下，延时重合电路和复位计时电路开始计时，并使控制程序进入下一个整定好多动作顺序。重合间隔时间过后，向重合器发合闸信号，并重新开始电流检测。若故障消失，顺序继电器将复位至初始状态；若故障一直存在，达整定的操作次数后，紧接分闸信号的发出，立即闭锁。闭锁后，控制装置便不再发出复位或合闸信号，除非从控制面板上进行手动合闸。

电子控制的重合器常用电磁铁或电动机做合闸动力。分闸则通过释放分闸弹簧储能来完成，而分闸弹簧则在合闸过程中储能。电磁铁可以是交流高压的，也可以是直流低压的。若为交流高压电磁铁，则能源直接取自电源高压侧，若为直流低压电磁铁或电动机操作，则能源来自直流蓄电池组。蓄电池组处于浮充电状态，以维持正常运行时电子线路的损耗。如 ME 型重合器的电子控制器由 120V 交流电源经充电器对其所用的镉镍蓄电池浮充电。

2. 单片机式电子控制器

同分立元件式电子控制器一样，单片机式电子控制器因制造厂家的不同而在设计上有很大的差异。因为单片机式的控制功能比分立元件式的智能化程度要高得多，为满足同样的控制功能，设计者在软、硬件的设置上自由度要大得多，可以用不同的机种、不同的接口及扩展电路，软件的编程更是灵活多样。其主要优点是体积小，功能强。重合器的分闸电流、重合次数、操作顺序、分闸时延、重合间隔、复位时间的整定，都可以简单地在控制箱上通过微动开关予以整定，使用极其方便。这类重合器正常运行时，套管 TA 的检测信号经过隔离变压器变换为分别反映各相和中性点电流状态的模拟量信号，再经整流、滤波后进入微处理机。微处理机将模拟量变为数字量，并在程序控制下将这些输入量轮流与快分电流、反时限时间、接地动作值等整定值逐一比较。当输入的检测值超过整定值时，微机暂停检测，启动电路接通工作电源，进入操作状态，按整定的操作顺序发生分闸信号和重合信号。

线路故障消除或重合器进入闭锁状态后，电路又自动切除工作电源，进入正常检测状态。

二、自动分段器

1. 自动分段器的种类和结构

线路自动分段器简称分段器，是一种与电源侧前级开关设备相配合，在无电压或无电流的情况下自动分闸的开关设备。它串联于重合器或断路器的负荷侧，当发生永久性故障时，它在预定的记忆次数或分合操作后闭锁于分闸状态而隔离故障线路区段，由重合器或断路器恢复对电网其他部分的供电，使故障停电范围限制到最小。当瞬时性故障或故障已被其他设备切除而未达分段器预期的记忆次数或分合操作时，分段器将保持在合闸状态，保证线路的正常供电。分段器按其识别故障原理的不同，可分为过流脉冲计数型和电压—时间（U-t）型两大类，后者又称重合式分段器。分段器也有单相、三相；液压控制、电子控制之分。与重合器相比，分段器在结构设计上显得更加灵活。跌落式分段器与跌落式熔断器在外形上极相似，但某些相应的组成部件在功能上有本质的不同。分段器的截流管不是可产气的绝缘件，而是一个空心的铜管，在管外套装了一个检测电流的电流互感器，管腔中安放有电子控制板。熔断器在熔断件熔断后靠自重跌落。重合式分段器也为电子控制式，其控制及操作能源和线路信息由与开关本体分离安装的控制箱及控制用变压器提供，但也有将控制器附在本体上的。油分段器与油重合器结构的最大不同之处是取消了灭弧室而增加了记忆电流脉冲次数的液压计数机构。旁路间隙用于防止雷电流损坏与主电路串联的动作线圈。

2. 过流脉冲计数型分段器

过流脉冲计数型分段器通常与前级开关设备（重合器或断路器）配合使用，它不能开断短路故障电流，但具有记忆前级开关设备开断故障电流动作次数的能力。在预定的记录次数后，当前级开关设备将线路从电网短时切除的无电流间隙内分段器分闸，隔离故障线路段，使前级开关设备如重合器或断路器可重合到无故障线路，恢复线路运行。如果故障是瞬时的或未达到预定记忆次数，分段器在一定的复位时间之后会"忘记"其所做的记忆而恢复到预先整定的初始状态，为新的故障发生准备另一次循环操作。

在永久性故障情况下，分段器达到其整定的计数次数后于无电流间隔期间自动分闸将分支线隔离。而当瞬时性故障时，虽然也计数过一次，但因重合器重合后故障已消除，在某一确定的时间之后（与整定有关），记忆消失，计数无效，恢复到其控制部件的初始状态。分段器计数到闭锁动作的次数至少比前级开关设备的操作次数少一次。

现在以油分段器的计数过程来说明分段器是如何按整定的计数次数自动进行闭锁操作。当为正常静止状态时，流过分段器的线路负荷电流流过线圈，线圈与可动铁芯的功能像一个泵，当线圈中只流过额定电流时，其吸力小于弹簧力，可动铁芯保持在它行程的顶部。故障情况下，当线圈电流值超过其动作值时，可动铁芯被下拉，弹簧被压缩，上止回阀被打开，油被注入可动铁芯让出的上部空间。当故障电流被前级开关设备切除时，铁芯因无电而释放，在弹簧力的作用下将可动铁芯推回原处，因上止回阀自行关闭而迫使腔体中的油上冲而推动跳闸活塞上移完成一次计数。如果分段器预置数大于1，前级开关设备每关合1次故障，上述动作就重复1次，直到跳闸活塞顶开脱扣轴使分段器合闸。显然，分段器分闸动作时，正处前级开关设备切除故障的无电流状态。每次计数操作后，跳闸活塞都会缓慢恢复至它的初始位置，恢复的快慢可借上止回阀处油向下泄漏的快慢来调节。活塞回到初始位置"记忆"就完全消失，回复到初始位置的时间叫复位时间。从这里我们可以体会到，对于重合器来讲，记忆时间一定少于恢复时间，且也能体会到如果与前级开关设备的重合间隔时间配合不当，或油温变化太大，泄漏快慢程度不同等，将会产生记忆次数被部分丢失。因为记忆次数是借调整顶杆相对于脱扣轴的距离（也即顶杆的高度）来确定的，在每两次计数动作的间隔期间，顶杆的位置会随活塞的缓慢下沉而变动。

3. 电压—时间型重合式分段器

电压—时间型重合式分段器是凭借加压或失压的时间长短来控制其动作，失压后分闸，加压后合闸或闭锁。它既可用于放射式供电网，也可用于双端有供电电源的环形供电网中的线路段。

4. 分段器的电子控制原理

分段器的电子控制装置视分段器品种、功能的不同，其差异很大，也同样有分立元件式和单片机式之分。从结构上讲，小的可以做成非常小巧，如简易计数跌落式分段器，其电子控制板就放在截流管中，记忆功能是由电子线路来完成的，不存在记忆丢失的麻烦。它借助逻辑电路中两个记忆单元为0或为1的不同状态来决定其是否动作，而这些单元的状态又由所经过的电流的大小和时间长短来控制。而双端供电线路上的重合式分段器，则不仅有复杂得多的控制电路，还需要配备双侧电压互感器。

三、自动节能投切装置

1.线路补偿电容器自动投切装置

线路补偿电容器自动投切装置本体结构大体由三部分组成：多油负荷开关、操作电源用变压器、电压监控器。

负荷开关结构是单断口和双片闸刀型，分合闸靠带有储能弹簧的摇臂式传动机构来实现，摇臂轴上装有脱扣机构，在弹簧和电磁铁的作用下实现负荷开关的分闸锁定和合闸脱扣，摇臂式传动机构通过带摇臂的轴用顶尖支撑在支架上，牵引电磁铁通过摇臂牵动三组闸刀绕刀座支点转动，实现分合闸动作。分合闸电磁铁能量来自储能电容器，分合闸过程也借助了储能弹簧的作用。

在电流进线侧，负荷开关内的绝缘支持板上有一个小容量高压变压器用以将线路高压降为可供开关操作和控制用的工作电源。它是一台小型框式铁芯结构的变压器，其抽头及绕制方法使一次绕组始末端之间的分布电容量小于 10pF，并增大了一、二次绕组间的绝缘强度和爬电距离，增强了抗过电压的能力，提高了运行的可靠性。

其电压监控器由电阻、电容器件，运放等组成，窗口检测电路用以检测电网电压的上下限动作阈值及分配储能电容器的电荷送往分闸电磁铁或合闸电磁铁。控制器装在密封的金属外壳内，由航空插头连线与开关本体连接。可安装在柱上便于操作维护处（亦可安装在负荷开关外壳上），控制器上装有手动分合闸按钮，可手动强制操作。

装置的电源侧接 10kV 线路，负荷侧接三相补偿电容器组。在用电低谷时段，电网电压升高到某一上限阈值时，窗口检测电路翻转，延时执行电路发分闸指令，储能电容器向分闸电磁铁放电，开关分断，补偿电容器组脱离供电网。在用电高峰时段，由于负荷增加，电网电压下降到某一下限阈值时，储能电容器向合闸电磁铁放电，开关闭合，补偿电容器组投入运行，以提高功率因素，改善供电电压质量，减少线路损耗。该装置是一种造价低，适用性强的自动投切开关。

2. 配电变压器节能自动相数转换开关

农村电网深入各乡各村，千家万户。由于覆盖地域广，100kV·A 以下的小容量变压器甚多，且多半为动力、生活混合供电。乡镇企业多的地方，动力用电比重大些，但绝大部分的农村仍是生活用电比重大。因此一般农村电网中的配电变压器有以下共性：一是峰、谷负荷相差悬殊；二是低谷用电时间内变压器二次电压升高；三是变压器的实际电能转换效率低。低谷负荷时，尤其是夜深人静时，农村配电变压器几乎处于三相空载运行，380V 电压往往高达410～430V，且这类变压器空载、轻载运行时间较长，造成铁损大大增加。如能在空载、轻载运行时变压器做单相运行，保证少量用户的单相零星用电，计算表明，仅变压器损耗就比三相运行时减少约60%，加上电网线损的减少，效益是可观的。

四、真空开关

1. 概况

真空开关包括真空断路器、真空负荷开关、真空接触器、真空重合器和分段器等。它们的灭弧介质和灭弧后触头间隙的绝缘介质都是高真空。与其他开关相比，真空开关最大的特点是触头和灭弧系统极其简单，具有体积小、重量轻、使用寿命长、适于频繁操作、灭弧室不用检修等其他开关产品所不具备的显著优点。

真空开关自进入应用领域，由低压小容量向高压大容量、体积小型化的发展过程中，每上一个台阶都伴随着触头结构或触头材料的改进。真空开关的触头结构由无磁场的简单平板触头发展到各式横磁场触头，进而到各式纵磁场触头，触头材料由单元素触头材料发展到各种多元素复合材料，进而到今天广泛采用的综合性能指标极高的铜铬触头材料。所谓横磁场触头，是利用被开断电流流过触头上特定的导电路径，在弧区产生与真空电弧垂直（也即与触头轴线垂直）的横向磁场的触头。这种触头能驱动电弧在触头间隙做旋转运动。这种触头能控制电弧为扩散型，且电弧电压低。触头材料与开断性能、耐压能力及操作过电压的大小密切相关。

当然，同任何事物一样，真空开关也有其固有的弱点。那就是弧后延时重击穿及操作过电压问题，还有真空灭弧室在恶劣环境下的外绝缘问题。不过，在适当牺牲真空开关的某些优点后，这些问题都不难解决。

2. 真空的绝缘特性

真空指的是气体稀薄的空间，常有低真空、高真空之别。气压为零的绝对真空不存在，工程上，用帕（Pa）做真空的单位。使用中的真空灭弧室要求其真空度不低于 10^{-2}Pa，而出厂时的真空灭弧室要求其真空度在 10^{-1}Pa 以上。灭弧室真空长期存放或使用一段时间后，金属触头或灭弧室其他固体构件中吸附或残余的气体会析出而使灭弧室真空度下降。因此，难以获得低含气量的触头材料曾经是真空灭弧室难以实用化的最主要原因。

导致真空间隙的绝缘破坏的原因说法不一，但下面两种说法较易为人们所接受。

（1）场—热作用击穿模型

它认为即使将电极表面研磨得十分光滑并洗净，微观上表面仍然是凸凹不平的，存在着许多的局部突起。这些微观尖凸处的电场将局部增强，电场局部增强系数 β（最大局部电场强度 / 平均电场强度）可高达 $10 \sim 100$。在电极间所加电压的作用下，这种尖凸处将电场集中而发射电子。电流虽然极小，尖凸的截面积也很小，所以电流密度可高达 $10^5 \sim 10^6$A/mm²。存在明显的局部发热。这不仅引起电子发射的进一步增强，而且电极可能因表面局部过热而熔融、蒸发，产生的金属蒸汽原子受电极表面发射的高速电子的碰撞造成游离，随后将出现与气体间隙击穿相类似的过程。

（2）微块击穿模型

真空间隙中，电极表面在微观结构上不仅是凹凸不平的，而且不可避免地总会存在一些附着不牢的碎片微块。微块产生的原因很多，如电极加工时，表面会附着粒子和灰尘，尤其是经一次或几次开断后电极表面会附着碎片及产生更多的缺陷。电极表面尖凸在 $10^5 \sim 10^6$V/cm 量级的静电场作用下，静电场产生的力及发射电流产生的高温足以使尖凸或翘起的碎片等分裂成许多微块并离开电极向对方电极加速运动，当接近对方电极时，会因感应使其端部带有与对方电极相异的电荷而发生放电，当撞击对方电极时，又会引起局部发热、汽化，放出大量金属蒸汽，而导致绝缘破坏。

间隙击穿后，如果电源功率足够，就会在间隙中形成电弧，而真空开关触头在开断电流时形成电弧的过程则略有不同，因为触头是从合到分的，最先在触头间形成高温的液态金属桥，桥断裂时爆炸式的产生金属蒸汽，尔后的过程则与击穿后的电弧发展相同。电弧产生后，阴极斑点附近的金属不断地溶化、汽化，继续向触头空间供给金属蒸汽，以维持电弧的存在。因此，真空电弧从产生到最后熄灭，不是在真空中，而是在金属蒸汽中。

3. 真空电弧的熄灭

熄灭交流电弧的基本出发点是创造各种条件阻止电弧电流过零后的重燃，真空间隙之所以有很强的熄弧能力，就在于弧柱中带电的和不带电的各种粒子因弧柱周围是真空而以极高的速度向四周飞逸扩散。当电弧弧柱随电流的瞬时值减少而减少时，触头向真空间隙空间供给的金属蒸汽和带电粒子也越来越少，阴、阳极表面所承受的能量输入也越来越少，当交流电流经过电流零点时，原则上电弧已不存在。从弧柱和弧根两方面来看此时的电弧，就弧柱而言，残存于弧柱空间的导电粒子很快消散，而决定真空电弧是否熄灭更主要的是弧根，电流过零后，两电极的极性互换，新的阴极表面若不存在局部的熔融，无法向间隙空间供给电子和金属蒸汽，电弧就无法重燃，电路也就被开断。要想旧阳极在过零后变成新的电弧阴极就必须加很高的电压于真空间隙两端，这相当于真空间隙应具有很高的耐电强度。真空的介质恢复速度比其他介质要高出很多倍。这是真空间隙具有很强熄弧能力的原因所在。

正因为真空有很强的熄弧能力，故当开断电流很小时，往往因不能维持电弧的燃烧而使电流强迫过零，这就是所谓的"截流"现象。这是我们所不希望的，是真空灭弧能力过强而造成的不足。

4. 真空断路器在使用中的几个问题

（1）真空断路器弧后延时重击穿

真空断路器在开断电流时，常发现在电弧熄灭后几毫秒到几秒的一段时间内，在暂态恢复电压早已衰减之后又发生重击穿，一般在流过高频或工频半波电流后又自行熄灭。国际上称之为 NSDD 现象，俗称滑相或事后重燃。产生这一现象的机理复杂，影响因素很多。对这种现象大体上有以下几种看法：是触头或屏蔽罩上松脱下来的漂浮微粒所致；是断路器操作过程中操作机构对触头或屏蔽罩所产生的机械冲击而诱发；与触头表面熔化金属的固化过程有关。当然很有可能是这几种情况相结合的产物，因为在不同的开断操作后重击穿随具体的灭弧室结构、触头材料、触头开距、振动弹簧情况不同而随机出现。

（2）操作后绝缘性能变化

真空断路器在各种操作后，因触头表面状态发生变化，而使绝缘水平也发生相应的变化，绝缘性能多数情况降低，但也有升高的可能。一般来说，空合—空分操作有提高冲击绝缘初始击穿电压的作用。而某一范围的电流开断相当于对触头表面进行了"老练"，有提高耐压的作用。关合短路或关合较大电流后接着空分，会大幅度降低绝缘击穿电压，应该避免。关合电流后接着开断这一电流，在某种程度上可以互相补偿，但多次关合和开断，最终绝缘性能是要下降的。当然，对合格的真空断路器而言，在其电寿命范围内，绝缘下降不应低于规定值。

（3）真空灭弧室或整台断路器的更换

真空灭弧室不存在检修问题，灭弧室坏了，换一个新的就行了。但在更换过程中，无论是更换断路器的灭弧室，还是更换柜中的整台断路器，由于真空断路器触头行程短，必须严格按规定的尺寸要求仔细调整，不然的话，严重影响其开断性能。

五、SF_6 开关

SF_6 开关是利用 SF_6 气体作为绝缘介质和灭弧介质的开关。SF_6 在重合器、分段器中被广泛应用。

1. SF_6 的绝缘特性

通常的气体在高电压作用下发生击穿放电，是因为气体间酸中的自由电子在向阳极运动的过程中积累起足够的动能与中性气体分子发生碰撞所致。SF_6 气体既然是气体，同样可用"电子崩"的击穿理论予以分析，但不同的是 SF_6 气体的下述特性可使击穿过程变得困难：

（1）SF_6 是卤族元素氟的化合物，而氟又是卤族元素中负电性最强的一个，极易吸附电子形成负离子。因此，SF_6 气体具有很强的负电性，容易和电子结合形成负离子。

（2）负离子平均自由程远比电子小，又容易与正离子复合而变成中性粒子，减少了间隙中的自由电荷。

（3）SF_6 的分子直径比空气中氮、氧分子的要大，使电子在 SF_6 气体中的平均自由程缩短，从而不易积累能量，减弱了电子碰撞游离的能力。

（4）SF_6 的分子量是空气的 5 倍。因此，SF_6 离子与空气中氮、氧离子相比，在同样的场强作用下运动速度要慢得多，这更有利于复合而使气体中的带电质点减少。

SF_6 气体的绝缘强度约为空气的 3 倍。

提高气体的气压可以减小电子的平均自由程，使电子在两次碰撞之间所积累的动能减小，以致不足，以引起碰撞游离，从而提高了气体的击穿电压。此外，SF_6 气体作为绝缘介质还有下述值得注意之处：

（1）电场均匀性对 SF_6 气体击穿电压的影响远比空气大，与压缩空气的击穿特性相近，即 SF_6 气体在极不均匀电场下的击穿电压与其在均匀电场下的相比，降低的程度比空气要大得多。击穿电压与气压和间隙距离的乘积（即 pd）成反比的巴申定律，对 SF_6 气体而言，只能在很小的范围内吻合。因此，不能简单地靠增大间隙来提高 SF_6 气体击穿电压，而应改善绝缘结构的均匀性。故 SF_6 电气的绝缘结构，其带电体和壳体间常采用同轴圆柱体这样一种稍不均匀的电场结构，且尽量争取壳体直径与带电体直径之比接近最佳比例 2.718。

（2）在 SF_6 气体中影响固体绝缘表面沿面放电的主要因素有：

① 电场分布。和纯 SF_6 气体绝缘一样，要求电极间电场分布尽量均匀，否则即使增加沿面距离，闪络电压也很少提高。

② 固体绝缘与电极结合部的气隙。这种气隙应尽量消除，否则气隙处的介电系数小、面场强集中，易于起晕发展为闪络，通常是在固体介质内部装埋均压环。

③ 介质表面的光滑与清洁度。介质表面易污染，易受潮，易吸附杂质微粒，使电场发生畸变而易于闪络。要避免使用含 SiO_2 的材料。

④ 电极表面粗糙程度，残存于设备的导电微粒、粉末等引起击穿电压的显著降低。因为在电场力的作用下，导电粒子会沿电场的方向竖起、跳跃、飞翔。金属屑沫和电极表面的粗糙突起所造成的绝缘弱点，可通过老练加以改善。老练是指对气体间隙进行多次重复放电而烧掉缺陷。

⑤SF_6气体中的水分含量对绝缘有害，尤其在电弧作用下会产生更多的有毒化合物，应严格控制。

2. SF_6的灭弧特性

SF_6具有奇特的热化学性质（高温下的导热性和导电性）和极强的负电性（吸附电子的特性），其灭弧性能优异。它的灭弧电压低，电弧时间常数小，过零后断口能承受很高的工频恢复电压和瞬时恢复电压上升率。在开断空载线时不易重燃，开断感性小电流时几乎不产生截流过电压。在开断出线端短路和失步故障时，通常无须装设分闸并联电阻，仅在开断近区故障时，在断口工作电压很高且短路电流很大的情况下，才需装设并联电容器。电弧的熄灭过程就是弧隙导电粒子（电子、离子）消失，使间隙转变为绝缘介质状态的过程。在同样的开断电流下，电流过零后，这个过程转变愈快，耐受的恢复电压愈高，灭弧能力就愈强。而影响这个转变快慢的主要决定因素体现在两个方面：在同样的燃弧条件下过零前输入弧能量的大小；弧柱温度或热量变化快慢惯性度，也就是电弧热时间常数的大小。热时间常数的定义是：在电弧电流突然消失后，弧隙电阻增大到2.718倍（即e倍）所需要的时间，其实质就是导电粒子消失的速度。

第二节 箱式变电站

箱式变电站简称箱变，又称组合变电站，是一种集高低压开关设备、变压器于一体的户外变配电成套设备。此种产品有两种典型的形态，一种是欧式，一种是美式。欧式箱变在我国较为普遍。因这种产品技术我国早在20世纪70年代末就已从西欧引进，故称欧式箱变。

一、箱变种类及结构

（一）箱变的种类

箱变有多种分类方法。按产品结构可分为组合式变电站（欧式箱变）、预装式变电站（美式箱变）；按安装场所可分为户内、户外式箱变；按高压主接线方式可分为终端接线、双电源接线和环网线式箱变；按箱体结构可分为整体、分体式箱变。

1. 组合式变电站

组合式变电站（欧式箱变）是将高压开关设备、配电变压器和低压配电装置三个不同的隔室通过电缆和母线来实现的电气连接，所用高低压配电装置及变压器均为常规的定型产品。

（1）布局。组合式变电站的高压室、变压器室和低压室可按目字型或品字型布局。目字型布局与品字型布局相比，目字型接线较为方便，故大都采用目字型布局。

（2）高压接线方式。组合式变电站有许多种接线方式，常用的有终端、双电源、环网等接线方式。在高压回路中，通常采用负荷开关与限流式熔断器组合的保护方式，负荷开关通常采用真空断路器或 SF_6 断路器，额定电流为630A。动、热稳定电流分别为50kV 和20kV。

（3）变压器连接方式。通常采用常规的连接组为 Y，yn0（y/y0）的三相三柱式油浸式或干式变压器。近年来，根据市场的需求，亦可采用 D，yn11连接组的产品，但铁芯结构仍为三相三柱式。

（4）低压接线方式。低压接线方式非常繁多，出线保护多采用空气开关或刀熔开关，回路最多可达 20 路，具有无功补偿和多路计量功能。目前根据市场需求，亦有安装低压电源自动转换开关的产品，可确保重要用户的供电可靠性。

2. 预装式变电站

预装式变电站（美式箱变）是将变压器身、高压负荷开关、熔断器及高低压连线置于一个共同的封闭油箱内的电气连接，用变压器油作为带电部分相间及对地的绝缘介质，是一种结构紧凑、体积小、经济实用的新型配电设备。由于采用了全绝缘的高压进出线端子和电缆附件，使高压间隔内没有任何裸露的带电部分，具有安全、可靠的运行特点。同时，预装式箱变具有齐全的运行检视仪器仪表，如压力计、压力释放阀、油位计、油温表等。由于采用普通油和难燃油作为绝缘介质，使之既可用于户外，又可用于户内，适用于住宅小区、工矿企业及各种公共场所，如机场、车站、码头、港口、高速公路、地铁等，有着非常好的发展前景。

（二）箱变的结构

箱式变电站典型结构，按各种接线设备所需空间设计。环网、终端供电线路方案设计有封闭、半封闭两大类。高低设备室分为带操作走廊和不带操作走廊结构，可满足 6 种负荷开关、真空开关等任意组合的需要。附加设备有终端供电、站内装配式变电站。高压室、变压器室、低压室为一字型排列，根据运输的要求设计有整体式和分单元拆装式两种。

箱体采用钢板夹层（可填充石棉）和复合板两种，顶盖喷涂彩砂乳胶或特殊设毡。吊装方式为上吊式，装配式变电站体采用吊环形式。为监视、检修、更换设备，需要设计通用门，可双扇开启也可单扇开启，变压器室设有两侧开门的结构。

变电站的高低压侧均应装门，且应有足够的尺寸，门向外拉。门上应有把手、锁、暗门，门的开启角度不得小于 90°，门的开启应有相应的连锁。

高压侧应满足防止误合（分）断路器，防止带电拉（合）隔离开关，防止带电挂地线，防止带接地线送电，防止误入带电间隔的"五防"要求。不带电情况，门开启时应有可靠的接地装置，在无电压信号指示时，方能对带电部分进行检修。高低压侧门打开后，应有照明装置，确保操作检修的安全。

必要时可采取散热措施，防止内部温度过高。高低压开关设备小室内空气温度应不致引起各元件的温度超过相应标准的要求。同时还应采取措施保证温度急剧变化时，内部无结露现象发生。当有通风口时，应有滤尘装置，变压器小室应有供变压器移动的轨道。

采用金属外壳时，应有直径不小于 12mm 的接地螺钉，其构造应能可靠地接地。采用绝缘外壳时应加金属底座且可靠接地，均应标有接地符号。箱体元件的结构牢固，吊装时不致引起变形和损伤，在外壳的明显处设置铭牌和危险标志。

箱体的防雨性能：在装配完整的变压器试品上进行淋雨试验，淋雨装置应沿四周布置，使雨滴同时由四周顶部落下，持续时间 1h。试验方法按 JB/DQ2080 规定进行。

防噪声的性能：当变电站采用油浸变压器时，测点距变压器周围 0.3m（干式变压器为 1m）间距不大于 1m，高度在变压器外壳高度的 1/2 处，额定电压下测量，测量的升压级分别为不大于 55dB 及 65dB。特殊要求时用户与制造厂协商，测量方法按 GB/T 7328 的规定。

箱式变电站的基础的边缘应宽出箱变外墙 0.1m 左右。材料采用砌砖、砌石均可，需抹面。另外，也可采用金属平台、混凝土板式基础。基础轮廓内至少应有 1m 深是空的，便于电缆的引进与引出。

二、箱变的应用范围和正常使用条件

1. 应用范围

箱式变电站已广泛应用于工厂、矿山、油田、港口、机场、车站、城市公共建筑、集中住宅区、商业大厅和地下设施等场所，并可采用电缆进出或架空进线、电缆出线的两种进出线方式。

2. 正常使用条件

（1）海拔不超过 1000m。

（2）环境温度：最高日平均气温 +30℃；最高年平均气温 +20℃；最低气温 -25℃（户外）、-5℃（户内）。

（3）风速不超过 35m/s。

（4）空气相对湿度不超过 90%（25℃时）。

（5）地震水平加速度不大于 0.4m/s，垂直加速度不应大于 0.2m/s。

（6）安装地点应无火灾、爆炸危险、化学腐蚀及剧烈震动的场所。

三、箱变元件的相关问题

（一）变压器和变压器室

1. 变压器的容量范围

箱式变电站变压器容量的选择，现阶段以 800kV·A 以下为宜，可适当放宽至 1000kV·A。更大容量的箱式变电站可作为非标准处理。

2. 变压器室的通风散热

箱式变电站内变压器的通风散热是设计时所要考虑的一个重要问题。从经济效益的观点出发，设计箱式变电站的变压器散热条件的原则是：应优先考虑自然通风。在此基础上，适当地增加强排风措施，以最大限度地保证箱内变压器满容量出力。

3. 日照辐射及防尘问题

日照对变压器室的温度也有一定的影响，应采取以下措施：

（1）在变压器室的四壁添加隔热材料。

（2）采取双层夹板结构。

（3）箱式变电站顶盖，采用带空气垫或隔热材料的气楼结构。

4. 电压波动

当电网电压波动较大，而用户对电压质量要求较高时，箱式变电站中可选用有载调压电力变压器。目前常用的 10kV 级有载调压变压器为 SLZ 系列，调压变压器为 JKY-3A，调压范围为 ±10%。

（二）高压受电设备

1. 采用断路器做高压受电设备的方案

断路器具有优良的保护性能。因此，在变压器容量较大（通常大于 630kV·A）、负载等级较高，或用户特别要求的场合下使用是适宜的。但由于断路器成本高、体积大，若实行最典型的高压环路方案，则占地面积最少 3 倍，从而使箱式变电站的体积大大增加。因此，推广使用断路器的箱式变电站，在经济上和技术上有一定的困难。

2. 采用高压负荷开关串接熔断器做高压受电设备的方案

高压负荷开关串接熔断器的保护方案，目前在国外城网配电领域里得到广泛的应用，特别是作为箱式变电站高压受电保护方案尤为适宜。其主要原因：

（1）这种保护方案基本上能满足大多数箱式变电站使用场合的负荷情况，既能控制、分断正常负荷电流，又能承受和保护短路故障。

（2）由于体积小，易于在有限的空间内实现高压环网方案，从而更好地突出箱式变电站体积小的特点。

（3）线路简单，维修保养工作量小，特别适合箱式变电站无人值班的实际使用情况。

（4）成本大大降低，突出了箱式变电站的自身特点，增加了与土建变电站的竞争能力。目前国内几乎所有的生产厂家，都在使用这种高压保护方案，它是箱式变电站高压受电设备的发展方向。

3. 箱式变电站的过电压保护

目前大多数箱式变电站都装有避雷器，作为站内变压器和其他高压受电设备的过电压保护。在选择避雷器类型和确定安装地点时，通常应做如下考虑：

（1）由于 10kV 阀式避雷器 FZ、FS 系列工频放电电压有效值为 26～31kV，氧化锌（MOA）避雷器的标称电压为 19.5～21kV。因此，对于 10kV 油浸变压器工频耐压 35kV，持时 1min 而言，阀式避雷器和 MOA 避雷器都能有效地对其进行保护。但当箱式变电站使用环氧树脂干式变压器时，由于其绝缘耐压为 28kV，持时 1min，显然只有选用 MOA 避雷器作为电压保护才是合理的。

（2）避雷器的安装地点应尽量靠近所要保护的变配电设备。箱式变电站进线电缆上杆处距离站内变压器不大于 20m 时，应优先考虑将避雷器放置在架空线与电缆连接处；当距离超过 20m 时，应分别在箱内和电缆上杆处加装避雷器，以便能有效地保护变压器和进线电缆头。对于环网接线开环运行的箱式变电站其开环处应考虑在开环断口以下设置避雷器。

（3）在多雷区使用的箱式变电站，若配电变压器的接线为 Y，yn0 或 Y，yn 型，除了在高压侧装设避雷器外，宜在低压侧装设一组 220V 避雷器，以防止低压侧雷电波侵入。

4. 箱式变电站的计量问题

目前各地区供电部门对箱式变电站用电计量，是以高压计还是以低压计，其要求不同。西北地区供电规程上明确规定：凡容量超过 160kVA 以上的变电站，必须采用高压计量的方法，且计量柜的开启由供电部门掌握。而北京、天津等华北地区的供电部门，则认为箱式变电站的计量以低压计量为好。至于变压器本身损耗问题，可将其折合成电费一起由用户承担。因此箱式变电站究竟采取哪种计量办法，应由各地供电部门规定，但在统一设计时应给高压计量柜留位。

四、箱式变电站供电设施的运行维护

（一）DW10 型万能式断路器常见故障

1. 失压脱扣器

如手动合闸后，断路器又立即自动断开，多为失压脱扣器的问题。检查方法可用人工强行使失压脱扣器衔铁吸合，如不再断开，即可证明判断正确。此方法是通过调节衔铁弹簧的拉力，使失压脱扣器处于正确状态（即只有当外界电压下降到额定电压的 40% 以下时，衔铁才释放，使机构跳闸）。由于失压脱扣器对瞬时电压降反应特别敏感，特别需要时可将失压脱扣器拆除，避免造成不必要的停电。

2. 特殊失压脱扣器 TO

它是由电吸合，而只有在它吸合的状态下，才能保证电动合闸的成功。其功能是：若在合闸中供电电压突然降到额定电压以下时，TO 失压，衔铁释放断路器就合不上。因此，如发现在合闸中机构总是合不上，则肯定是 TO 在起作用。但在电动合闸的很短时间内，发生电网电压变化很大的机会不多，一般都是 TO 自身的反作用弹簧力量不平衡所致。反复调整弹簧力即可解决这类故障。

3. 微型操作电动机的旋转方向

若反转会使传动连杆错位，拐臂进入"死点"，操作手柄犯"卡"，打开电动机上部的旋盖转动几圈，即可使连杆机构脱离"死点"。待拐臂进入正常位置后，将电动机的电源线调整相序即可。

（二）DZ 塑壳式断路器的故障

缺相事故，这是偶然发生的事故。因为每一个动触头的凸出尾部连着一个反转弹簧，当合上开关时，动触头投向静触头，而弹簧翻在上方，动触头尾部受杠杆的作用力，保证接触面有足够的压力；而在开关分闸时，动触头的凸出部分翻在下方，弹簧使动触头加大分闸的初速度，便于分断电弧。若整个弹簧机构有呆滞现象时，便会产生触头合不上的后果。解决办法是调整弹簧或更换新断路器。

（三）DW 型万能式断路器的维护

1. 在使用前，应将磁铁工作极面用防锈油擦拭干净。

2. 机构的各种摩擦部分必须定期涂以润滑油。

3. 断路器在分断短路电流后，应切断电源进行触头检查，将断路器上的烟痕擦净。

4. 在触头检查及调整完毕后,应对断路器的其他部分(如过电流脱扣器等)进行检查。

5. 当灭弧罩损坏时(尽管只有一个灭弧罩破损),则不准通电使用,必须更换。

(四)GZG-10 高压真空负荷开关供电装置的调整、使用、维护

1. 连锁指示系统出厂时已做了调整,但因运输、安装等影响,可能造成指示不准或机构卡滞现象,可在停电状态时适当调整固定螺钉和弹性支撑片,使连锁指示系统动作灵活、指示正确。

2. 运行前检查

(1)清除负荷开关供电装置内各部件上的灰尘,特别是绝缘件上的灰尘。

(2)对机构运动部件,特别是操作机构,加注少许干净的润滑油。

(3)对负荷开关供电装置进行空载操作,检查分、合闸和储能动作是否灵活、可靠;检查连锁和显示系统是否符合要求。

(4)对负荷开关供电装置及真空灭弧室断口进行绝缘性能检测工频42kV,持时 1min。

3. 运行和维护

(1)负荷开关供电装置在运行中,可通过观察孔观察其工作是否正常。如发现异常,可停电检查。

(2)真空灭弧室在出厂时真空度一般为 1.333×10^{-5} ~ 1.333×10^{-1}Pa 以上,在运行中真空度的监视采用定期检查(停电检修)及肉眼判断的方法,具体为:施加工频电压法,在额定开距下,对于 10kV 电压等级,工频耐压在 25kV 以上为正常;测量端口绝缘电阻法,用 2kV 摇表,测得绝缘电阻不小于 500MΩ 即为正常;观察真空灭弧室屏蔽罩表面,如失去金属光泽、氧化发黑,证明管内真空度已破坏,必须更换真空灭弧室;根据制造厂的出厂日期,检查真空灭弧室是否到期。

4. 经常观察超行程的变化

三相真空负荷开关经多次分断后,每相触头的烧毁程度不同,在任何情况下都应保证触头有足够接触压力,必须避免接触不良,否则就可能造成严重烧损。因此,必须在停电检修时观察记录超行程的变化,并及时调整。

5.定期检查超行程、真空度、紧固件、易磨损件、隔离触头等。开合3次短路故障后，应对超行程进行测量和记录，不符合要求时应及时调整。

（五）配电室和箱变的巡视内容

1.配电室或箱变有无漏雨、积雪之处，门窗是否牢固，建筑物及遮拦有无损坏。

2.室内温度是否过高，照明装置是否齐备、健全，通风是否良好，室内是否清洁。

3.所有绝缘瓷件是否完整、清洁，各部接点有无松动、过热现象，电气设备有无异音。

4.各种开关的位置是否正确，有无烧焦气味等。

5.充油设备有无喷油、渗/漏油现象，油标的油位是否正常。

6.接地装置的接点是否严密、可靠，防雷装置是否齐全、完好。

7.各种仪表的指示数据是否在额定值范围内，三相电流、电压是否平衡。

8.配电室或箱变及配电工接箱周围，有无堆积易燃易爆物品，以及影响运输车辆通行的现象。

9.配电室或箱变外墙的粉饰及油漆有无脱落、生锈、腐蚀现象。

10.各部标志是否齐全、醒目、正确。

11.防止小动物进入室内的装置是否健全、可靠。

12.防火用具数量是否足够、好用。

13.电缆沟、道在生方（即使用过程中）有无塌陷，入口封闭是否严密，电缆标志是否齐全。

五、智能箱式变电站

由于信息化、网络化和智能化住宅小区发展，因此不仅要求箱变安全可靠，而且要求具有"四遥"（遥测、遥信、遥调、遥控）的智能化功能。这种智能箱式变电站环网供电时，在特定自主软件配合下，能完成故障区段自动定位、故障切除、负荷转带、网络重构等操作，从而保证在一分钟左右恢复送电。

智能箱变采用的智能型元器件应配置电源、接口器件、通信介质、控制设备（上位机、智能仪表等），以满足智能化的要求。智能箱变为：采用

PROFIBUS–DP标准的、开放型的现场总线技术,将具有通信能力的元器件(从站)与之相连接,从而实现主站通过总线对开关、电网的远程测量、调节、控制、通信;或采用智能控制仪对高低压侧进行本地或远程的测量、调节、控制、通信。

在系统方案配置时考虑到用户对智能监控的要求,采用以下两种方式之一进行:高低压侧分别配置智能系统和高低压侧统一配置智能系统。

智能系统的元器件安装、布置、现场布线等应符合有关要求,对于电磁兼容(EMC)需采用抗干扰技术。编写的监控软件主要包括主回路、框架断路器、控制回路和配电系统信息等遥控界面。

装备智能系统的箱变具有下列智能化功能:

1.显示高低压侧系统一次接线图,反映各高低开关分、合闸状态。

2.“四遥”功能。

3.系统管理。

六、箱变的发展方向

在美国箱变的使用量已达配电变压器的90%,西欧地区也达到了70% ~ 80%,我国目前这一比例在15%左右。其差距是相当大的,同时也反映了箱变产品存在着差距较大的市场空间。故箱变的发展,必然呈多元化形式。

1.农网专用配电箱变的开发

目前,箱变主要应用于城市配电网,农网应用极少。大概因为经济因素及供电要求的差距,美式箱变在美国得到普及,与其经济发达有本质的联系。但是,如开发出一种农网专用配电箱变,功能较现行台变有所提高,造价相当,一定会有大量市场的。因为箱变产品在安全性、维护量、外形等方面均比台变有明显优势。随着箱变产业的不断发展,各厂家一定会在此方面积极开发和探索,此系列的产品也会相应而出。目前,35kV/10kV农村无人值守变电所,已由相应的箱变产品取代,且这种高压箱变用量呈上升趋势,就充分说明了这一点。尤其需要指出的是,这种箱变更适合专用生产线来生产。随着产/销量的增加,成本也一定会达到合理程度,这也为此种产品的普及提供了保证。这种产品因市场面大，而会成为箱变产品中用量较火的一个体系。

2. 城网普通型箱变系列

这类产品主要用于城网中一般的供电情况，箱变本身要求小型、节能、免维护，供电方案也比较简单。现行的美式箱变是比较符合这种供电要求的。纵观全国各城网的形势，这类产品需求可达到整体城网用箱变的70% ~ 80%，是城网箱变中的主要类型。这类产品今后技术方面攻关的重点在产品的标准化设计、模数化组装，以及免维护方面的研究和高压装置整体性能的提高，也需要在电网各设备的配合上做深入研究。

3. 特殊型箱变

由于各地配网发展状况不一，必然产生一些特殊的供电要求，但这些要求并不可能短期内在全国大范围普及。如智能型箱变具有较高环网功能的箱变，取代大型变电所的综合大型箱变等。这些产品目前市场上也有相应的产品与之配套，但均未形成格局，市场之中也无专业品牌。虽然这类产品市场占有率不高，但由于科技含量及产品特殊性，单位价格相对其他产品要高，附加值也较大。这类产品会从现在美式箱变、欧式箱变衍生而来，结合两种产品的优势就能够适应市场的要求。

第三节　配电变压器

配电变压器在整个配电网系统中占据着非常重要的位置，变压器容量的选择直接影响到电网的运行和投资。选大了不但会使运行参数变坏，增加电能损耗费用，而且要增加投资。对于供电部门的公用变压器而言，选大了会使低压网络变大，会过多地消耗有色金属；选小了变压器会很快满载，甚至过载，将限制负荷的发展，或者是在短期内就要更换变压器，劳民伤财。从经济角度看，变压器铜损等于铁损时效率最高，损失率最低；而对于交纳贴费及基本电费的电力用户，就其全面情况看，并不尽合适。因此，选择变压器容量时应全面进行考虑。

一、变压器安装位置的选择及变压器的安装要求

（一）变压器安装位置的选择

配电变压器安装位置的选择，同样需要慎重，它关系到保证低压电压质量、减少线损、安全运行、降低工程投资、施工不便及不影响市容等。考虑这些因素后尽量使变压器设在负荷中心。

电源点应设在负荷重心，运行最为经济，这时借用力学上求重心的方法求出负荷重心。这是个传统的概念，这个概念并不很精确。应该在一个台区的范围内以功率损耗小、线路短、导线损耗小、电压合格为标准。

变压器设置地点还应考虑地形、地物方便，以及连接进户线的方便。根据运行经验和计算的结果表明，城市电源点（配电变压器）之间的间隔一般取 500 ～ 600m 为宜。因为市区负荷密度较大，如电源点间隔很大时，将导致电压质量低、线损大、有色金属消耗多。从运行角度看，低压线路过长时，远方短路变压器二次熔丝不易熔断，可能烧损变压器。

另外，由于用户的负荷逐渐发展，所以原设的变压器容量，并非一劳永逸的，不是更换大容量的变压器，就是增加电源点。后者有可能不更换低压线路的导线截面积，只对原有线路进行分段，就能满足要求。

在基本上能满足负荷中心的条件下，尽可能把电源点设在十字街口附近。这样既能向多个方向供电，又便于检修、维护。为安全、美观起见，有些地区不便于设电源点，如市区的广场、学校校园、大型商场及影院门前等地。

随着城市现代化发展的需要，供电设施也要相应地改进。如繁华的大街上，设置架空线路和变压器台，既不安全，又不美观，更主要的是线路走廊的问题不易解决。所以，近些年来结合城市现代化的要求，有计划、有步骤地将闹市区的架空线路逐步改为地下电缆，变压器适当地移到建筑物内，或配电室、箱式变电站内，有条件的还可以将变压器设置在地下。这是某些城市供电部门已经着手解决的问题了。

（二）变压器台安装要求

1. 变压器台的一般要求

配电变压器台应设在负荷中心或重要负荷附近，便于更换和检修设备的

地方，同时还应尽量避开车辆、行人较多的地方。

变压器台分为柱式变压器台和落地式变压器台两种。容量在 30kV·A 及以下的变压器，宜采用单柱式变压器台；容量在 30 ~ 315kV·A 的变压器，宜采用双柱式变压器台；容量在 315kV·A 以上的变压器，宜采用落地式变压器台。

柱式变压器台距地面高度，一般采用 2.5 ~ 3.0m。安装变压器后，变压器台的平面坡度不应大于 1/100。母线横担至台面高度，应根据变压器高度决定，但应不小于 1.7m。高压母线的间距不小于 0.35m。母线至变压器套管的接头，应用黑胶带妥善包扎两层。落地式变压器台应装设固定围栏，防止人畜触电。

变压器的引下线、引上线和母线，一般采用多股绝缘线，其截面应按变压器额定电流选择，但最小不应小于 16mm^2。

变压器的高压侧应装设防雷装置及跌落式熔断器。跌落式熔断器的装设高度，应便于在地面操作，但距变压器台面的高度不宜低于 2.3m。各相熔断器间的水平距离不应少于 0.5m。为了便于操作和熔丝熔断后，熔丝管能顺利地跌落下来，跌落式熔断器的轴线应与铅直线成 15° ~ 30° 倾角。

变压器的低压侧应装设低压熔断器。变压器的外壳、低压侧中性点和击穿保险器均应接地。各种性质的接地均可同用一组接地装置，接地电阻值要满足要求。

为便于变压器的操作和检修，下列电杆不宜装设变压器台：转角、分支杆；设有高压接户线或高压电缆的电杆；设有线路开关设备的电杆；交叉路口的电杆；低压接户线较多的电杆。

2. 变压器台横梁选择

变压器台横梁所用的材料，目前基本有三种：木质、型钢及钢筋混凝土。但由于近年来木材缺乏，木结构基本上不再使用了。型钢结构的变压器台较为普遍，大致是采用槽钢与工字钢，个别有用圆钢焊成桁架的。

关于型钢横梁的截面选择，它在电杆上的固定方式，大体上是采用螺栓连接，在计算时可按简支梁处理。另外变压器上台之后，不一定能均匀地压在两根梁上。故应考虑不均匀系数，即一侧承受 40%，另一侧承受 60% 的实际荷重。

3. 低压保安器的安装

关于低压保安器的安装，应将其牢固地固定起来，防止其脱落在变压器外壳上，烧成孔洞漏掉绝缘油。

二、配电变压器的保护装置

配电变压器的保护装置中，目前最常用的是在变压器一次侧装设跌落式熔断器，二次侧保安器内摆设低压熔丝。采用跌落式熔断器做配电变压器高压侧的保护装置是个经济、简便、有效的办法。这种装置具有熔断器和开关的双重作用，它既能在变压器内部故障时，使其脱离系统，又可作为投切变压器便于作业。但是，如果选择和使用不当，不仅起不到应有的作用，而且有可能酿成事故。

（一）跌落式熔断器的选择

由于跌落式熔断器是依靠电弧的作用产气来灭弧的，所以安装地点的短路容量应在跌落式熔断器额定断流容量的上下限之内。超过上限，则可能因电流太大，产气太多而使熔管爆炸；低于下限，则可能因电流太小，产气不够而吹不断电弧。因此，在选择跌落式熔断器的额定容量时，既可考虑其上限开断容量与安装点的最大短路电流相匹配，还要重视其下限开断容量与安装点的最小短路容量的关系。考虑到跌落式熔断器作为变压器内部故障的主保护，并包括低压套管到熔断器（或空气开关）一段引线，且作为低压熔断器的后备保护，应以低压出口短路（两相）作为短路电流最小值来选择其下限开断容量。例如，额定电流50A的RW-10型户外跌落式熔断器，只能作为短路容量为10～50MV·A配电变压器的保护，对短路容量为20～100MV·A配电变压器，应选用100A的RW-10型户外跌落式熔断器，不能因为负荷不大而选额定电流为50A的跌落式熔断器。

（二）熔丝的选择

1. 熔丝的选择原则与条件

熔丝的选择原则是：应能保证配电变压器内部或高、低压出线套管发生短路时迅速熔断。东北地区一般要求，熔丝的电流为配电变压器额定电流的1.5～2.0倍。有些其他省市要求按额定电流的2.0～3.0倍选用，而容量大于 160kV·A 的变压器，则按额定电流的 1.5 ～ 2.0 倍选用。不过对短路电流而言，因其值大，熔丝大些小些都无所谓，只要满足和上级保护达到配合就可以。

熔丝的熔断特性能否与上级保护时间相配合，是决定采用熔丝保护能否生效的关键问题。对于配电线路迅速保护装置，因动作时间很短，仅 0.1s 左右，故要取得熔丝的配合，熔丝的熔断时间必须小于或等于 0.1s。按制造厂提供的熔丝的特性曲线，在 0.1s 内使熔丝熔断的电流应不小于其额定电流的 2.0 倍。这一数据是保证熔丝与首端断路器配合的必要条件。对于具有 50MVA 以上的短路容量的变电所，50 ～ 150mm² 铝线作为干线，在距变电所 1km 以内的 1250kV·A 以下的配电变压器或者 2km 以内的 800kV·A 以下的配电变压器以及 10km 以内 400kV·A 以下的配电变压器入口短路电流都可以达到熔丝额定电流 2.0 倍以上（熔丝按 1.5 倍选）。对于过流保护，动作时间就更容易配合了。由此可见，大多数配电变压器可以用熔丝做保护。

2. 熔丝规格的选择

按常规 160kV·A 以下的配电变压器，熔丝按 2 ～ 3 倍额定电流选择，160kV·A 及以上者按 1.5 ～ 2 倍选用。

（三）低压侧熔丝的选择

配电变压器低压侧装设低压熔断器，其主要作用是保护变压器。当变压器过载或低压网络短路时，它能自己熔断，防止变压器烧损。熔丝的电流应与变压器二次电流相等，或者根据实际负荷安装。

对于大容量的配电变压器，二次电流很大，两片熔丝并联使用时，两片之间要留有空隙，使之散热良好。

关于低压熔丝规格的选择，必须注意：保持低压熔丝允许电流小于或者等于变压器低压测的额定电流。

第四节　避雷器

避雷器是一种过电压限制器，它实际上是过电压能量的吸收器，与被保护设备并联运行，当作用电压超过一定幅值以后避雷器总是先动作，泄放大量能量，限制过电压，保护电气设备。

避雷器放电时，强大的电流泄入大地，大电流过后，工频电流将沿原冲击电流的通道继续通过，此电流称为工频续流。避雷器应能迅速切断续流，才能保证电力系统的安全运行，因此对避雷器基本技术要求有两条：

过电压作用时，避雷器先于被保护电力设备放电，这需要由两者的全伏秒特性的配合来保证。

避雷器应具有一定的灭弧能力，以便可靠地切断在第一次过零时的工频续流，使系统恢复正常。

以上所述两条要求对有间隙的避雷器都是适合的，这类避雷器主要有：保护间隙和管式避雷器、带间隙阀式避雷器。

对于无间隙金属氧化物避雷器（MOA）的基本技术要求则不同，由于无间除，它长期承受系统工作电压和间或承受各种过电压，即工频下流过很小的泄漏电流，过电压下其残压应小于被保护设备冲击绝缘强度，它必须具有长时间工频稳定性和过电压下的热稳定性，它没有灭弧问题，相应地却产生了它独特的热稳定性问题。

一、保护间隙和管式避雷器

保护间隙常用角形保护间隙形式，其目的是使工频续流电弧在电动力和上升热气流的作用下向上运动并拉长，以利电弧的自行熄灭。在我国保护间隙多用于 3～10kV 的配电系统中，保护间隙虽有一定的限制过电压效果，但不能避免供电中断。其优点是：结构简单、价廉，主要缺点是灭弧能力低，与被保护的伏秒特性不易配合，动作后产生截波，不能保护带绕组的设备，它往往需要与其他保护措施配合使用。

管式避雷器由两个串联间隙组成，一个间隙 F_1 装在消弧管内，称为内间隙。另一个间隙 F_2 装在管外，成为外间隙。当有雷电冲击波时，间隙 F_1、F_2 均被击穿，使雷电流入地。冲击电流过后又加上工频续流电弧的高温，使管内产生大量气体，可达到数十甚至上百个大气压。此高压气体急速喷出产气管，造成对弧柱的强烈纵吹，使其在工频续流 1～3 周波内的某一过零值时熄灭。外间隙的作用是使灭弧管在线路正常运行时与工作电压隔离，以免管子材料加速老化或在管壁受潮时发生沿面放电。

管式避雷器的灭弧能力与工频续流的数值有关。续流太大的产气过多，可能使管子炸裂而损坏；续流过小产气不足，电弧不能熄灭，可见管式避雷器所能熄灭的续流有一定的上、下限。

由于管式避雷器伏秒特性陡峭，放电分散性大，动作产生截波，放电性能受大气条件影响。因此，它目前只用于输电线路个别地段的保护，如大跨距和交叉挡距处，或变电所的进线段保护。

二、阀式避雷器

阀式避雷器分带间隙和无间隙阀式避雷器两种，近几年又出现了有机合成外套的金属氧化物避雷器。它们相对于管式避雷器来说，在保护性能上有重大改进，是电力系统中广泛应用的主要过电压保护设备。

（一）带间隙阀式避雷器

1. 主要性能参数

（1）额定电压。指正常运行时作用在避雷器上的工频工作电压，也就是使用该避雷器的电网额定电压。

（2）冲击放电电压。对额定电压为 220kV 及以下的避雷器，指的是在标准雷电波下的放电电压（幅值）的上限。对于 330kV 及以上超高压系统用的避雷器，除了雷电冲击放电电压外，还包括在标准操作冲击波下的放电电压（幅值）的上限。

（3）工频放电电压。普通避雷器是靠间隙与阀片的配合使电弧不能维持而自熄的，所以这种避雷器的灭弧能力和通流容量是有限的，一般不允许它们在持续时间较长的内过电压下动作，以免损坏。因此，它们的工频放电电压除了应有上限值外，还必须规定一个下限值，以保证它们不至于在内过电压作用下误动作。

（4）灭弧电压。指避雷器应能可靠地熄灭续流电弧时的最大工频作用电压。灭弧电压应大于避雷器安装点可能出现的最大工频电压。我国有关规程规定，在中性点有效接地的系统中，灭弧电压应取设备运行电压的 80%，而在中性点非有效接地系统中，发生单相接地故障时仍能继续运行。此时，另两相的对地电压升为线电压，如这两相的避雷器因雷击而动作，作用在它上面的最大工频电压等于该电网额定电压的 100% ~ 110%，即灭弧电压取值不应低于设备运行线电压的 100%。

（5）冲击系数。它等于避雷器冲击放电电压与工频放电电压幅值之比，一般希望它接近于1，这样间隙的伏秒特性就比较平坦，易于绝缘配合。

（6）切断比。它等于避雷器工频放电电压的下限与灭弧电压之比。如前所述，灭弧电压是避雷器最重要的设计依据，而切断比是表征间隙灭弧能力的一个技术指标，切断比愈接近于1，说明该间隙的灭弧性能愈好。

以上各项技术参数主要是描述避雷器间隙性能的。此外评述阀片性能指标的主要有：

（1）残压（UR）。指波形为$8/20\mu s$的一定幅值的冲击电流流过避雷器时，在阀片上产生的电压峰值称为避雷器的残压。我国标准规定：220kV及以下避雷器冲击电流幅值为5kA，330kV及以上避雷器相应幅值为10kA。

（2）通流容量。包括冲击通流容量和工频通流容量。冲击通流容量是用具有一定波形和幅值的所允许通过的次数表示的；而工频通流容量以一定幅值的半波电流所允许通过的次数来表示，因为在工频半波内，避雷器必须吸收半波能量完成工频灭弧。

避雷器的间隙与阀片串联组成一个完整的统一体，因此描述避雷器的性能参数还有：

① 保护水平。它表示避雷器上可能出现的最大冲击电压的峰值。IEC（国际电工委员会）和我国都规定，以残压、标准雷电冲击（1.2/50ps）放电电压及陡波放电电压 U 除以1.15后所得电压值，三者之中的最大值作为避雷器的保护水平。不难理解，阀型避雷器的保护水平越低越好。

② 保护比。它等于避雷器的残压与灭弧电压之比。保护比越小，表明残压越低或灭弧电压越高，意指绝缘上受到的过电压较小，而工频续流又能很快被切断，因而避雷器的保护性能越好。

事实上灭弧电压也是描述避雷器整体性能的主要参量，因为雷电波作用于避雷器，间隙动作后，当工频续流流过间隙时，熄灭工频续流是靠阀片协助间隙灭弧的。

2. 动作过程

在系统正常工作无过电压时，间隙将阀片与工作导线隔开，以免由于工作电压在阀片中产生的电流使阀片长期受热烧坏。为此，采用电场比较均匀的间隙，伏秒特性较为平坦，能与被保护设备很好地配合。当系统中出现过电压且其幅值超过间隙放电电压时，间隙击穿冲击电流经过阀片流入大地。由于阀片的非线性特性，其电阻在流经冲击电流时变得很小，故在阀片上产生的压降（即残压）得到限制，使其低于被保护设备的冲击耐压。同时，由于残压的存在，间隙被击穿后，不致形成截波。当过电压消失后，间隙中的电弧并不随之熄灭，由工频电压产生的电弧电流（工频续流）仍将继续存在，此续流远较冲击电流为小，故阀片电阻变得很大，进一步限制了工频续流的数值，使间隙能在工频续流第一次经过零值时就将电弧切断。此后，间隙的绝缘强度能够耐受电网恢复电压的作用而不发生重燃。避雷器从间隙击穿到工频续流切断不超过半个周期，而且工频续流数值不大，因此继电保护来不及反应，系统就已恢复正常。

3. 结构特征

由上可知，这类避雷器的动作过程是以过电压下间隙闭合开始，以续流电弧过零时间间隙开断结束。为完成上述动作过程，间隙的结构特征如下：

（1）间隙：有平板火花间隙和磁吹式火花间隙两种。

① 平板火花间隙：它由很多单个间隙串联而成。单个间隙的电极由黄铜材料冲压成小盘形状，中间以云母垫圈隔开。由于电极之间的电场是很均匀的，因而具有平坦的伏秒特性，放电分散性小。多个的单个间隙串联组成多重间隙，保证了极间电场的均匀度，有利于实现绝缘配合，这是间隙闭合应满足的技术要求。多重短间隙的优点还表现在：它易于切断工频续流，因为已将工频续流分割成许多段短弧，可充分利用近极效应，大大有利于电弧的熄灭，这就解决了间隙开断的技术问题。

考虑到多个间隙串联使用时，由于对地电容的影响存在，使得沿串联间隙上的电压分布不均匀，对间隙的闭合和开断都有影响。采用分路电阻，使工频电压分布得到改善，提高了工频击穿电压，改变了续流的灭弧条件，亦即改善了开断条件。分路电阻接入后，并不改变冲击电压分布，冲击电压分布基本上取决于电容。对地电容的存在使冲击电压分布不均匀时，将带来有利影响，因为它能降低整个火花间隙的冲放电压，使各个间隙单元迅速地相继击穿，为被保护绝缘提供可靠保护。

② 磁吹式火花间隙：它是利用磁场对电弧的电动力，迫使间隙中的电弧加快运动，旋转或拉长，使弧柱中去电离作用增强，从而大大提高其灭弧能力。

磁吹式火花间隙分旋弧型磁吹和灭弧栅型磁吹间隙结构。

旋弧型磁吹火花间隙由两个同心式内、外电极构成，磁场由永久磁铁产生。在外磁场的作用下，电弧受力沿着圆形间隙高速旋转（旋转方向取决于电流方向），使弧柱得以冷却，加速去电离过程，灭弧能力能可靠切断300A（幅值）的工频续流，切断比仅为1.3左右。这种间隙用于电压较低的如保护旋转电机用的FCD系列磁吹避雷器中。

灭弧栅型磁吹火花间隙由主间隙、辅助（分流）间隙、磁吹线圈、灭弧盒组成，主间隙与线圈串联连接，分流间隙与线圈并联连接。当雷电流通过线圈时，线圈的感抗很大，所以雷电流在避雷器上的压降，除阀片的残压以外，还有线圈上的压降，这会大大削弱避雷器的保护性能。为此，磁吹线圈上必须并联一个分流间隙。当雷电流通过线圈在线圈上形成很大压降时，分流间隙动作将线圈短路，使避雷器的压降不致增大。当工频续流通过时，主间隙电弧压降大于续流在线圈中的压降（线圈阻抗变得很小），此时分流间隙电弧会自动熄灭，使续流转入线圈产生吹弧作用。很明显，永久磁铁所产生的磁场不能满足在续流方向改变时磁场的方向，也应相应改变这一要求。因此主间隙的磁场是由和间隙串联的磁吹线圈产生的。主间隙的续弧电弧被磁场迅速吹入灭弧栅的狭缝内，结果被拉长或分割成许多短弧而迅速熄灭。当续流反相时，磁通方向也反相，而电弧的运动方向总是向着灭弧栅的狭缝不变。

这种磁吹间隙能切断450A左右的工频续流，为普通间隙的4倍多。由于电弧被拉长、冷却，电弧电阻明显增大，可以与阀片一起来限制工频续流，故这种间隙又称限流间隙。考虑到电弧电阻的限流作用，可以适当减少阀片数目，因而也有助于降低避雷器的残压。这种间隙用于电压较高的如保护变电所用的FCZ系列磁吹避雷器中。

（2）阀片：有SiC阀片和MOV两种。

SiC阀片：由金刚砂（SiC）粉末与黏合剂（如水玻璃等）模压成圆饼，在320℃温度下焙烧而成。

MOV：由氧化锌，还有氧化铋及一些其他的金属氧化物经过煅烧、混料、选粒、成型、表面处理等工艺过程而制成。

这两种阀片分别与以上所述间隙串联组成带间隙阀型避雷器。由于阀片具有非线性，间隙在冲击放电瞬间通过电流值较小时阀片呈现较高的阻值，放电瞬间的压降较大，减小了截断波电压值。当电流增大时，阀片呈现较低的阻值，使避雷器上电压降低，增加了避雷器的保护效果。另一方面，为可靠地灭弧，必须限制续流的大小，在工频电压升高后流过避雷器的续流不超过规定值。也就是说，此时阀片呈现的电阻具有足够的数值，阀片的非线性同时满足了上述两个要求。

（二）无间隙氧化锌避雷器

1. 主要性能参数

（1）额定电压。它相当于 SiC 避雷器的灭弧电压，但含义不同。它是避雷器能较长期耐受的最大工频电压有效值，即在系统中发生短时工频电压升高时（此电压直接施加在 MOV），避雷器也能正常、可靠地工作一段时间（完成规定的雷电及操作过电压动作负载，特性基本不变而不出现热崩溃）。

（2）容许最大持续运行电压（MCOV）。指避雷器能长期持续运行的最大工频电压有效值。它一般应等于系统的最高工作相电压。

（3）起始动作电压（亦称参考电压或转折电压）。大致位于 MOV 伏安特性曲线由小电流区上升部分进入大电流区平坦部分的转折处，可认为避雷器此时开始进入动作状态以限制过电压，通常以通过 1mA 电流时的电压 U_{1mA} 作为起始动作电压。

（4）保护比（压比 PR）：是标称放电电流下的残压 U_g 与参考电压 U_i 之比。它反映了避雷器保护水平的高低，显然 PR 越小越好。

2. 主要优点

与传统的有串联间隙的 SiC 避雷器相比，MOA 具有一系列优点，主要表现在：

（1）由于省去了串联火花间隙，所以结构大大简化，体积也可缩小很多，适合于大规模自动化生产。

（2）保护性能优越。由于 MOV（压敏电阻）具有优异的非线性伏安特性，进一步降低其保护水平和被保护设备绝缘水平的潜力过大。而且它没有火花间隙，一旦作用电压开始升高，阀片立即开始吸收过电压的能量，抑制过电压的发展。没有间隙的放电时延，因而有良好的陡波响应特性，特别适合于伏秒特性十分平坦的 SF_6 组合电器和气体绝缘变电所的保护。

（3）无续流、动作负载轻，能重复动作实施保护：MOA 的续流仅为微安级，实际上可认为无续流。所以，在雷电或内部过电压作用下，只需吸收过电压的能量而无须吸收续流能量，因而动作负载轻；再加上 MOV 通流容量远大于 SiC 阀片，所以 MOA 有耐受多重雷击和重复发生的操作过电压的能力。

（4）通流容量大，能制成重载避雷器。即使是带间隙的 MOA 的通流能力，也完全不受串联间隙被灼伤的制约，它仅与 MOV 本身的通流能力有关。前已提到，MOV 单位面积的通流能力比 SiC 阀片大得多，因而可用来对内部过电压进行保护。若采用多个 MOV 柱并联使用，则可进一步增大通流容量，制造出用于特殊保护对象的重载避雷器，解决长电缆系统、大容量电容器组等的保护问题。

（5）耐污性能好。由于没有串联间隙，因而可避免磁套表面不均匀污染使串联火花间隙放电电压不稳定的问题，即这种避雷器具有极强的耐污性能，有利于制造耐污型和带电清洗型避雷器。

由于 MOA 具有上述重要优点，因而发展潜力很大，由 MOV 构成的新型避雷器正在逐步取代普通阀式避雷器和磁吹避雷器。近些年发展必将获得更广泛的应用。

（三）阀式避雷器的试验

运行中阀式避雷器的试验项目，有测量绝缘电阻、泄漏电流和工频放电电压等。对解体检修后的避雷器，还应进行密封检查。

1. 绝缘电阻的测量

对 FS 型避雷器，交接时的绝缘电阻不应小于 2500MΩ，运行中的绝缘电阻不应小于 2000MΩ。一般用 2500V 兆欧表测量。测试前应将避雷器表面擦净，以保证测量结果的准确性。

对 FZ 型避雷器，由于它有并联电阻，所以其绝缘电阻的测量要受并联电阻质量的影响。如果并联电阻老化、断裂或接触不良，可使绝缘电阻较之正常值大得多。

如果并联电阻完好，但内部受潮时，其绝缘电阻又将明显下降。这种类型避雷器的绝缘电阻值没有明确要求，因此只有与上一次测量值或与其他同类型避雷器的绝缘电阻相比较，不应有明显的差别。

2. 泄漏电流（电导电流）的测量

对于有并联电阻的 FZ 型避雷器，只用兆欧表测量其绝缘电阻，并不能充分了解其内部缺陷，因此必须用较高的直流电压加于避雷器以测量其泄漏电流。

泄漏电流的测量，对于有并联电阻的 FZ 型避雷器，主要是检查并联电阻状况。如果并联电阻老化，接触不良，则泄漏电流明显减小。如果并联电阻断裂，则泄漏电流可减小到零。如果并联电阻受潮，则泄漏电流明显增大，可达 1mA 以上。泄漏电流的正常值应在 400 ～ 600pμA。

泄漏电流的测量，对于无并联电阻的 FS 型避雷器，主要是检查其内部是否受潮。内部未受潮时，泄漏电流一般只有 1 ～ 2μA，如泄漏电流大于 10μA，说明受潮严重，不能使用。

3. 工频放电电压的测量

测量避雷器的工频放电电压，目的是检查避雷器的保护性能。如果工频放电电压高于规定的上限值，则表示避雷器的冲击放电电压升高；如果工频放电电压低于规定的下限值，则表示避雷器的灭弧电压降低，避雷器可能在内部过电压下误动作。因此，阀式避雷器的工频放电电压应在规定的上卜限范围内，才能使被保护的电气设备得到可靠的保护。

测量工频放电电压，是 FS 型避雷器的必试项目。试验电源的波形要求为正弦波。为消除高次谐波电压的影响，调压器的电源应取线电压或在试验变压器低压侧加滤波电路。对每一避雷器应做 3 次工频放电试验，并取其平均值作为其工频放电电压，每次试验间隔时间不得小于 1min。有并联电阻的 FZ 型避雷器可不做此项试验。

第三章 低压电器

随着我国社会经济的快速发展，尤其是全国联网战略的实施，我国的电网工作也处于一个发展的机遇期。电网能否实现安全运行，主要还是受到低压电器的影响。低压电器在保障电网安全运行方面发挥着极其重要的作用，所以，加强对低压电器的日常检修工作也就显得尤为重要。尤其是一些使用时间比较久远的低压电器，其故障问题不仅极为复杂，而且难以得到有效的解决。本章主要对低压电器的内容进行分析，以期为工作人员提供一定价值的参考。

第一节 常用的低压电器

一、接触器

接触器是用于远距离频繁地接通与断开交、直流主电路及大容量控制电路的一种自动切换电器。其主要控制对象是电动机，也可用于其他电力负载，如电热器、电焊机、电容器组等。接触器具有操作频率高、使用寿命长、控制容量大、工作可靠、性能稳定等优点，是自动控制系统中应用最多的一种电器，是低压电器的代表，其结构具有一般电磁式低压电器的特点通性。

1. 接触器的工作原理

电磁式接触器是利用电磁吸力与弹簧反力配合，使触头闭合与断开的。主要用于中远距离、频繁地接通与断开主电路及大容量控制电路，还具有欠电压释放保护功能，是电力拖动自动控制系统中最重要的控制电器之一。

2. 接触器的分类

接触器的分类较多，按照接触器主触头通过的电流种类，可分为直流接触器和交流接触器。

① 交流接触器的外形结构就是由电磁机构、触头系统、灭弧装置和其他部件等组成的。交流接触器的工作原理：当线圈通电后（俗称线圈得电），在铁芯中产生磁通，铁芯气隙处产生电磁吸力，衔铁克服弹簧反力被吸合，在衔铁的带动下，常闭触头断开，常开触头闭合；当线圈断电时（俗称线圈失电），电磁吸力消失，衔铁在弹簧反力的作用下复位，带动主、辅触头恢复原来状态。

② 直流接触器的结构和工作原理与交流接触器类似，在结构上也是由电磁机构、触头系统和灭弧装置等部分组成的，只不过在铁芯的结构、线圈形状、触头形状和数量、灭弧方式等方面有所不同。

目前常用的交流接触器有 CJ20、CJ24、CJ26、CJ28、CJ29、CJT1、CJ40 和 CJX1、CJX2、CJX3、CJX4、CJX5、CJX8 系列，以及 NC2、NC6、B、CDC、CK1、CK2、EB、HC1、HUC1、CKJ5、CKJ9 等系列。常用的直流接触器有 CZ0、CZ18、CZ21、CZ22 等系列。

二、控制继电器

（一）电磁式继电器

电磁式继电器是以电磁力为驱动力的继电器，是电气控制设备中用的最多的一种继电器。常用的电磁式继电器有电流继电器、电压继电器、中间继电器等。

1. 电磁式继电器的结构和工作原理

电磁式继电器的结构与接触器相似，即感受部分是电磁机构，执行部分是触头系统。电磁式继电器的工作原理与接触器也类似，都是用来自动接通和断开电路的，但是也有不同之处。首先，接触器一般用于主电路中，控制大电流电路，主触头额定电流不小于 5A，需要加灭弧装置；而继电器一般用于控制电路中，来控制小电流电路，触头额定电流一般不大于 5A，所以不加灭弧装置。其次，接触器一般只能对电压的变化做出反应，而各种继电器可以在相应的各种电量或非电量作用下产生动作。

2. 电磁式电流继电器

电磁式电流继电器的线圈串联在被测量的电路中，以反映电路电流的变化。为了不影响电路的正常工作，电流继电器的线圈匝数较少，导线粗，线圈阻抗小。

除了一般用于控制的电流继电器外，还有保护用的过电流继电器和欠电流继电器。

（1）过电流继电器

当线圈电流高于整定值时，动作的继电器称为过电流继电器。过电流继电器的常闭触头串联在接触器的线圈电路中，常开触头一般用于对过电流继电器进行自锁和接通指示灯的线路。

过电流继电器在电路正常工作时衔铁不吸合，当电流超过某一整定值时衔铁才吸合动作。于是它的常闭触头断开，从而切断接触器线圈电源，使设备脱离电源起到保护作用。同时，过电流继电器的常开触头闭合进行自锁或接通指示灯，指示发生过电流。过电流继电器整定值的整定范围为 1.1 ~ 3.5 倍额定电流。

（2）欠电流继电器

当线圈电流低于整定值时，动作的继电器称为欠电流继电器。欠电流继电器一般将常开触头串联在接触器的线圈电路中。

欠电流继电器的吸合电流为线圈额定电流的 30% ~ 65%，释放电流为额定电流的 10% ~ 20%。因此，在电路正常工作时，衔铁是吸合的，只有当电流降低到某一整定值时，继电器释放，输出信号去控制接触器断电，从而控制设备脱离电源，起到保护作用。这种继电器常作用于直流电机和电磁吸盘的失磁保护。

电流继电器的文字符号为 KI，线圈方格中用 $I>$（或 $I<$）表示过电流（或欠电流）继电器。

3. 电磁式电压继电器

电压继电器是根据线圈两端电压的大小来接通或断开电路的继电器。这种继电器的线圈匝数多、导线细、阻抗大，一般是并联在电路中。电压继电器分为过电压、欠电压和零压继电器。

一般来说，过电压继电器在电压为额定电压的 110% ~ 120% 以上时动作，对电路进行过电压保护，其工作原理与过电流继电器相似；欠电压继电器在电压为额定电压的 40% ~ 70% 时动作，对电路进行欠电压保护，其工作原理与欠电流继电器相似；零压继电器在电压减小至额定电压的 5% ~ 25% 时动作，对电压进行零压保护。

电压继电器文字符号为 KU，线圈方格中用 $U >$（或 $U <$）表示过电压（或欠电压）继电器。

4. 电磁式中间继电器

中间继电器在结构上是一个电压继电器，但它的触头数量多、触头容量大（额定电流为 5 ~ 10A），是用来转换控制信号的中间元件。其工作原理与上述继电器相似，输入是线圈的通电或断电信号，输出信号为触头的动作。其主要用途是当其他继电器的触头数或触头容量不够时，可借助中间继电器来扩大它们的触头数或触头容量，起中间转换的作用。中间继电器的文字符号为 KA。

继电器是组成各种控制系统的基础元件，选用时应综合考虑继电器的适用性、功能特点、使用环境、额定工作电压及电流等因素，做到合理选择。

（二）时间继电器

时间继电器是一种利用电磁原理或机械动作原理来延迟触头的闭合或分断的自动控制电器。其种类很多，按动作原理可分为空气阻尼式、电磁阻尼式、电动式和电子式等；按延时方式可分为通电延时型和断电延时型两种。

下面以空气阻尼式继电器为例，介绍时间继电器的结构、工作原理及符号等。

空气阻尼式时间继电器又称为气囊式时间继电器，它是利用空气阻尼原理来获得延时的，主要由电磁机构、延时机构、触头系统等构成。电磁机构有交流、直流两种，当衔铁位于铁芯和延时机构之间时为通电延时型；而铁芯位于衔铁和延时机构之间时则为断电延时型。

当线圈得电后，衔铁吸合，在衔铁的带动下弹簧片使瞬时触头立即动作，同时推杆在塔形弹簧的作用下推动挡板，由于气室中橡皮膜下的空气变得稀薄，形成负压，推杆只能慢慢移动（其移动速度由调节螺杆控制的进气孔的进气大小来决定），经过一段延时后，杠杆压动延时触头，使其动作，起到了通电延时的作用。

当线圈断电，衔铁释放，气室中橡皮膜下的空气迅速排出，使推杆、杠杆、瞬时触头、延时触头等迅速复位。从线圈得电到延时触头动作的这段时间即为时间继电器的延时时间，其大小可以通过调节螺杆调节进气孔的气隙大小来改变。

将电磁机构翻转180°安装，可得到断电延时型时间继电器，其工作原理与通电延时型刚好相反。

空气阻尼式时间继电器结构简单、调整简便、延时范围大，具有不受电源电压及频率波动的影响、寿命长、价格低等优点，而且还有瞬时触头可使用。但是其延时精度低、延时误差大，一般用于对延时精度要求不太高的场合。目前，国内新式的产品有JS23系列，用于取代老式的JS7–AB及JS16系列。

电子式时间继电器按延时原理分为晶体管式时间继电器和数字式时间继电器，多用于电力传动、自动顺序控制及各种过程控制系统中。晶体管式时间继电器是以RC电路电容充电时，电容器上的电压逐步上升的原理为延时基础制成的。数字式时间继电器较之晶体管式时间继电器，延时范围可成倍增加，调节精度可提高两个数量级以上，控制功率和体积更小，适用于各种需要精度延时的场合以及各种自动化控制电路中。电子式时间继电器具有延时范围宽、精度高、体积小、工作可靠等优点，并随着电子技术的飞速发展，应用必将日益广泛。

（三）热继电器

热继电器是利用电流的热效应原理进行工作的保护电器，常用来作为电动机的过载保护、断相保护和电流不平衡保护。其结构包括：推杆、主双金属片、热元件、导板、补偿双金属片、常闭静触头、常开静触头、复位调节螺钉、动触头、复位按钮、调节旋钮、支撑杆、弹簧等。

如果电动机过载时间过长，绕组温升就会超过允许值，将会加剧绕组的绝缘老化，缩短电动机的使用年限，严重时甚至会使电动机绕组烧毁。因此，对于长期运行的电动机，都必须提供过载保护装置。

热继电器主要由热元件、双金属片、触头等几部分组成。热元件是一段电阻不太大的电阻片（或电阻丝），串接在电动机的主电路中；热继电器的常闭触头串接在控制电路中。

当电动机正常工作时，热继电器不动作；如果电动机过载，流过热元件的电流超过允许值一定时间后，热元件的温度升高，双金属片（由两层热膨胀系数不同的金属片经热轧黏合而成）因受热弯曲位移增大而推动导板使触头动作，常闭触头的断开使控制电路失电，从而断开电动机的主电路，实现对电动机的过载保护。

常用的热继电器有国产的 JR16、JR20 系列，德国西屋—芬纳尔的 JR-23（KD7）系列，德国西门子的 JRS3（3UA）系列，ABB 公司的 T 系列等几种。

由于热继电器中双金属片的热惯性大，不可能瞬间动作，因此热继电器只能做过载保护而不能用作短路保护。当然也正是因为这个热惯性，电动机在起动或短时过载时热继电器不会动作，避免了电动机的误动作。

（四）速度继电器

速度继电器常用于电动机按速度原则控制的反接制动线路中，亦称为反接制动继电器。它主要由转子、定子和触头三部分组成。转子是一个圆柱形永久磁铁，定子是一个笼型空心圆柱，由硅钢片叠成，并装有笼型绕组。

速度继电器的转子轴与电动机轴相连接，定子空套在转子上。当电动机转动时，速度继电器的转子（永久磁铁）随之转动，在空间产生旋转磁场，切割定子绕组，在其中产生感应电流。此电流又在旋转磁场的作用下产生转矩，使定子随转子转动的方向旋转一定的角度，与定子装在一起的摆锤推动触头动作，使常闭触头断开，常开触头闭合。当电动机转速低于某一值时，定子产生的转矩减小，动触头复位。

常用的速度继电器有 JY1 型和 JFZO 型。JY1 型在 3000 r/min 以下可靠工作；JFZ0-1 型适用于 300 ~ 1000 r/min，JFZ0-2 型适用于 1000 ~ 3600 r/min；JFZO 型有两对常开、常闭触头。一般情况下速度继电器转轴在 120r/min 左右即能动作，在 100 r/min 以下触头复位。

三、其他常用电器

（一）低压开关

刀开关是一种手动的配电电器，是低压配电电器中结构最简单、应用最广泛的电器，主要用作低压电源的引入开关，使用时为了确保维修人员的安全，由其将负载电路和电源明显隔开。刀开关主要用在低压成套配电装置中，用于不频繁地手动接通和分断交直流电路或作为隔离开关使用，也可以用于不频繁地接通与分断额定电流以下的负载，如小型电动机。

刀开关的结构简单，其极数有单极、双极和三极三种，每种又有单掷与双掷之分。应当注意，在安装刀开关时电源进线应接在静触头（刀座）上，负载则接在可动刀片下的另一端。如此断开电源的时候裸露在外的触刀就不会带电。

目前常用的刀开关产品有两大类：一类能切断额定电流值以下的负载电流，主要用于低压配电装置中的开关板或动力箱等产品，又称为负荷开关（一般是与熔断器串联组合的刀开关），属于这一类产品的有 HD12、HD13、HD14 系列单掷刀开关，HS12、HS13 系列双掷刀开关，HK 系列开启式负荷开关和 HH 系列封闭式负荷开关。另一类是不能分断电流，只能作为隔离电源用的隔离器，主要用于一般的控制屏，称为隔离开关，属于这类的产品有HD11、HS11 系列单掷或双掷刀开关。

HK2 系列开启式负荷开关（瓷底胶盖刀开关），它的闸刀装在瓷制底座上，每相还附有熔体，主要适用于一般的照明电路和功率小于 5.5 kW 电动机的控制电路中。

组合开关又名转换开关，也是一种刀开关，不过它的刀片是转动式的。它的双断点动触头（刀片）和静触头装在数层封闭的绝缘件内，采用叠装式结构，其层数由动触头决定。动触头装在操作手柄的转轴上，随转轴旋转而改变各对触头的通断状态。由于组合开关采用扭簧储能，可使其快速接通和分断电路，而与手柄旋转速度无关。

组合开关的结构比较紧凑，其实质是一种具有多触头、多位置的刀开关，有单极、双极、多极之分。除用作电源的引入开关外，还被用来直接控制小容量电动机及控制局部照明电路等。常用的组合开关有 HZ5、HZ10、HZ15等系列产品。

（二）主令电器

主令电器是电气控制系统中，用于发送控制指令的非自动切换的小电流开关电器，利用它控制接触器、继电器或其他电器，使电路接通和分断来实现对生产机械的自动控制。主令电器应用广泛，种类繁多，主要有按钮、行程开关、接近开关、万能转换开关、凸轮控制器、主令控制器等。

1. 按钮

按钮是一种用来短时接通或分断小电流电路的手动控制电器。常用的按钮与前面介绍过的两种开关不同的是它能够自动复位，通常是由按钮远距离发出"指令"控制接触器、继电器等电器，再由它们去控制主电路的通断。

按钮一般由按钮帽、复位弹簧、桥式动触头、静触头和外壳组成。根据其触头的分合状况，可分为常开按钮、常闭按钮和复合按钮（常开、常闭组合的按钮）。按钮可以做成单个（称为单联按钮）、两个（称为双联按钮）和三个（称为三联式）的形式。

复合按钮的动作原理是：按下按钮，常闭触头先断开，常开触头后闭合；松开按钮，常开触头先恢复断开，常闭触头后恢复闭合，这就是按钮的自动复位功能。

为便于识别按钮的作用，避免误操作，通常在按钮帽上做出不同标志或涂以不同颜色，以示区别。一般红色表示停止，绿色表示起动。同时，为了满足不同控制和操作的需要，按钮的结构形式也有所不同，如紧急式、钥匙式、旋钮式、按扣式、带灯式、打碎玻璃式等。

常用的按钮有国产的 LA18、LA19、LA20 系列，ABB 公司的 C 系列、K 系列。

2. 其他主令电器

行程开关是一种利用生产机械的某些运动部件的碰撞来发出控制指令的主令电器，用于控制生产机械的运动方向、速度、行程大小或位置。若将行程开关安装于生产机械行程的终点处，以限制其行程，则又称为限位开关或终点开关。接近开关又称为无触头行程开关，当运动的物体（如金属）与之接近到一定距离可发出接近信号，它不仅可完成行程控制和限位保护，还可实现高速计数、测速、物位检测等。按照工作原理接近开关可以分为电感式、电容式、差动线圈式、永磁式、霍尔式、超声波式等，其中电感式最为常用。

主令控制器是用来较为频繁地切换复杂的多回路控制电路的主令电器，它一般由触头、凸轮、转轴、定位机构等组成。主令控制器主要用于轧钢、大型起重机及其他生产机械的电力拖动控制系统中对电动机的起动、制动和调速等做远距离控制。

（三）熔断器

熔断器是一种利用物质过热熔化的性质制成的保护电器。

熔断器主要由熔体和安装熔体的熔管或熔座两部分组成。熔体主要是用高电阻率、低熔点的铅锡合金或低电阻率、高熔点的银铜合金制成的，使用时将其串联在被保护的电路中。在正常情况下，熔体相当于一根导线，但当电路发生短路故障或严重过载时，熔断器的熔体就会熔断，自动切断电路，起到保护电路的目的。熔管是熔体的保护外壳，由陶瓷、绝缘钢纸或玻璃纤维制成，有的里面还装有填充料（如石英砂），在熔体熔断时兼起灭弧的作用。

熔断器的种类很多，按形状分为插入式、螺旋式和管式；按结构分为开启式、半封闭式和封闭式；按有无填料分为有填料式、无填料式；按用途分为工业用熔断器、保护半导体器件熔断器及自复式熔断器等。常用的熔断器有 RCIA 系列瓷插式、RL1 系列螺旋式、RM10 系列无填料封闭管式和 RT0 系列有填料封闭管式几种。

熔断器作为保护电器，具有结构简单、体积小、重量轻、使用和维护方便、价格低廉、可靠性高等优点，因此在强电系统和弱电系统中应用广泛。

综上所述，虽然熔断器和热继电器都是保护电器，但是它们的保护作用是各不相同的。熔断器用作短路保护，只有在严重过载时才能做过载保护；而热继电器由于它的热惯性，只能做过载保护，绝对不能用来做电路的短路保护。

（四）低压断路器

低压断路器在低压电路中用于分断和接通负荷电路，不频繁地起动异步电动机，对电源线路及电动机等实行保护。它相当于是刀开关、热继电器、熔断器和欠电压继电器的组合，可以实现短路、过载、欠电压和失压保护，是低压电器中应用较广的一种保护电器。按照结构的不同可分为装置式和万能式两种。

低压断路器由触头系统、灭弧装置、脱扣器和操作机构等部分组成。当电路发生故障，脱扣器通过操作机构，使主触头在弹簧作用下迅速分断跳闸。操作机构较复杂，其通断可用手柄操作，也可用电磁机构操作，大容量的断路器也可采用电动机操作。

1. **主触头及灭弧装置**

主触头及灭弧装置是断路器的执行部件，用于接通和分断主电路。为提高其分断能力，主触头采用耐弧金属制成，采用灭弧栅片灭弧。

2. **脱扣器**

脱扣器是断路器的感受元件，当电路出现故障时，脱扣器感测到故障信号后，经脱扣机构使断路器的主触头分断。

（1）电磁脱扣器

电磁脱扣器的线圈串接在主电路中，当额定电流通过时，产生的电磁吸力不足以克服弹簧反力，衔铁不吸合。当出现瞬时过电流或短路电流时，衔铁被吸合并带动脱扣机构使低压断路器跳闸，从而达到瞬时过电流或短路电流保护的目的。

（2）过载脱扣器（热脱扣器）

过载脱扣器采用双金属片制成，加热元件串联在主电路中，当电流过载到一定值时，双金属片受热弯曲带动脱扣机构使断路器跳闸，达到过载保护的目的。

（3）欠电压、失压脱扣器

欠电压、失压是一个具有电压线圈的电磁机构，线圈并联在主电路中。当主电路电压正常时，脱扣器产生足够大的吸力，克服弹簧反力将衔铁吸合，断路器的主触头闭合。当主电路电压消失或降至一定数值以下时，其电磁吸力不足以继续吸持衔铁，在弹簧反力的作用下，衔铁推动脱扣机构使断路器跳闸，从而达到欠电压、失压保护的目的。

（4）分励脱扣器

分励脱扣器用于远距离操作。正常工作时，其线圈断电，需要远程操作时，使线圈通电，电磁铁带动操作机构动作，使低压断路器跳闸。

不是所有型号的低压断路器都具有上述几种脱扣器，因为低压断路器具有的多种功能是以脱扣器或附件的形式实现的，根据用途不同，断路器可以配备不同的脱扣器或附件。随着智能化低压电器的发展，以微处理器或单片机为核心的智能控制器构成的智能化断路器，还具有在线监视，自行调节、测量、诊断、热记忆、通信等功能。

装置式低压断路器又称为塑壳式低压断路器，通过用模压绝缘材料制成的封闭型外壳将所有构件组装在一起，用于电动机及照明系统的控制、供电线路的保护等。其主要型号有 DZ5、DZ10、DZ15、DZ20、CM1 等系列，以及带漏电保护功能的 DZL25 系列。

万能式低压断路器又称为框架式低压断路器，由具有绝缘衬垫的框架结构底座将所有的构件组装在一起，用于配电网络的保护。其主要型号有 DW10、DW15、C45、DPN、NC100 等系列。

控制电器和保护电器的使用，除了要根据控制要求和保护要求正确选用电器的类型外，还要根据被控制、被保护电路的具体条件，进行必要的调整整定动作值。

第二节　低压电器的选择

1. 电磁式低压电器的结构

从结构上看，低压电器一般都有两个基本部分，即感受部分和执行部分。感受部分感受外界信号，并做出反应；执行部分根据指令，执行接通、断开电路的任务。对于有触头的电磁式低压电器，感受部分是电磁机构，而执行部分则是触头系统。

（1）电磁机构

① 组成

电磁机构一般由铁芯（静铁芯）、衔铁（动铁芯）及线圈等部分组成。按通过线圈的电流种类，分为交流电磁机构和直流电磁机构两类；按电磁机构的形状，分为 E 形和 U 形两种；按衔铁的运动形式，分为拍合式和直动式两大类。

交流电磁机构和直流电磁机构的铁芯（衔铁）有所不同，直流电磁机构的铁芯为整体结构，以增加磁导率和增强散热；交流电磁机构的铁芯采用硅钢片叠压而成，目的是减少在铁芯中产生的涡流与磁滞损耗，减少铁芯发热。

此外，交流电磁机构的铁芯还有短路环（也叫分磁环），其作用是防止电流过零时（滞后 90°），由于电磁吸力不足而使衔铁振动。通常是在交流电磁机构的铁芯和衔铁端面上开一个槽，短路环就安置在槽内，起到磁通分相的作用，把端面上的交变磁通分成两个交变磁通，并且使这两个磁通之间产生相位差,那么它们所产生的吸力间也有一个相位差。这样,两部分吸力就不会同时达到零值,当然合成后的吸力就不会有零值的时刻。如果使合成后的吸力在任一时刻都大于弹簧拉力,就消除了振动。所以,如果短路环设计得合理,保证最小吸力大于反作用力,那么衔铁将会牢牢地被吸住,不会产生振动和噪声。

② 原理

当线圈中有工作电流通过时,通电线圈产生磁场,于是电磁吸力克服弹簧的反作用力,使得衔铁与铁芯闭合,由连接机构带动相应的触头动作。

③ 作用

将电磁机构中线圈中的电流转换成电磁力,带动触头动作,完成通断电路的控制作用,将电磁能转换成机械能。

（2）触头系统

触头系统是电器的执行机构,触头必须接触良好,工作可靠,常用银或银合金制成。电器就是通过触头的动作来分、合被控制的电路的。因此,触头系统的好坏直接影响整个电路的工作性能。影响触头工作情况的主要因素是触头的接触电阻。接触电阻大,易使触头发热,导致温度升高,从而使触头易产生熔焊现象,这样既影响工作的可靠性又降低触头的使用寿命。触头的接触电阻不仅与触头的接触形式有关,而且与接触压力、触头材料及触头表面状况有关。

① 按接触形式分

触头按接触形式分为点接触、线接触和面接触三种,如图3-1所示。（a）为点接触的桥式触头,（b）为面接触的桥式触头。点接触允许通过的电流较小,面接触和线接触允许通过的电流较大。

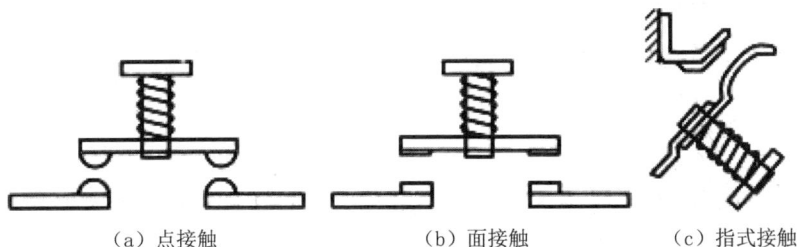

(a) 点接触   (b) 面接触   (c) 指式接触

图 3-1 触头的三种接触形式

② 按控制的电路分

触头按控制的电路分为主触头和辅助触头。

主触头用于接通或断开主电路，允许通过较大的电流。主触头接触面积较大，用于通、断主电路，一般由三对常开触点组成。

辅助触头用于接通或断开控制电路，只允许通过较小的电流（一般不超过5A）。

③ 按原始状态分

触头按原始状态分为常开触头和常闭触头。当线圈不带电时，动、静触头是分开的，称为常开触头（动合触头）；当线圈不带电时，动、静触头是闭合的，称为常闭触头（动断触头）。

（3）灭弧系统

① 电弧的产生

当触头切断电路时，如果电路中的电压超过 10～20V 和电流超过 80～100mA，在拉开的两个触头之间将出现强烈的火花，这实际上是一种气体放电的现象，通常称为"电弧"。其主要特点是外部有白炽弧光，内部的温度很高且有很大的电流，具有导电性。

电弧形成的过程是：当触头间刚出现断口时，触头间的距离极小，电场强度极大，在高热和强电场的作用下，气隙中的电子高速运动产生游离碰撞，在游离因素的作用下，触头间的气隙中会产生大量的带电粒子使气体导电，形成炽热的电子流，即电弧。

电弧的产生，一方面产生高温并有强光，可将触头烧损，降低电器寿命和电器工作的可靠性；另一方面会使触头分断时间延长，严重时会引起火灾或其他事故。因此，在电路中应采取适当的措施熄灭电弧。

② 电弧的分类

电弧分为直流电弧和交流电弧，交流电弧有自然过零点，故其电弧较易熄灭。

③ 灭弧的方法

① 机械灭弧：通过机械将电弧迅速拉长，在拉长过程中电弧遇到冷空气迅速冷却而很快熄灭，常用于开关电路中。

② 磁吹灭弧：在一个与触头串联的磁吹线圈产生的磁力作用下，电弧被

拉长且被吹入由固体介质构成的灭弧罩内，电弧被冷却熄灭。磁吹灭弧装置适用于交、直流低压电器中。

③ 窄缝灭弧：在电弧形成的磁场、电场力的作用下，将电弧拉长进入灭弧罩的窄缝中，使其分成数段并迅速熄灭。该方式主要用于交流接触器中。

④ 栅片灭弧：当触头分开时，产生的电弧在电场力的作用下被推入一组金属栅片而被分成数段，彼此绝缘的金属片相当于电极，因而就有许多阴阳极压降，对交流电弧来说，在电弧过零时使电弧无法维持而熄灭。交流电器常用栅片灭弧。

低压电器选择是低压配电设计的主要内容之一，正确选择电气设备是保证配电装置达到安全、经济运行的重要条件。在进行电气设备选择时，应根据工程实际情况，在保证安全、可靠的前提下，积极而稳妥地采用新技术，并注意节省投资、选择合适的电气设备。

2. 低压电器选择的一般原则

（1）首先应选用技术设备先进的低压电气设备，设备类型应符合安装条件、保护性能及操作方式的要求。

（2）额定电压应大于或等于控制回路电源额定电压。

（3）额定电流应大于或等于控制回路计算负荷电流。

（4）额定短路通断能力应大于或等于控制回路最大计算短路电流。

（5）短时热稳定电流应大于或等于控制回路计算稳态电流，即三相短路电流有效值。

3. 低压断路器的选择

（1）低压断路器首先应满足低压电气设备选择的一般原则要求。

（2）配电变压器低压侧低压断路器应具有长延时和瞬时动作的特性，其脱扣器的动作电流应按下列原则选择：

① 瞬时脱扣器的动作电流，一般为变压器低压侧额定电流的 6 ~ 10 倍。

② 长延时脱扣器的动作电流可根据变压器低压侧允许的过负荷电流确定。

（3）出线回路低压断路器脱扣器的动作电流应比上一级脱扣器的动作电流至少低一个级差。

（4）低压断路器的校验

① 低压断路器的分断能力应大于安装处的三相短路电流（周期分量有效值）。

② 长延时脱扣器在 3 倍动作电流时，其可返回时间应大于回路中出现的尖峰负荷持续的时间。

4. 接触器的选择

选择接触器时应从其工作条件出发，主要考虑几个因素：

（1）控制交流负载应选用交流接触器。

（2）接触器的使用类别应与负载性质相一致。

（3）主触头的额定工作电流应大于或等于负载电路的电流，还要注意的是接触器主触头的额定工作电流是在规定的条件下（额定工作电压、使用类别、操作频率等）能够正常工作的电流值，当实际使用条件不同时，这个电流值也将随之改变。

（4）主触头的额定工作电流应大于或等于负载电路的电压。

接触器的选用应按满足被控制设备的要求进行，除额定工作电压应与被控设备的额定电压相同外，被控设备的负载功率、使用类别、操作频率、工作寿命、安装方式及尺寸，以及经济性是选择的依据。

5. 电动机保护器的选择

电动机保护器的作用是给电动机全面的保护，在电动机出现过载、缺相、堵转、短路、过压、欠压、漏电、三相不平衡、过热、轴承磨损、定转子偏心时，予以报警或保护的装置。电动机保护器既能使电动机充分发挥过载能力，又能免于损坏，而且还能提高电力拖动系统的可靠性和生产的连续性。

由于热继电器脱扣等级比较低，一般只用于保护电动机的过载，保护功能单一。近年来，化工厂则更多应用保护功能齐全的电动机保护器。

6. 漏电保护装置的选择

（1）形式的选择：一般情况下，应优先选择电流型电磁式漏电保护器，以求有较高的可靠性。

（2）额定电流的选择：漏电保护器的额定电流应大于实际负荷电流。

（3）极数的选择：工厂配电若负载为三相三线，则选用三极的漏电保护器；若负载为三相四线，则应选用四极漏电保护器。

（4）额定漏电动作电流的选择（即灵敏度选择）：为了使漏电保护器真正起到保护作用，其动作必须正确可靠，即应该具有合适的灵敏度和动作的快速性。快速性是指通过漏电保护器的电流达到动作电流时，能否迅速地动作，合格的漏电保护器的动作时间不应大于0.1s，否则对人身安全仍有威胁。

第三节 低压电器的安装

一、刀开关的安装

1. 检查负荷电流是否超过刀开关的额定值，要严格按厂家规定的分断能力使用。

2. 检查刀开关的动、静触头的接触是否良好。

3. 安装的高度以操作方便和安全为原则，一般安装在离地面1.3～1.5m。电源线和负载的进线都必须穿过开关的进出线孔，并在进出线孔加装橡皮垫圈。

4. 开关在合闸位置时手柄应向上，不可倒装或平装。

5. 电源进线应装在静触座上，用电负荷应接在开关下的出线端上。这样当开关断开后，触刀和熔丝上不带电，以保证更换熔丝时的安全。

6. 检查操动机构是否完好，动作是否灵活，分、合闸是否准确到位，销钉、拉杆等有无缺损、断裂等现象。

7. 检查合闸时三相是否同步，各相接触是否良好，否则会造成缺相运行。

8. 刀开关一般应垂直安装在开关板或条架上，并使静触座位于上方，以防止触刀自动落下而发生误操作。

9. 对HR3型刀熔开关，特别注意调整其同一相的上、下触头使其同时闭合，调好上、下触头间的中心位置，以使接触紧密。

刀开关中的RTO系列熔断器应固定在有弹簧钩子锁板的绝缘横梁上。当操作手柄向上或向下转动时，横梁就随之前后移动，使熔断器触刀插入或脱出刀座，从而接通或分断电路。当熔断器熔断以后，只需将钩子按下，即可更换新熔断器。

10. 检查压线螺钉是否完好，能否拧紧而不松扣。

二、交流接触器的安装

1. 交流接触器安装前的检查

（1）检查接触器铭牌及线圈上的技术数据（如额定电压、额定电流、操作频率和暂载率等）是否符合实际使用要求。

（2）用手推动接触器的活动部分，要求动作灵活无卡阻现象。

（3）清除铁芯以及面上的防锈油，以免油垢黏滞而造成接触器断电不释放。

（4）检查并调整触头的工作参数（开距、超程、初压力和终压力等），并使接触器触头动作同步。

（5）检查接触器在 85% 额定电压时能否正常动作，会不会卡住；在失电压或欠电压时能不能释放。

（6）检测接触器的绝缘电阻。

2. 交流接触器安装注意事项

（1）一般应安装在垂直面上，倾斜度不超过 5°，要注意留有适当的飞弧空间，以防止飞弧烧坏相邻电器。

（2）安装位置及高度应便于日常检查和维修，安装地点应无剧烈振动。

（3）安装孔的螺钉应装有弹簧垫圈和平垫圈，并拧紧螺钉以防松脱或振动，不要有零件落入接触器内部。

（4）检查接线正确无误后，应在主触头不带电情况下，先使吸引线圈通电分合数次，检查接触器动作是否可靠，然后才能投入使用。

（5）金属外壳或条架应可靠接地。

三、低压断路器的安装

1. 低压断路器安装的一般要求

（1）安装前用 500V 绝缘电阻表检查断路器的绝缘电阻。在周围介质温度为（20±5）℃和相对湿度为（50% ~ 70%）时应不小于 10MΩ，否则应烘干。

（2）低压断路器在闭合和断开过程中，其可动部件与灭弧室的零件应无卡阻现象。

（3）电源引线应接到标有 C 标志的上端。

（4）安装低压断路器时，应将脱扣器电磁铁工作面的防锈油脂抹去，以免影响电磁机构的动作值。

（5）应垂直安装在配电板上，底板结构必须平整。否则，当旋紧安装螺钉时，可能会损坏断路器的外壳。

（6）检查失压、分励及过电流脱扣器能否在规定的动作值范围内使断路器断开。

（7）检查电磁操作的低压断路器能否在规定的动作值范围内使断路器可靠闭合。

（8）在进行电气连接时，电路中应无电压。被连接的母线或电缆应将其接近低压断路器接线处加以紧固，以免各种机械和负荷的电动应力传递到断路器上。

（9）在安装时应保证外装灭弧室至相邻电器的导电部分和接地部分的安全距离。

（10）不应漏装断路器附有的隔弧板，装上后方可投入运行，以防止在切断电路产生电弧时引起相间短路。

（11）安装完毕后应使用手柄或其他传动装置检查断路器的工作准确性和可靠性。

（12）安装时对断路器进行可靠的保护接地，接地外有明显的接地标记。

（13）断路器的上进线或下进线，均不改变其技术性能。

（14）断路器安装完毕，按有关接线图接线后，在主电路通电前（抽屉式断路器即抽屉座上的指示指在试验装置）应进行下列操作试验。

① 检查欠电压、分励脱扣器及闭合电磁铁、电动操作机构电压是否相符（欠电压脱扣器应吸合，断路器才能操作）。

② 上下扳动面罩上的手柄7次后，面板显示"储能"，并听到"咔嗒"一声，即储能结束。按动"1"按钮或闭合电磁铁通电，断路器可靠闭合（在控制器复位按钮可靠复位情况下），扳动手柄能再次储能。

③ 电动机通电操作至面罩显示"储能"，并伴随"咔嗒"一声，储能结束。电动机自动断电，按动"1"按钮或闭合电磁铁通电，断路器可靠闭合。

④ 断路器闭合后，无论用欠电压、分励脱扣器或面罩上的"O"按钮，智能控制器的脱扣试验均应能使断路器断开。

2. FTW1 型断路器的安装接线

FTW1 型断路器总体接线共有 47 个端子。

安装时的注意事项如下：

（1）若 YT2、YA、M 及智能控制器的控制电源电压不同时，应分别接不同电源，建议不要直接取自主电路，以提高供电可靠性。

（2）端子 35 可直接接电源（自动预储能），也可串接常开按钮后接电源（手控预储能）。

（3）若用户提出，端子 6 ~ 7 可输出常闭（正常供货为常开）触头。

（4）外加附件用户自备。

（5）当智能控制器的工作电源为直流电源时，需增加直流电源模块（此时端子 1、2 不可直接接入交流电源）。直流电源 110V 或 220V 从 U1（＋）、U2（－）输入，直流电源模块两输出端分别相应的二次接线座端子 1（＋），2（－）相连。

（6）智能控制器其他接线

端子 1、2 工作电源输入；

端子 12 过载预报警信号输出；

端子 14 瞬时短延时脱扣信号输出；

端子 15 长延时脱扣信号输出；

端子 16 接地（或接零）故障脱扣信号输出；

端子 19 信号输出公共线；

端子 20 自诊断信号输出；

端子 21 脱扣信号（可供分励或欠电压执行元器件）；

端子 25、26 外接中性极或地电流互感器输入。

3. 断路器附加功能用继电器接线

安装时的注意事项如下：

（1）控制器信号输出通过端子 12、14–16、20、21 带动外附继电器 K 对外输出触头动作信号。

（2）电源变压器可与继电器底座共同插入标准导轨中，由用户安装在开关柜的合适位置。

（3）继电器型号：HH62P，AC/DC24V。

（4）自诊断信号输出条件：控制器内部温度 >80℃；芯片工作不正常；控制器失电。

（5）用户可根据自己的实际需要，自行选接 K12、K14 ~ K16、K20、K21。

四、熔断器的安装

1. 总开关熔断器熔体的额定电流应与进户线的总熔体相配合，并尽量接近被保护线路的实际负荷电流。要确保正常情况下出现短时间尖峰负荷电流时，熔体不应熔断。

2. 采用熔断器保护时，熔断器应装在各相上；单相线路的中性线也应装熔断器；在线路分支处应加装熔断器。在三相四线回路中的中性线上不允许装熔断器；采用接零保护的零线上严禁装熔断器。

3. 安装熔体时应沿螺栓顺时针方向弯过来，压在垫圈下，以保证接触良好。

4. 熔断器应垂直安装，以保证插刀和刀夹座紧密接触，避免增大接触电阻，造成温度升高而发生误动作。有时因接触不良还会产生火花，干扰弱电装置。

5. 安装熔体时应注意不让熔体受机械损伤。否则，相当于熔体截面面积变小，可能出现电气设备正常运行时熔体却熔断的情况，影响设备正常运行。也不宜用多根熔丝绞合在一起代替较粗的熔体，以防在非预定的电流值内熔断。

6. 螺旋式熔断器的进线应接在底座的中心点接线柱上，出线应接在螺纹壳上。

7. 更换新熔体时，一定要用与原来同样规格及材料的熔体，以保证动作的可靠性。

8. 更换熔体时，一定要先切断电源，不允许带负荷拔出熔体，特殊情况也应当设法先切断回路中的负荷，并做好必要的安全措施。

9. 具有限流作用的熔断器在熔断电路时过电压要高些，选用时应注意。

10. 一般在过负荷时变截面熔体在小截面处熔断，熔断部位的长度也较短，变截面熔体的大截面部位不熔化。熔体爆熔或熔断部位很长，则多因短路引起熔断，应查明并排除电路故障。

五、漏电保护器的安装

1. 安装前必须检查漏电保护器的额定电压、额定电流、短路通断能力、漏电动作电流、漏电不动作电流以及漏电动作时间等是否符合要求。

2. 漏电保护器安装接线时，要根据配电系统保护接地形式进行接线。接线时需分清相线和零线。

3. 对带短路保护的漏电保护器，在分断短路电流时，位于电源侧的排气孔往往有电弧喷出，故应在安装时保证电弧喷出方向有足够的飞弧距离。

4. 漏电保护器的安装应尽量远离其他铁磁体和电流很大的载流导体。

5. 对施工现场开关箱里使用的漏电保护器需采用防溅型。

6. 漏电保护器后面的工作零线不能重复接地。

7. 采用分级漏电保护系统和分支线漏电保护的线路，每一分支线路必须有单独的工作零线；上下级漏电保护器的额定漏电动作电流与漏电时间均应做到相互配合，额定漏电动作电流级差通常为 1.2 ~ 2.5 倍，时间级差 0.1 ~ 0.2s。

8. 工作零线不能就近接线，单相负荷不能在漏电保护器两端跨接。

9. 照明以及其他单相用电负荷要均匀分布到三相电源线上，偏差大时要及时调整，力求使各相漏电电流大致相等。

10. 漏电保护器安装后应进行试验，试验包括：用试验按钮试验 3 次，均应正确动作；带负荷分合交流接触器或开关 3 次，不应误动作；每相分别用 3kΩ 试验电阻接地试跳，应可靠动作。

第四节　低压电器的运行维护

一、刀开关的运行维护

1. 刀开关用作隔离电源时，合闸顺序是先合上刀开关，再合上控制负载的开关电器；分闸顺序则相反，要先使控制负载的开关电器分闸，然后再拉开刀开关。

2. 检查刀开关的动、静触头的接触是否良好，防止缺相运行，检查连接线是否松动，有无过热变色等现象。

3. 检查绝缘连杆、底座等绝缘部分有无损坏和放电现象。

4. 检查动、静触头有无烧伤及缺损。带有灭弧罩的开关应检查是否清洁、完整。

5. 如果刀开关不是安装在封闭的箱内，则应该经常检查，防止因积尘过多而发生相间闪络现象。

6. 对开启式负荷开关的运行和维护还应注意以下几点：

（1）由于过负荷或短路故障，使熔丝熔断，更换熔丝必须在开关断开的情况下进行。要先清理绝缘瓷底座和胶盖内壁表面附着的金属粉粒，再更换熔丝。新换上的熔丝应与原熔丝规格、材料相同。

（2）负荷较大时，为防止开关本体相间短路，可与熔断器配合使用。将熔断器装在开关的负荷侧，开关本体不再装熔丝，在装熔丝的位置上换上与线路导线截面面积相同的铜线。此时，开启式负荷开关只做刀开关使用，短路及过负荷保护由熔断器承担。

（3）开关在合闸位置时手柄应向上，不可倒装或平装。

（4）分断负载时，应尽快拉闸，以减小电弧的影响。

7. 对封闭式负荷开关的运行和维护方面还应特别注意以下几点：

（1）检查开关的机械连锁是否正常，分断弹簧有无锈蚀变形。

（2）检查压线螺钉是否完好，能否拧紧而不松扣。

（3）开关的金属外壳应有可靠的保护接地或保护接零，防止发生触电事故。

（4）操作时，应用左手操作全闸，不允许面对着开关进行，以免因故障伤人。

（5）更换熔丝必须在开关断开的情况下进行，且应换上与原熔丝规格相同的新熔丝。

二、交流接触器的运行维护

经常或定期检查接触器的运行情况，进行必要的维修是保证其运行可靠、延长使用寿命的重要措施。

1. 维修接触器时，应切断电源，且进线端应有明显的断开点，确保维修人员的安全。

2. 在使用中，应定期检查接触器的各部件，要求可动部分无卡住，紧固体无松脱，零部件无损坏，对有故障的元器件应及时处理。

3. 触头系统检查

（1）检查动、静触头是否对准，三相闭合是否同期，触头弹簧压力三相是否一致。

（2）主触头表面应经常保持清洁，不允许涂油，当触头表面因电弧作用而形成金属小珠影响接触时，可用小锉铲除，但不能使用砂纸。当触头严重磨损后，厚度只剩下 1/3 时，应及时更换触头。银及银基合金触头表面在分断电弧中生成的黑色氧化膜接触电阻很低，不会造成接触不良现象，因此不必锉修，否则将会大大缩短触头寿命。

（3）经维修或更换后的触头应调整开距、超程及触头压力，使其符合有关参数。

（4）检查辅助触头动作是否灵活，静触头是否有松动或脱落现象，触头开距及行程要符合要求，并应测量接触情况，发现接触不良且不易修复时，应更换新触头。

（5）清理进出线相间污物，以防相间短路，并遥测相间绝缘电阻值，其阻值不应低于 10MΩ。

4. 接触器的铁芯维修

（1）用棉纱蘸汽油擦铁芯端面，除去油垢、灰尘等，然后用布擦干。

（2）检查各类缓冲件是否齐全，位置是否正确。

（3）检查铁芯紧固件是否松动，铁芯端面是否松散。

（4）短路环有无脱落或断裂，特别注意隐裂。断裂现象会造成严重噪声，此时应更换短路环或铁芯。

（5）检查磁铁吸合是否正常，有无错位现象。

5. 接触器的灭弧系统检查

（1）带有灭弧罩的接触器，一定要戴灭弧罩使用，以防发生短路事故。

（2）拆装灭弧罩时应注意不要将它碰碎。

（3）检修灭弧罩应将它取下，用毛刷清除罩内脱落物及金属颗粒，以保护其良好的灭弧性能，灭弧罩有裂损应更换。对于栅片灭弧罩，应检查栅片是否完整或烧损变形，严重松脱、位置变化等，若不易修复，则应更换。

6. 接触器电磁线圈的检查

（1）检查吸引线圈在操作电源电压为线圈额定电压值的 85% ～ 105% 时，应能可靠工作，当操作电源电压低于线圈额定电压值的 40% 时应能可靠释放。

（2）检查吸引线圈的引线头与导线的连接是否良好。

（3）线圈骨架有无裂纹、磨损或固定不正常等情况，如发现应及早处理或更换。

（4）检查电磁线圈有无过热，线圈过热一般是由于出现匝间短路造成的，此时可测其直流电阻与同类线圈比较予以判断。若不易修复时，应予以更换。

三、低压断路器的运行维护

（一）低压断路器的运行检查

低压断路器除了在投入运行前需要做一般性的解体检查外，在运行了一段时间后，经过多次操作和故障跳闸，还必须进行适当的维修，以保持正常工作状态。

1. 运行中的断路器一般做如下检查

（1）检查负荷电流是否在额定值范围以内。

（2）检查断路器的信号指示与电路分、合状态是否相符。

（3）检查断路器的过负荷热脱扣器的整定值是否与过负荷定值的规定相符。

（4）检查断路器与母线或出线的连接点有无过热现象。

（5）过电流脱扣器的整定值一经调好就不允许随意更动，使用日久后要检查其弹簧是否生锈卡住，以免影响其动作。如发生长时间的负荷变动（增加或减少），需要相应调节过电流脱扣器的整定值，必要时应更换设备或附件。

（6）应定期检查各种脱扣器的动作值，有延时则还要检查其延时情况。

（7）监听断路器在运行中有无异常声响。

（8）定期清除断路器上的尘垢，以免影响操作和绝缘。

2. DW 型低压断路器除应做一般性检查外，还应做如下检查

（1）检查辅助触头有无烧蚀现象。

（2）检查灭弧栅有无破裂和松动情况，如有损坏，需停止使用，待修配或更换后才能投入运行，以免在断开电路时发生飞弧现象，造成相间短路而发生事故。

（3）检查失电压脱扣线圈有无异常声音和过热现象，电磁铁上的短路环有无损伤。

（4）检查绝缘连杆有无损伤、放电现象。

（5）检查传动机构中的连接部位开口销子以及弹簧等是否完好以及传动机构有无变形、锈蚀、销钉松脱现象，相间绝缘主轴有无裂痕、表层剥落和放电现象。

（6）检查合闸电磁铁机构及电动机合闸机构是否在正常状态。

（7）设有金属外壳的断路器应该接地。

3. DZ 型低压断路器除应做一般性检查外，还应做如下检查

（1）检查断路器的外壳有无裂损现象。

（2）检查断路器的操作手柄有无裂损现象。

（3）检查断路器的电动合闸机构润滑是否良好，机件有无裂损状况。

4. 低压断路器除上述运行检查外，还应安排定期维护，其内容如下

（1）取下灭弧罩，检查灭弧栅片的完整性及清除表面的烟痕和金属粉末，外壳应完整无损，损坏应及时更换。

（2）断路器的触头在使用一定的次数或分断短路电流后，如表面有毛刺和颗粒等应及时清理和修整，以保证接触良好。如果触头的银钨合金表面烧损，并超过 1mm，应更换新触头。

（3）检查触头的压力，有无因过热而失效，调节三相触头的位置和压力，使其保持三相同进闭合，并保证接触面完整，接触压力一致。

（4）用手动缓慢分闸、合闸，检查辅助触头的常闭、常开工作状态是否符合要求，并轻擦其表面，损坏的触头应更换。

（5）检查脱扣器的衔铁和弹簧活动是否正常，动作应无卡阻，电磁铁工作极面应清洁平滑，无锈蚀、毛刺和污垢。热元器件的各部位有无损坏，其间隙是否正常。如有以上不正常情况应进行清理或调整。

（6）机构的各个摩擦部位应定期加润滑油，每使用一定时间（一般为半年）后，应给操作机构添加润滑油（小容量的塑壳式断路器不需要加油）。

（7）检修完毕后，应做传动试验，检查是否正常。特别是电气联锁系统，要确保接线正确，动作可靠。

（二）Emax 系列断路器电子脱扣器的使用

1. 主要特征

（1）Emax 系列的断路器配置 PR121/P、PR122/P 及 RP123/P 三种电子脱扣器，适用于交流系统。

（2）基本型 PR121/P 提供整套的标准保护功能和一个完善、友好的用户界面。

（3）依靠 LED 显示器，它能区别故障脱扣的种类。

（4）PR122/P 和 PR123/P 采用了新的模块化结构概念，根据设计和用户的要求，可实现一套集完整的保护、准确的测量、信号指示或者对话功能为一体的断路器。

（5）保护系统由以下几个部分组成：

①3 或 4 个新型的电流传感器（Rogowsky 线圈）。

②外部电流传感器（例如，外部中性线导体、剩余电流或 SCR 保护）。

③选择一个保护单元 PR121/P、PR122/P 或 PR123/P，以及可选的具有 Mod bus 通信协议的通信模块，或选择 Field bus 网络（仅适用于 PR122/P 和 PR123/P），还有无线连接的通信协议。

（4）一个直接作用在断路器操作机构上的分闸线圈。

2. PR121/P 型保护脱扣器

（1）主要特点

PR121/P 是 Emax 系列的基本而完善型的脱扣器，具有完整的保护功能，宽广的门限值电流范围及脱扣时间的设定，适合各类交流电气装置的保护。此外，保护装置单元还提供了多功能 LED 指示，而且 PR121/P 能够连接外部的装置，如远程信号和监控或播控管理显示。

（2）主要功能如下

①保护功能 PR121/P 提供下列保护：过载保护（L）、选择性短路保护（S）、

瞬时短路保护（I）和接地故障保护（G）。

a.过载保护（L）。反时限长延时的过载保护（L）的特性为 $Pt = k$；25 个电流设定及 8 条曲线可供选择，每条曲线均已标明电流为 3 倍门限值电流时的脱扣时间。

b.选择性短路保护（S）。选择性短路保护 S 可设定两种不同的曲线，其中一条脱扣时间与电流无关（定时限）（亦即 $t = k$），另一条为将允通能量定为常数的反时限（亦即 $t = k/I^2$）曲线。

c.瞬时短路保护（I）。保护功能（I）提供 15 个门限值电流，同时亦可设定将本功能关闭（将 DIP 开关置于"OFF"位置）。

② 用户界面在脱扣参数准备阶段，用户可通过 DIP 开关直接与脱扣器进行沟通，多达 4 个 LED 可用于信号显示（根据不同类型）。这些 LED 在以下情况下被激活（每个保护各有一个）：

a.保护正在计时，对于 L 保护，亦将显示预报警状态。

b.某种脱扣保护（按 Info/Test，相应的 LED 被激活）。

c.连接电流传感器失败或分闸线圈分闸失败。在脱扣器单元供电的情况下，也可激活指示灯（通过电流传感器或一个辅助电源供电）。

d.断路器插入了错误的额定电流插件。

即使断路器在分闸状态，也无须任何内在 / 外在的辅助供电电源，保护脱扣显示仍然能正常工作。在静态情况下，脱扣信息在 48h 内仍然有效，即使重合闸后也有效。如果要求在 48h 之后仍可有效，则可连接一个 PR030/B 供电单元、PR010/T 或一个 BT030 无线通信单元来实现。

③ 通信通过 BT030 无线通信单元，PR121/P 能连接到一个掌上电脑或一台个人电脑上。这将扩展用户的可用信息范围，特别是通过 ABB SD Pocket 通信软件，用户可读取流经断路器的电流值，最后 20 次的中断电流值和保护设定值。

PR121/P 能连接可选性外部 PR021/k 信号单元，这个信号单元用于报警和脱扣保护远程信号显示，也可连接 HMI030，实现远程人机操作。

④ 中性线的设定

中性线的保护，设定为相电流的 50%、100% 或 200%，E1、E2、E3、E4 和 E6/f 可选择超过 50% 的设定。特别是为了实现中性线的 200% 设定，考虑到断路器的载流能力，L 保护设置必须设定为 0.51。当然，用户也可以关闭中性线的保护。当使用三相断路器带有外部中性线电流传感器时，超过 100% 的中性线设定不需要减少任何 L 设定值。

⑤ 测试功能

测试功能可通过 Info/Test 按钮和装有一个底部带有接插线的 PR030/B 供电单元（或 BT030）来完成，接插线装置连接到 PR121/P 脱扣器前面盘的测试连接位置上。将 PR010/T 配置及测试单元连接到测试连接器后，可实现对 PR121/P 电子脱扣器进行测试。所有的脱扣功能可通过 TS120 测试工具得到彻底的检测，TS120 可注入模拟电流值到脱扣器中来验证其准确性。使用这个单元，脱扣器必须从断路器中断开。

3. PR122/P 型保护脱扣器

（1）主要特点如下

① PR122/P 是一种基于微处理器设计和 DSP 技术的一种成熟而灵活的保护系统。并装有可选性内部 PR120/D-M 对话单元，可实现基于 Mod bus 协议的智能保护、测量和通信。通过 PR120/D-M、PR122/P 也可被连接到 ABB EP010 适配器上，可实现与不同网络之间的连接。

② 由于具有宽广的设定范围，因此可使用在任何电气装置的保护上，从配电到电动机保护、变压器保护、驱动器保护和发电机保护。使用键盘及液晶显示器来读取资料和编程，不仅操作简单，而且相当直观。为了更方便用户使用，这个界面对 PR122/P 和 PR123/P 均通用。

③ 除保护功能外，尚具有电流表及其他功能。如外加对话、信号、测量和无线通信单元，便可增加这些附加功能。

④ 根据要求，S 和 C 功能可设定为定时限（$t = k$）或反时限（允通能量曲线 $t = k/I^2$）。接地故障保护可通过连接 PR122/P 到一个外部传感器来完成，这个外部传感器安装在变压器星形点与地之间的导体上。所有保护功能的门限值和脱扣曲线均被存储在一个特殊记忆体内，即使电源消失亦可保存。

（2）主要功能如下

① 基本的保护功能。PR122/P 脱扣器提供以下保护功能（根据脱扣器的类型）：过载保护（L）；选择性短路保护（S）；瞬时短路保护（I）；接地

故障保护（G）；相不平衡保护（U）；超温自我保护（OT）；L 和 S 的热记功能；S 和 G 的区域选择功能；配外部传感器时的剩余电流保护（Rc）；有外部传感器的 SCR 保护。

② 当安装位置有高次谐波发生时，中性线的电流将高于三相的电流。因此，有必要设置中性线保护为三相保护设定值的 150% 或 200%。在这种情况下，也必须相应地减小 L 保护的设定值。在断路器类型和门限 1 设定值之间，中性线设定值存在各种各样可能的组合。

③ 起动功能。在起动阶段，起动功能允许 S、I 和 G 功能在更高的脱扣门限下运行。这将避免由某种负载（电机、变压器、电灯）的高冲击电流导致的脱扣。起动阶段以 0.05 的间隔从 100ms 持续到 1.5s。PR122/P 脱扣器自动识别如下：当自供电脱扣器的断路器合闸时，如果脱扣器由外部电流供电，当最大峰值电流超过 0.1 时，电流降到门限值的 0.11 以下后，将可能产生一个新的起动阶段。

④ 相不平衡保护（U）。是当脱扣器检测到有两相或更多相电流不平衡时，就发出一个报警信号，这个功能也可被关闭。

⑤ 超温保护。PR122/P 脱扣器在不正常高温下运行时，可出现暂时性或持续性的误动作情况，为提醒用户，脱扣器上有以下两种信号指示或动作：

a. 当温度高于 70℃时，"警告" LED 灯亮（微处理器仍然能够正常工作）。

b. 当温度高于 85℃时，"紧急" LED 灯亮（这时脱扣器不能保证正常工作）。同时断路器脱扣，并在显示器上显示，此功能同其他保护功能一样，需要在脱扣器设置阶段进行设置。

⑥ S 或 G 保护功能。区域选择性是最先进的协调保护的方法之一。有效地利用这种保护，与预置的时间选择性比较，它能使离故障点最近的断路器保护动作时间缩短，可见区域选择性保护是一种进步。区域选择性可适用于保护功能 S 和 G，是 PR122/P 上的标准功能。区域是指 2 个串联断路器之间的电气部分。区域选择性保护是将选择性区域内所有脱扣器输出端与供电侧脱扣器输入端相连接，区域内脱扣器的输出信号立即上传到供电侧脱扣器的输入端。

检查到故障的每一个断路器均可通过一个简单的连接线，将信号传递到供电侧断路器，故障区域就是指检查到故障，但又不会从其负载侧断路器中得到任何信号的断路器负载侧区域。此时，此断路器将立即分闸，无须延时时间。

ABB 公司提供了一些有用的计算工具来简化设计者在协调保护装置方面的工作。例如，滑动尺工具、DOC Win 和 CAT 软件包和更新的协调表。

S 或 G 功能的区域选择性功能可通过键盘激活或关闭。

⑦ 自身诊断。PR122/P 脱扣器拥有自身诊断的电子线路，周期性地对内部连接的可靠性进行检测（分闸线圈或每个电流传感器，包括 SGR）。当功能失效时，一个报警信号将直接出现在显示器上，同时也通过 LED 警报显示。

⑧ 剩余电流。一体化的剩余电流保护有不同的解决方法。基本的选择是使用带有一个附加 PR120/V 模块的 PR122–ISIG 来实现。使用这个配置后，剩余电流保护功能就附加在这种功能强大的单元上，它将具有 PR122–ISIG 的功能和所有 PR120/V 模块所描述的附加功能，例如电压保护功能和先进测量功能，剩余电流保护是依靠来自外部专用电流测量线圈来完成的。

⑨ 测试功能。当在"Control"菜单中选中"TEST"功能时，测试过程便开始，包括微处理、分闸线圈及断路器脱扣机构的系列测试活动。在"Control"菜单中，可以选择测试显示器、LED 信号、电磁信号和 PR120/K 电气触点的运行是否正确。利用脱扣器前端的多针连接器，可使用 PR010/T 测试单元对 PR121/P、PR122/P 及 PR123/P 进行测试和检查。所有的脱扣功能可通过 PR120/T 测试工具得到彻底的控制，PR120/T 可注入模拟电流值到脱扣器中来验证其准确性。使用这个单元，脱扣器必须从断路器中断开。

⑩ 用户界面。人机界面（HMI）是通过图形显示、LED 及浏览按钮来完成的。这个界面被设计成能提供最大限度的简单化，有多种语言可供选择。像上一代的脱扣器产品一样，"阅读"或"编辑"模式是通过密码来进行管理的，默认密码是 0001。当然，用户可自己更改密码。保护参数的设置（曲线和脱扣门限值）可通过人机界面直接完成操作。保护参数的改变只能在"编辑"状态实现，但脱扣器中的信息和设定参数都可在"阅读"状态进行检查。当连接了通信装置（内部 PR120/D-M 和 PR120/D-BT 模块或外部 BT030 装置）时，只需要简单地将参数下载到脱扣单元上（通过 PR120/D-M 网路，依靠使用 SD-Pocket 软件和通过为 PR120/D-BT 和 BT030 配备的掌上电脑或笔记本电脑）。参数设定可正确无误地直接从 Doe Win 传递到脱扣器上。

⑪LED 指示。脱扣器前面盘的 LED 分别担任"预报警"及"报警"的指示，显示器上指示的信息可明确指出发生了何种事件。

预警报（"WARNING"LED）指示的事件：相不平衡；过载预报警（LI>90%）；超过第一段温度设定（70℃）；主触头磨损超过 80%；相序逆反（配有 PR120/V）。

报警指示的事件：过载（按照 IEC 60947-2 标准，1.05/<1<1.31）；保护功能（L）已处于计时状态；保护功能（S）已处于计时状态；保护功能（G）已处于计时状态；超过第二段温度设定（85℃）；触头磨损 100%；逆功率保护已处于计时状态（配有 PR120/V）。

⑫ 数据日志功能。PR122/P 和 PR123/P 已标配提供数据日志功能，它们可自动地存储大量的记录。此缓冲存储器可记录所有的电流和电压的瞬时值。通过使用一个蓝牙技术的 SD-Pocket 或 Test Bus2，数据能很容易地从脱扣器单元中下载，同时它也能传到任何个人电脑上，便于详细分析。

不管脱扣什么时候发生，都能被记录下来。因此能够很容易并详细地分析故障情况。SD-Pocket 和 Test Bus2 也能阅读和下载所有其他脱扣信息。

a. 信道数：8

b. 最大采样频率：4800Hz

c. 最大采样时间：27s（在采样频率为 600Hz 时）

d. 可追踪 64 个事件

⑬ 脱扣信息和分闸数据。当脱扣发生的时候，PR122/P 和 PR123/P 存储所有需要信息：脱扣保护；分闸数据（电流）；时间标志（确保在 48h 内辅助供电或持续自供电）。按"Info/est"按钮，脱扣器可直接在显示器上显示所有的数据。不需要辅助供电电源，在断路器分闸或没有电流流通的情况下，用户也可 48h 获取信息，可存储最近 20 次脱扣的信息。如果要求信号能在 48h 后仍然保留，就必须连接一个 PR030/B 供电单元或一个 BT030 无线通信单元。

⑭ 负载控制。在过载保护（L）脱扣之前，负载控制功能能够控制负载侧单个负载的接通与分离，因而避免了供电侧断路器不必要的脱扣。PR122/P 通过对 PR120/K 或 PR021/K 内部触头的控制，从而进一步对接触器或隔离开关进行控制（通过外部连线与脱扣器相连），可执行以下 2 种不同

的负载控制功能：2 个独立负载的隔离，设置 2 个不同的电流门限；1 个负载的连接及隔离，通过设置滞后曲线完成。门限值电流和脱扣时间比保护功能（L）的值低，这样可以预防过载脱扣。负载控制要求内部 PR120/K 或外部 PR021/K 附件单元。这个功能只有在辅助供电电源存在时才能被激活，辅助供电电源可选 CP-24/1.0。

四、熔断器的运行维护

1.检查负荷大小是否与熔体的额定值相配合。

2.检查熔体管外观有无破损、变形，瓷绝缘部分有无破损或闪络放电痕迹。

3.检查熔体有无氧化腐蚀或损伤现象，如有碳化现象应擦净或更换。

4.检查熔断管与插夹座的连接处有无过热现象，接触是否紧密。

5.有熔断信号指示器的熔断器，指示是否在正常状态。

6.熔断器环境温度应与被保护对象的环境温度基本一致。若相差过大可能使熔断器误动作。

7.检查底座有无松动现象，并应及时清理进入熔断器的灰尘。

五、漏电保护器的运行维护

由于漏电保护器是涉及人身安全的重要电气产品，因此在日常工作中要按照国家有关漏电保护器运行的规定，做好运行维护工作，发现问题要及时处理。

1.漏电保护器投入运行后，应每年对保护系统进行一次普查，重点普查项目包括：

（1）测试漏电动作电流值是否符合规定。

（2）测量电网和电气设备的绝缘电阻。

（3）测量中性点漏电流，消除电网中的各种漏电隐患。

（4）检查变压器和电机接地装置有无松动和接触不良。

2.电工每月至少对保护器用试跳器试验一次，每当雷击或其他原因使保护动作后，应做一次试验，雷雨季节需增加试验次数。停用的保护器使用前应试验一次。

3.保护器动作后，若经检查未发现事故点，允许试送电一次。如果再次动作，应查明原因，找出故障，不得连续强送电。

4. 严禁私自撤除保护器或强迫送电。

5. 漏电保护器故障后要及时更换，并由专业人员修理。

6. 在保护范围内发生人身触电伤亡事故，应检查保护器动作情况，分析未能起到保护作用的原因，在未调查前要保护好现场，不得改动保护器。

六、热继电器的运行维护

1. 检查负荷电流是否与热元件的额定值相配合。

2. 检查热继电器与外部的连接点处有无过热现象。还应检查有无因导线发热而影响热元件正常工作的情况。

说明：导线过细，轴向导热差，热继电器可能提前动作；反之，导线过粗，轴向导热快，热继电器可能滞后动作。若用铝芯导线，导线的截面积应增大约 1.8 倍，且端头应搪锡。

3. 若热继电器动作，则应检查动作情况是否正确。

4. 检查热继电器的绝缘盖板及绝缘部件，是否完整无损，内部是否清洁。

5. 检查有无其他电器或热源影响热继电器的动作特性。热继电器的运行环境温度变化，是否超出允许范围（-30℃ ~ 40℃）。

第五节　低压电器的常见故障及处理

一、低压电器的故障类型

1. 漏电故障

电线或者辅助材料的绝缘性能差，会使导线与导线之间、导线与地面之间有电流流过，这种现象就称为漏电。低压电器出现漏电故障会引发很多危害，例如当人体靠近低压电器时，低压电器会出现电击现象，轻则引起皮肤刺痛，严重则危及人的生命；导线之间的电流比较大时，会导致局部温度快速升高，进而引发火灾问题；短路会导致大量的电荷流向地面，造成严重的电能浪费。低压电器在正常运作过程中，电气线路和用电设备绝缘层之间的介质特性，线路之间、线路与大地之间都分布着电容，因此低压电器中的漏电问题是无法避免的，但是这种情况下的漏电流会顺着电线均匀分布，因此漏电造成的电流一般都比较小，线路的绝缘材料不会发生击穿问题。但是当电气材料、输电线路的绝缘材质遭到破坏或者绝缘性能降低时，就会引发非正常漏电问题，这种漏电情况引发的后果是灾难性的。

2. 短路故障

低压电器在使用过程中会因为种种原因，导致电势不等的两点发生接触，产生过电流的现象就称为短路。因为短路位置的电流非常大，因此很容易出现强电弧和电火花的现象，使得短路位置的绝缘层燃烧、导线融化，严重则引发喷溅问题，这也是诱发线路火灾的重要因素。引发短路故障的原因是多种多样的，例如导线绝缘层破坏、低压电器超负荷运行、导线电器湿水，等等。

低压电器系统中的相线与大地出现非正常接触而引发的短路称为接地故障。这种故障包括相线和保护干线、低压电器的金属性外壳、金属管道的非等位电势之间的非正常接触，在低压电器使用过程中发生的概率非常大。短路故障根据不同电势之间的接触划分，可以分为金属性短路和电弧性短路两种。其中金属性短路指的是两种不同电位导体不正常接触而引发的短路故障，短路位置的温度会快速升高，甚至会达到金属的熔点。电弧性短路指的是导体在接入配电系统或者导体有分离配电系统时，产生温度非常高、亮度非常强的导电气体，这种气体就称为电弧，电弧会导致配电系统中的导线温度上升，从而引发短路故障问题。

3. 接触电阻过大故障

当低压电器与电源线、电源线与开关、电源线与保护装置的接触位置出现连接状态不好时，局部电阻的阻值会变得非常大。当电流流经该位置时，会产生较大的热量，甚至会融化金属，引发严重的事故。与此同时，当低压电器出现接触不良时，电气系统的工作状态就会出现异常，时而工作，时而断开，不仅影响了人们的生产生活效率，而且会缩短低压电器的使用寿命。因此当低压电器在使用过程中出现接触不良、电阻过大的问题时，维修人员要及时查看电阻过大的根本原因，制定并实施合理、有效的解决措施。

4. 过负荷故障

过负荷指的是低压电器运行过程中，连接导线中的电流已经超过了导线的安全电流值，因为导线、电器元件都有一定的电阻，有电流经过时，导线、电器元件都会产生一定的热量。众所周知，当电阻一定时，发热量与导线电流的二次方成正比，也就是说，随着低压电器负荷的增加，导线、电器元件中的电流会随之增长，发热量会呈现出指数级增长，导致导线的绝缘层遭到破坏，电器元件出现烧毁现象，当电流超过绝缘层、电器材料的燃点之后，会引发火灾问题。

5. **电火花和电弧故障**

人们在接通或者断开低压电器的电源时，经常会看见电火花。少许的电火花不会对人们造成太大的影响，但是高度密集的电火花集中爆发就会形成电弧故障，电弧的温度非常高，有时候会超过 3000℃，能够轻而易举地引燃周围的绝缘设施，击穿导线之间、电器元件之间的电容，对导线或者电器造成不可逆转的损害。所以在使用低压电器过程中，维修人员需要高度重视电火花、电弧故障问题，做好相应的防护措施，避免给人们的生命和财产造成较大的损失。

二、低压电器的常见故障分析处理

1. 低压电器触头器件的故障与维修

触头是断路器、热继电器、接触器的核心部件，控制着电路系统的接通与断开，在运作过程中发生故障的可能性非常大。当触头中有电流流过时，触头的温度就会升高，这与触头的接触电阻大小有着密切的联系。正常情况下，触头的接触电阻越大，产生的热量就越高。假如触头温度超过了一定阈值，就会对电器设施产生严重的威胁，甚至会引发火灾事故。

通常情况下引发触头温度过高的原因有：

（1）触头在长时间使用情况下，弹簧会发生一定形变，弹力系数减小，使得触头的压力有所降低，进而影响到接触电阻。维修方法是：相关人员应该检测触头设备有没有机械损伤、弹性变形等问题。

（2）相关人员需要及时更改触头部件。此外相关人员还需要检测触头有没有出现松动情况，有的话需要及时拧紧触头紧固螺丝。

（3）当触头表面出现氧化、污浊物时，触头的接触就会出现问题，触头连接位置的电阻大大增加，进而引发触头设备温度上升问题。具体的维修方法是：相关人员需要用纱布轻轻打磨触头接触位置，清除掉触头表面的氧化物和污浊物就可以了。假如流经触头的电流过大，触头位置的温度会明显升高，会给触头带来严重的损伤，甚至会引发烧毛问题。维修策略是在电路上加装一个电路保护装置，将电路电流控制在合理范围之内，避免对触头设备造成严重的损伤。

2. 动、静触头故障分析

动、静触头在实际运行过程中会经常进行闭合、断开的动作，久而久之对触头就会造成一定的损伤。除此之外，触头在闭合过程中也会受到一定的电损伤，在长时间的摩擦和损伤下，触头的金属块会越来越薄、越来越小，当触头的大小减小到原来的1/3时，就需要及时更换触头。值得注意的是，如果触头在短时间出现了明显的磨损，一定要及时检查其中的根本因素，避免造成更加严重的损伤。触头设备在工作状态下，难免会出现电流过大的现象，如果电流超过一定界限，在电阻效应的影响下，触头的温度会明显升高，导致触头的接触面发生改变，甚至会导致动、静触头熔融在一起，从而影响电路的正常断开。因此相关人员要极力避免这种现象的发生。

3. 低压电磁系统的故障与维修

电磁系统是低压电器中的常见部件，在使用过程中经常出现声音异常、接触不充分、短路等故障。如何检测分析电磁系统故障问题的根本原因，并做好相应的维修措施，是维修人员需要考虑的重要问题。

（1）衔铁故障分析与维修策略

低压电器在工作状态下，可能会出现声音异常的现象，其原因是电磁系统出现了故障问题。

①当铁芯与衔铁接触时，会引发接触面接触不充分或者衔铁扭曲的问题。相应的维修方案是：相关人员要关闭电源，检查铁芯与衔铁的位置是否正常，接触面上是否存在杂质。如果有的话，就需要及时纠正铁芯与衔铁的位置，清除接触面的杂质灰尘，确保电磁系统处于最佳工作状态。

②低压电器出现声音异常的问题，可能是电源电压没有达到额定标准或者是弹簧压力太大，与此同时，当线圈工作异常时衔铁也会发出异常声音。相应的解决方案是：相关人员要检测电源电压是否是220V，如果实际电压与额定值偏离的程度较高，就需要配置一个稳压器，确保电源电压在正常范围

之内。相关人员还需要检测当线圈有电流通过时，衔铁与铁芯有没有接触，如果没有的话要及时断开电源，并纠正衔铁与铁芯的相对位置。

（2）线圈故障问题与维修策略

线圈是电磁系统的重要组成部分，当线圈出现故障时，电磁系统的工作状态就会受到严重的影响。

① 假如线圈受到巨大的外力作用，可能会导致线圈之间出现短路，这样一来线路中的电流就会大大增加，进而引起温度上升，电磁系统的动力减弱而无法做出有效的动作。解决方法是：相关人员要及时查看线圈的外观是否受损，测量线圈的电阻值是否正常，一旦检测结果出现异常，就需要立即更换线圈。

② 假设线圈的电源电压过低，那么线圈中的电流就会随之减小，电磁系统产生的电磁力不足以吸引衔铁，最终引发线圈失灵的问题。相应的解决对策是：相关人员要想方设法提高电源电压的稳定性，有条件的话可以购买一个稳压器，从而防止电磁系统失灵的问题。

4. 低压继电器的故障与维修

继电器的工作状态对低压电器的整体性能有着决定性的影响，假如继电器出现了导板脱扣、延时动作、电流整定值过大等故障时，低压电器的工作状态就会出现异常，甚至会引发严重的灾难性事故，因此加强低压继电器的故障分析与维修工作就显得尤为重要。

（1）热继电器的故障与维修

热继电器在工作过程中经常出现的故障问题有两种：

① 热元件烧坏故障。如果热继电器的动作过于频繁、负载压力过大、内部电流过高，热元件烧坏、熔断的可能性就会大大增加。相应的维修策略是：相关人员首先要关闭电源，用万能表测量电路是否出现短路问题，如果有的话及时排除故障，再接通电源，观察热继电器的工作状态是否正常。

② 热继电器不动作，诸如元件熔断脱落、电流整定值过大、导板脱扣等问题，都会导致热继电器不动作，无法对电动机形成良好的保护作用。对于以上问题，相关人员应该及时更换元件设施；合理调整电流整定值。对于热继电器脱扣故障，相关人员需要先断开电源 2min，当双金属片彻底冷却之后，再使触头复位。

（2）时间继电器的故障与维修

如今电饭煲、高压锅、电烤箱等低压电器中都配置了时间继电器，时间继电器是科技进步的象征，大大提升了低压电器的技术含量。但是时间继电器在使用过程中经常出现一些故障问题，具体为：空气式时间继电器的气囊损坏或者密封不严出现漏气时，会导致延时动作时间缩短，甚至会不发生延迟。解决这一故障的有效措施是保证低压电器周围环境的清洁。此外在拆卸或者安装继电器过程中，要防止灰尘、杂质进入气道。含有时间继电器的设备在使用一段时间之后，就需要更换橡胶薄膜或者把滤网表面的灰尘清理干净，避免出现延时动作缩短的问题。空气式继电器在使用过程中会受到温度变化、存储时间的影响，因此人们要做好时间继电器的维护工作。

第四章　高压电器

电力系统的正常运行保障着人们生活、生产的电力需求，而高压电器设备是电力系统不可或缺的组成部分，一旦损坏或发生故障，不仅影响着电力系统的正常供电，还会给整个电力系统造成安全威胁。因此，为了保证电力系统的正常运行，做好高压电器设备的检修与保养极为重要。本章主要对高压电器进行了探究，以期保障高压电器设备的正常运行。

第一节　高压断路器型号的选择

高压断路器是电力系统最重要的开关设备，它对维护电力系统的安全、经济和可靠运行起着非常重要的作用。高压断路器一般由触头、灭弧室、绝缘介质、壳体结构和运动机构等五部分组成。它的作用有两个方面：一是控制作用，即根据电力系统运行要求，接通或开断正常工作电路；二是保护作用，当系统发生故障时，能切断短路电流，并且在保护装置的作用下自动跳闸，去除短路故障。

1. ZN28A-10 系列真空断路器

ZN28A-10 系列户内高压真空断路器是三相交流 50Hz、额定电压为 10kV 的户内装置，主要装设在固定式开关柜中或方便地替换老旧开关设备的少油断路器，安装尺寸相同，用于工矿企业、发电厂及变电站做电气设施的保护与控制，并适用于频繁操作的场所。

2. VS1-12 型真空断路器

VS1-12 型户内高压真空断路器是户内安装、三相交流 50Hz、额定电压为 12kV 级的变配电的控制和保护设备，用于 12kV 及以下的交流系统中，可用来分、合额定电流和故障电流，尤其适合于频繁操作。如投切电容器组、控制电炉变压器和高压电机等，也可作为联络断路器使用。

真空断路器采用封闭绝缘形式，主绝缘筒加内外裙边，其爬电比距都达到了 DL 标准要求。该产品具有体积小、绝缘可靠、无污染、无爆炸、性能稳定、技术参数高、维护周期长等显著优点。

断路器配用 ZMD14-10 系列中封式陶瓷或玻璃真空灭弧室，其铜铬触头具有环状纵磁场触头结构，开断能力强，截流水平低，电寿命长。

机构与本体前后布置成一整体，传动效率高，操作性能好，适用于频繁操作，可装于移开式或固定式开关柜。

在手车式 VS1 基础上，开发设计而成的固定式断路器，能与 XGN2、GG1A、GGX2 等柜体相匹配，且能在旧柜改造中替换即将淘汰的老断路器（如油断路器），改动小、投资少、安装方便、节省时间。

用于中置柜中的抽出式手车系列功能单元：隔离手车、电压互感器手车（2PT 和 3PT）、电流互感器手车（2CT 和 3CT）、熔断器手车、接地手车等。

3. ZW1-12（G）/630 柱上真空断路器

该断路器为复合绝缘介质，无油，其本体由导电回路、硅橡胶绝缘子、密封件及不锈钢壳体组成，为三相共箱式。导电回路由进出线导电杆、动静端支座、导电夹及真空灭弧室连接而成。外绝缘主要通过高压绝缘子来实现。操动机构可配弹簧机构（手动或电动储能），也可配永磁操动机构。

4. ZW32-12/630 型户外真空断路器

该断路器采用三相支柱式结构，并配有两相或三相 CT。支座及 CT 均采用环氧树脂固定绝缘。操动机构采用小型化弹簧操纵机构，传动采用直动传输方式，机构置于密封的机构箱内，可手动或电动分、合闸。

5. ZN72-40.5 型真空断路器

ZN72-40.5 型真空断路器，额定电压为 40.5kV 的户内高压开关设备。该断路器结构简单、开断能力强、操作功能齐全、维修简便。安装在 JGN2-40.5 型固定式开关柜中，对电气设备进行控制和保护。

第二节　负荷开关

1. FN16-12 系列负荷开关

FN16-12 系列真空负荷开关适用于交流额定电压为 6 ~ 10kV 的网络中，可开断正常负荷电流和过负荷电流，但不能切断短路电流。特别适用于无油化、少检修及要求频繁操作的场所。具有开断安全可靠、电寿命长、可频繁操作、开断电流较大、基本无须维护，且有明显的隔离断口等优点。负荷开关与熔断器配合，可以代替高压断路器。

2. SFL 型 SF_6 负荷开关

SFL 型负荷开关为双断点、旋转式动触头，以 SF_6 气体为灭弧介质，动、静触头置于加强结构的模铸环氧树脂外壳中。在操作轴引出端是一个透明的热压成型的塑料端盖，透过它可以观察触头状态。

每个开关充以 0.045MPa 气压的 SF_6 气体后是永久密封的（SFL 意为"永远密封"），用氦检测器可以检查有无气体渗漏。

开关垂直或水平安装不限，在单元式柜内，典型的安装方式是在电缆室和母线室之间置一个钢隔板，水平安装。这种安装方式将开关外壳封在接地的钢板范围内，并将母线与电缆接头之间相隔离，以符合运行维护的最严格的安全要求。

3. LK-LBS 型负荷开关

LK-LBS 组合电器是集成隔离开关、负荷开关、接地开关、熔断器四种分立元件为一体的综合性高压电器。被安装在 HXGN-12 型成套配电柜内，适合用于工厂、企业、住宅、小区、高层建筑及矿山港口等的配电系统。环网柜起着接受、分配、控制电能及保护电气设备安全运行的作用。

4. LK-GLBS 型负荷开关

LK-GLBS 型负荷开关使用 SF_6 气体作为开关的绝缘和灭弧介质，开关的触头被装入符合 IEC 规定的压力腔室内。作为 12kV/24kV 的 SF_6 负荷开关，各项指标均满足 24kV 的 IEC 标准和 12kV 的国家标准，拥有相对 12kV 的超强绝缘性能和特大的爬电距离。

LK-GLBS 型负荷开关的内部灭弧机构的动触头为直动、旋转相结合的压气式（SF$_6$ 气体）结构，具备在零表压状态下熄灭电弧的能力，也就是说可以安全开断负荷电流。

5. HZF1-12/630 型柱上真空负荷开关

该负荷开关为水平布置，由隔离开关和真空灭弧室组成，正常运行时负荷电流只流经隔离开关，只有当合、分闸时，才按规定程序将真空灭弧室接入电流回路，合闸时由灭弧室的储能快速机构实现动、静触头等电位操作，分闸时由真空灭弧室实现灭弧。

该负荷开关用手动连杆操作，亦可用电动机构操作。

6. RL27-12 型柱上 SF$_6$ 负荷开关

RL27-12 型 SF$_6$ 负荷开关，额定电压 12kV，额定电流 400A 和 630A。该负荷开关以 SF$_6$ 气体为绝缘和灭弧介质，开关箱由不锈钢制成，在操作把手反侧备有泄压隔板。套管将主导体与外壳绝缘，采用内置电压、电流传感器。操作机构为快合、快分弹簧力矩操动机构，可由电动机驱动，亦可手动操作，并有控制箱供选用。

7. OR 型户外柱上隔离负荷开关

OR 型户外柱上隔离负荷开关，额定电压为 12kV，额定电流为 630A。该负荷开关主要用于户外线路回路的切换，即环网或并联线路负荷分解，分支线路负荷及充电电流开断变压器回路切换，即负荷及励磁电流开断；电缆回路切换，即环网或并联线路负荷分解，分支线路负荷及充电电流开断。

（1）高压负荷开关的用途和特点

高压负荷开关是一种结构比较简单，具有一定开断和关合能力的开关电器，常用于配电侧。它具有灭弧装置和一定的分、合闸速度，能开断正常的负荷电流和过负荷电流，也能关合一定的短路电流，但不能开断短路电流。因此，高压负荷开关可用于控制供电线路的负荷电流，也可以用来控制空载线路、空载变压器及电容器等。高压负荷开关在分闸时有明显的断口，可起到隔离开关的作用，与高压熔断器串联使用。因此，高压负荷开关可作为操作电器投切电路的正常负荷电流，而高压熔断器作为保护电器开断电路的短路电流及过负荷电流，在功率不大或可靠性能要求不高的配电回路中可用于代替断路器，以便简化配电装置，降低设备费用。

据国外有关资料介绍,断路器与负荷开关的使用率之比为1︰5至1︰6,用负荷开关来取代常规断路器保护的方案具有明显的优点。

(2)几种典型的高压负荷开关的结构特点与基本原理

负荷开关的种类很多,按结构可分为油浸式负荷开关、真空式负荷开关、六氟化硫(SF$_6$)式负荷开关、产气式负荷开关和压气式负荷开关等;按操作方式可分为手动操作负荷开关和电动操作负荷开关两类。这些产品集中使用于配电网中,如环网开关柜中,目前较为流行的是真空式负荷开关。负荷开关配用熔断器等设备,随着我国城网改造工作的推进越来越受到重视。

下面介绍两种典型的高压负荷开关的结构特点与基本原理。

①真空负荷开关。真空负荷开关完全采用了真空开关管的灭弧优点以及相应的操作机构。由于负荷开关不具备开断短路电流的能力,故它在结构上较简单,适用于电流小、动作频繁的场合,常见真空负荷开关有户内型及户外柱上型两种。

ZFN-10R型户内高压真空负荷开关与熔断器组合电器的外形结构,这种系列负荷开关的主要特点是无明显电弧、不会发生火灾及爆炸事故,靠性好、使用寿命长、几乎不需要维护、体积小、重量轻,可用于各种成套配电装置,尤其多用在城网中的箱式变电站、环网等设施中。

②SF$_6$负荷开关。SF$_6$负荷开关适用于10 kV户外安装,可用于关合负荷电流及关合额定短路电流,作为分段开关或分支线的配电开关,常用于城网中的环网供电系统。

第三节　高压隔离开关

1. GN-12F型隔离开关

(1)概述

随着高压电器元器件升级换代,特别是永磁式真空断路器的出现,以及SF$_6$负荷开关的广泛使用,使得固定式高压柜有了突破性进展,紧凑型高压柜、环网柜应运而生,此型号隔离开关便是适应这样的需要而设计制造的。它具有三工位结构,全绝缘底板,配有同轴锁定机构和完善的机械连锁,外形紧凑小巧，特别适用于与永磁式真空断路器配合使用，使得断路器与母线间能有明显断开点。

（2）结构特点

① 采用母线穿墙式整块绝缘底板（APG工艺），外绝缘爬电比距可达24mm/kV，绝缘性能良好。

② 单断点、三工位结构确保隔离开关合闸时不能接地，接地时不能合闸。

③ 配有同轴手动操作机构和位置定位装置。

④ 与断路器有机械连锁，确保隔离开关不会带负荷分合闸，并能根据用户要求配置与柜门机械连锁。

⑤ 安装方式灵活，有正装、侧装，上进线、下进线，左操作、右操作。

⑥ 可配置带电显示功能。

2. 隔离开关的用途、要求

隔离开关是高压开关电器的一种。因为它没有专门的灭弧结构，所以不能用来开、合负荷电流和短路电流。它需与断路器配合使用，只有由断路器开断电流之后，才能对隔离开关进行操作。

在电力系统中，隔离开关的主要用途是：将停电的电气设备与带电的电网隔离，保证有明显的断开点，确保检修的安全；在双母线制的接线电路中，隔离开关可将电气设备或电路从一组母线切换到另一组母线上去（称为倒闸操作）；接通或开断小电流电路，如接通或开断电压 10 kV、距离 5 km 的空载送电线路，接通或开断电压为 35 kV、容量为 1000 kV·A 及以下，电压为 110 kV、容量为 3200 kV·A 及以下的空载变压器等。

根据隔离开关所担负的任务，应满足下列要求：隔离开关应具有明显的断开点，易于鉴别电气是否与电网断开；隔离开关断开点之间应有足够的距离、可靠的绝缘，以保证在恶劣的气候环境下也能可靠地起隔离作用，并保证在过电压及相间闪络的情况下，不致引起击穿而危及工作人员的安全；具有足够的短路稳定性，运行中的隔离开关会受到短路电流的热效应和电动力效应的作用，所以要求它具有足够的热稳定性和动稳定性，尤其不能因电动力作用而自动断开，否则将引起严重事故；隔离开关的结构应尽可能简单，动作要可靠；带有接地刀闸的隔离开关必须相互有连锁，以保证先断开隔离开关、后闭合接地刀闸，先断开接地刀闸、后闭合隔离开关的操作顺序。

3. 隔离开关类型

隔离开关可分为户内和户外两大类。

（1）户内隔离开关。户内隔离开关有单极式和三极式两种。一般为刀闸式隔离开关，通常可动触头（刀闸）与支柱绝缘子的轴垂直装设，而且大多采用导体刀片触头，图 4-1 为户内 GN$_8$-10 型隔离开关外形结构。由图可知，隔离开关的三相共装在同一个底座上，分、合闸操作由操动机构通过连动杆操动转轴完成。动触头（一极）为两根平行矩形条制成的刀闸，利用弹簧压力，夹在静触头两边，使动、静触头形成良好的线接触。动触头刀闸靠操作绝缘子转动，操作绝缘子与刀闸及主轴臂连接，可以对隔离开关进行分、合操作。

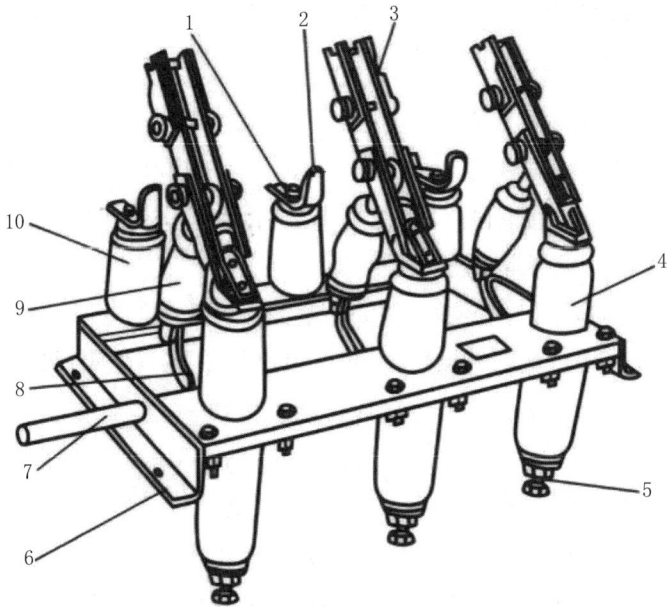

1—上接线端子；2—静触头；3—闸刀；4—套管绝缘子；5—下接线端子；
6—框架；7—转轴；8—拐臂；9—升降绝缘子；10—支持绝缘子

图 4-1 GN$_8$-10 型隔离开关外形结构

（2）户外隔离开关。户外隔离开关的工作条件比户内隔离开关的差，受气象变化的影响也大。常见的影响有冰、风、雨、严寒和酷热等，因此对其绝缘强度和机械强度相应要求比较高。

户外隔离开关有多种形式。图 4-2 为双柱式隔离开关单相外形图，每相对有两个支持绝缘子，分别装在底座两端的轴承上，并以交叉连杆连接，可以水平转动。两端刀闸各固定在 1 个支持绝缘子的顶端，外装防护罩，以防雨、冰、雪和灰尘。进行操作时，操动机构的交叉连杆带动两个支持绝缘子向相反方向（一个顺时针，另一个逆时针）转动90°，于是刀闸相应断开或闭合。图中的隔离开关处于合闸位置，在主刀闸分开后，利用接地刀闸将出线侧接地，以保证检修工作的安全。

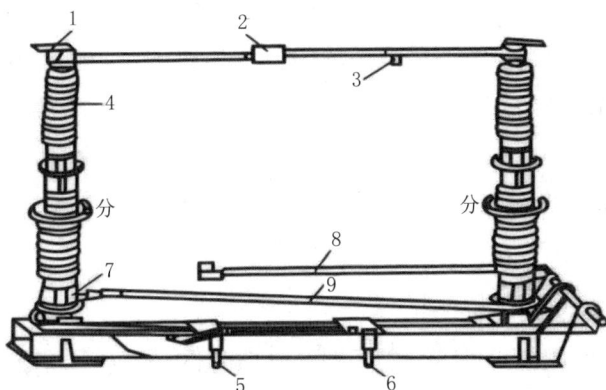

1—接线座；2—主触头；3—接地刀闸触头；4—支持绝缘子；5—主闸刀传动轴；
6—接地刀闸传动轴；7—轴承座；8—接地刀闸；9—交叉连杆

图 4-2 GW₄-110 型双柱式隔离开关结构

该系列隔离开关的主刀闸和接地刀闸分别配各类电动型或手动型操动机构进行三相联动操作，主刀闸和接地刀闸间装有机械连锁装置。

4. 高压隔离开关的基本结构

高压隔离开关的基本结构包括导电部分、绝缘部分、传动机构、操动机构和支持底座五大部分。

（1）导电部分包括触头、刀闸、接线座，主要起传导电路中的电流、关合和开断电路的作用。可加强触头的接触压力，从而提高隔离开关的动、热稳定性。

（2）绝缘部分包括支柱绝缘子和操作绝缘子，实现带电部分和接地部分的绝缘。

（3）传动部分由拐臂、联杆、轴齿或操作绝缘子组成，接收操动机构的力矩，将运动传动给触头，以完成隔离开关的分、合闸动作。

（4）操动机构通过手动、电动、气动、液压向隔离开关的动作提供能源。

（5）支持底座使导电部分、绝缘子、传动机构、操动机构等固定为一体，并使其固定在基础上。

而对于 35kV 及以上的系统，广泛采用户外式结构。户外高压隔离开关需承受风、雨、雪、污秽、凝露、冰及浓霜等影响，故要求具有较高的绝缘强度和机械强度。

GW10-252 型高压隔离开关为单柱垂直户外伸缩式结构。其中 GW10-252 型高压隔离开关在合闸位置时，其动触头系统是单臂折叠式，传动部件密封在主刀闸导电管内部，不受外界环境的影响。主刀闸导电管内的平衡弹簧用来平衡主刀闸的重力矩，使分合闸动作十分轻便、平稳，动触头采用钳夹式结构夹紧静触头导向杆，夹紧力由导电管内的夹紧弹簧来保证。采用顶压脱扣装置来保障隔离开关的可靠合闸，在风力、地震力、电动力等外力的作用下，隔离开关将始终保持在良好的工作状态。

5. 隔离开关操动机构

隔离开关的操动机构可分为手动和电动两类。采用手动操动机构时，必须在隔离开关安装地点就地操作。手动操动机构结构简单、价格低廉、维护工作量少，合闸操作后能及时检查触头的接触情况。手动操动机构有杠杆式和蜗轮式两种，前者一般适用于额定电流小于 3000A 的隔离开关，后者一般适用于额定电流大于 3000A 的隔离开关。电动操动机构操作隔离开关时，可以使操作方便、省力、安全，且便于在隔离开关和断路器间实现闭锁，以防止误操作。电动操动机构结构复杂、维护工作量大，但可以实现远程操作，主要用于户内式重型隔离开关及户外式 110kV 及以上的隔离开关。

第四节　隔离开关的运行维护

一、隔离开关的运行操作

1. 在手动合上隔离开关时，应迅速果断，但在合闸行程终了时，不能用力过猛，以防损坏支持绝缘子或合闸过头。

2. 使用隔离开关切断小容量变压器的空载电流，切断一定长度的架空线路、电缆线路的充电电流、解环操作等，均会产生一定长度的电弧，此时应迅速拉开隔离开关，以便尽快灭弧。

3.操作隔离开关前，应注意检查断路器的分、合位置，严防带负荷操作隔离开关。合闸操作后，应检查接触是否紧密；拉闸操作后，应检查每相是否均已在断开位置；操作完毕后，应将隔离开关的操作把手锁住。

4.操作中若发生带负荷误合隔离开关，即使合错，甚至在合闸时发生电弧，也不准将隔离开关再拉开。因为带负荷拉隔离开关，将造成三相弧光短路事故。若发生错拉隔离开关时，在刀片刚离开固定触头时，应立即合上，可以熄灭电弧，避免事故。如隔离开关刀片已离开固定触头，则不得将误拉的隔离开关再合上。

二、隔离开关的巡视检查

1.监视隔离开关的电流不得超过额定值，温度不得超过允许温度（70℃），接头及触头应接触良好，无过热现象。否则，应设法减小负载或停用。若电网负载暂时不允许停电时，则应采取降温措施并加强监视。

2.检查隔离开关的绝缘子（瓷质部分）应完整无裂纹、无放电痕迹和异常声音。

3.隔离开关本体与操作连杆及机械部分应无损伤，各机件紧固、位置正确，电动操作箱内应无渗漏雨水，密封应良好。

4.检查隔离开关运行中应保持十"不"：不偏斜、不振动、不过热、不锈蚀、不打火、不污脏、不疲劳、不断裂、不烧伤、不变形。

5.检查隔离开关在分闸时的位置，应有足够的安全距离，定位锁应到位。

6.检查隔离开关的防误闭锁装置应良好，应保证电气闭锁和机构闭锁均在良好状态，辅助触头位置应正确，接触应良好，隔离开关的辅助切换触头应安装牢固，动作正确（包括母线隔离开关的电压辅助开关），接触良好。装于室外时，应有防雨罩壳，并密封良好。

7.检查带有接地开关的隔离开关，应接地良好，刀片和刀嘴应接触良好，闭锁应正确。

8.合上接地开关之前，必须确认有关各侧电源均已断开，并进行验明无电后才能进行。

9.装有闭锁装置的隔离开关，不得擅自解锁进行操作（包括电动隔离开关、直接掀动接触器、铁芯等操作），当闭锁确实失灵时，应重新核对操作命令及现场命令，检查有关断路器位置等确保不会带负载拉合隔离开关时方可操作，不准采取其他手段强行操作。

10.在运行或定期试验中，发现防误装置有缺陷，应视同设备缺陷及时上报，并催促处理。

三、隔离开关的常见故障及维护处理

1.接触部分发热

（1）压紧弹簧或螺钉松动，应检查并调整弹簧压力，必要时更换压紧弹簧。

（2）接触面氧化使接触电阻增大，应使用"0-0"号砂纸清除触头表面氧化层，研磨接触面以增大接触面积，并在触头上涂中性凡士林。

（3）触刀与静触头接触面积太小或过负荷运行，应更换容量较大的隔离开关或在停电处理之前应降负荷使用。

（4）操作时应用力适当，操作后仔细检查触头接触情况，以防触头发热。

2.绝缘子松动和表面闪络

（1）表面脏污，用带电水冲洗绝缘子，结合停电进行清扫或在绝缘子表面涂上防污闪涂料。

（2）胶合剂膨胀、收缩或因外力作用而发生松动，应更换松动的绝缘子或重新胶合。

3.刀片发生弯曲

由于触刀之间电动力的方向交替变化或调整部位发生松动，触刀偏离原来位置而强行合闸使触刀变形，应检查接触面中心线是否在同一直线上，调整触刀或瓷柱的位置，并紧固松动的部件。

4.拒绝分闸

引起拒绝分闸的原因有：覆冰、传动机构卡涩或接触部分卡住等，应扳动操动机构手柄，找出故障的部位进行处理，但不应强行拉开，以免损坏部件。

5.拒绝合闸

（1）轴销脱落、铸铁件断裂等机械故障或电气回路故障，可能发生刀杆与操动机构脱节。应固定好轴销，更换损坏部件，消除电气回路故障。如当时不能处理，可用绝缘棒进行操作，或在保证人身安全的情况下用扳手转动每相隔离开关的转轴。

（2）传动机构松动，使两接触面不在一直线上，应调整松动部件，并使两接触面在一条直线上。

6. 自动掉落合闸

原因是机械闭锁装置失灵，应更换闭锁装置中不合格的零件，检修后的部件应按规定装配。

第五节　真空断路器的运行维护与检修

一、真空断路器的运行维护

真空断路器是利用真空作为灭弧介质和绝缘介质的，其触头装在真空灭弧室内。其真空度在 $1.33 \times 10^{-5} \sim 1.33 \times 10^{-2}$ Pa，由于真空中不存在气体游离的问题，所以触头开断时很难发生电弧。这种真空不能是绝对的真空，实际上能在触头断开时因高电场发射和热发射产生一点电弧，称之为真空电弧，它能在电流第一次过零时熄灭。这样，既能使燃弧时间很短（至多半个周波），又不致产生很高的过电压。

真空断路器主要由真空灭弧室、支持框架和操动机构三部分组成。所有灭弧元件都密封在一个绝缘的玻璃外壳内，导电杆和动触头的密封是利用不锈钢波纹管实现的。波纹管在其允许的弹性变形范围内伸缩时，可以有足够的机械强度。触头用合金材料制成，如铜－铋（Cu–Bi）合金、铜－铋－铈（Cu–Bi–Ce）合金等。为了防止触头间隙燃弧产生的金属蒸汽扩散凝结到玻璃壳内壁上而破坏其绝缘性能，在动触头外面四周装有无氧铜板制成的屏蔽罩。屏蔽罩是灭弧过程中起重要作用的结构部件，它可以冷凝、吸收弧隙的金属蒸气。目前，真空断路器多采用弹簧操纵机构。

断路器分闸时，最初在动、静触头间产生电弧，使触头表面产生金属蒸气。随着触头的分开和电弧电流的减小，触头间金属蒸气的密度也逐渐减小。当电弧电流过零时，电弧暂时熄灭，触头周围的金属离子迅速扩散，凝聚在四周的屏蔽罩上，触头周围的绝缘介质迅速得到恢复，从而使真空电弧在电流第一次过零时熄灭。真空灭弧室为不可拆卸的整体，不能更换其上的任何零件，当真空度降低或不能使用时，只能更换真空灭弧室。

真空断路器具有体积小、重量轻、动作快、寿命长、操作噪声小、安全可靠、便于维护等优点，但价格较贵，主要适用于频繁操作和安全要求较高的 3 ~ 35kV 现代化配电网中。

1.正常运行的断路器应定期维护，并清扫绝缘件表面灰尘，给摩擦转动部位加滑润油。

2.定期或在累计操作2000次以上时，认真检查各机构运动部件是否正常，检查各部位螺钉有无松动，旋紧紧固件。对各摩擦接合面应涂润滑脂，必要时应进行检修。

3.检查真空灭弧室动导电杆在合、分过程中有无阻滞现象，断路器在储能状态时限位是否可靠，在合闸状态时储能弹簧是否处于最短位置，在分闸状态时连板位置是否正常。

4.检查辅助开关、中间继电器及微动开关的触头接触是否正常，其烧灼部分应整修或调换，辅助开关的触头超行程应保持合格范围。

二、真空断路器触头磨损的监测

真空断路器的触头既是正常的通流元件，又是开断短路电流的联合元件，所以无论是正常开断还是故障开断都会使触头表面熔损而变薄。操作越频繁，开断电流越大，触头表面的磨损会越厉害。

由于真空断路器的触头都是平板对称式电极，合闸时，电极平面接触后，触头没有再向前继续前进的行程，而由操作杆再继续前进一段距离，压缩弹簧使触头间接触压力增加，以保证触头间压力和接触电阻正常。若触头表面烧损则压缩行程增大，接触压力降低和接触电阻增加，超过规定的烧损量，则正常通流时触头就会发热，在开断短路电流时就会熔触甚至爆炸。所以制造厂家都规定触头允许烧损厚度的数值，一般为 2 ~ 3mm，以便运行单位进行监视、调整和更换。

为了准确掌握触头的累计电磨损值，断路器在第一次安装调试中就必须测量出动导电杆露出某一基准线的长度，并做好记录，以此作为历史参考。在以后每次检修中测量行程时，都必须复测该长度，其值与第一次原始值之差就是触头的电磨损值，当其超过标准时就要更换。

三、真空灭弧室真空度的检查

真空度是表征真空断路器性能的最重要的参数，如果真空断路器的真空度不能满足正常工作要求的数值，这台真空断路器就不能承担正常的工作。根据试验，要满足真空灭弧室的绝缘强度，真空度不能低于 6.6×10^{-2}Pa，工厂制造的新灭弧室要求达到 7.5×10^{-4}Pa 以下，以此作为真空灭弧室可靠工作的保证。这也是对真空灭弧室的真空度进行检测的依据。但是，由于真空灭弧室使用材料和制造质量方面的原因，真空灭弧室的真空度会降低。真空灭弧室的真空度降低到一定数值，将会影响其开断能力和绝缘水平。因此，必须定期检查真空灭弧室内的真空度。目前采用如下检测方法：

1. 加强巡视检查

正常巡视检查时应注意屏蔽罩的颜色有无异常变化，特别要注意断路器分闸时的弧光颜色。正常情况下弧光呈微蓝色；若真空度降低，变为橙红色；当真空度严重降低时，内部颜色就会变得灰暗，在开断电流时将发出暗红色弧光。这种情况下，应及时申请停用检查，更换真空灭弧室。

加强巡视检查方法也只适用于玻璃管真空灭弧室，而且只能做定性检查。

2. 火花检漏计法

这种方法采用火花探漏仪检测。检测时将火花探漏仪沿灭弧室表面移动，在其高频电场作用下内部有不同的发光情况。根据发光的颜色来鉴定真空灭弧室的真空度，若管内有淡青色辉光，说明其真空度在 1.33×10^{-3}Pa 以上；若呈蓝红色，说明该管已经失效；若管内已处于大气状态，则不会发光。

火花检漏计法比较简单，但只适用于玻璃管真空灭弧室。

3. 交流耐压法

交流耐压法是运行中常用的检测方法。规程规定，要定期对断路器主回路对地、相间及断口进行交流耐压试验。要按以下方法试验，触头开距为额定开距，在触头间施加额定试验电压；如果真空灭弧室内发生持续火花放电，则表明真空度已严重降低，否则表明真空度符合要求。

实践表明，采用交流耐压法检测严重劣化的真空灭弧室的真空度是一种简便、有效的方法。

试验方法为用接触调压器以 20kV/min 的升压速度一直升到真空断路器的

工频耐受电压值。如果电压上升过程中，放电使电流表指针摆动，则将电压降至零，再升电压，反复 2 ~ 3 次。如果真空灭弧室能耐受工频电压 10% 以上，可认为真空度符合要求；如果随着电压升高，电流也增大，且超过 5A，则认为不合格。

4. 真空度测试仪

利用专用的真空度测试仪定量测量真空度，比上述间接检测方法准确得多。目前比较精确的方法是磁控法。根据磁控法原理研制的国产真空度测试仪有 VCTT-IIA 型和 ZKZ-m 型等。

5. 更换真空灭弧室

在检修时，如更换 ZN12-10 型真空断路器的真空灭弧室，其具体步骤如下：

重装时，先将新灭弧室导电杆用刷子刷出金属光泽，进行清洗处理，并涂上中性凡士林，然后双手握住灭弧室往下装入固定板大孔中，并将导电杆插入导向套中。最后，按拆卸相反次序依次固定各部螺栓。注意三相上出线座的垂直位置和水平位置相差不应超过 1mm，应特别注意紧固好导电夹的螺钉。

更换灭弧室时，灭弧室在紧固件紧固后不应受弯矩，也不应受到明显的拉应力和横向应力，且灭弧室的弯曲变形不得大于 0.5mm。上支架安装后，上支架不可压住灭弧室导向套，其间要留有 0.5 ~ 1.5mm 的间隙。

四、测量真空断路器的分、合闸速度

真空断路器在制造厂出厂调试中已使分、合闸速度合格，在安装或检修中一般不用进行测试。但当更换真空灭弧管或重新调整行程等检修后，就必须测试分、合闸速度。真空断路器的分、合闸速度，一般都是指触头在闭合前或分离后一段行程内的平均速度（各种型号断路器规定的测取行程不相同，如 ZN12-10 型为 6mm）。

由于真空断路器触头行程很小（一般为 10 ~ 12mm），因而通常只能采取附加触头或采用滑线电阻两种测量方法。附加的静触头固定在下接线基座上，动触头固定在动触杆装配上。测量合闸速度时，分闸位置将附加动、静触头开距调为 6mm（ZN12-10 型）；测量分闸速度时，合闸位置将附加触头压缩行程调为 6mm。

第五章　配电科技及职工创新实用技术

城市化建设进程的不断加快，对于各种资源的需求也在不断地扩大，尤其是对电力资源的需求是十分巨大的，越来越大的用电量对于变配电站所能供应和输送的电能安全性和可靠性的要求越来越高。因此，我们必须加强对配电技术的重视程度，加强改革和创新，不断地优化我国变配电的技术，全面地考虑到各个方面的因素，采用先进的创新应用技术。本章主要对配电科技及职工创新实用技术进行分析，以期促进我国经济水平的飞速提升，提高人民的生活水平和生活质量。

第一节　声光报警绝缘操作杆

绝缘操作杆是用于短时间对带电设备进行操作的绝缘工具，如接通或断开高压隔离开关、跌落熔丝具等。

绝缘操作杆采用优质玻璃纤维布、环氧树脂和 306 树脂苯酐、玻璃钢纤维布，以及固化剂等几大绝缘材料制成。经过第一次高温，然后在模具上初次定型，取下模具，经过第二次高温打磨，一次粗打磨，两次细打磨，然后再上漆，制作成其他玻璃钢制品，外表美观、结构轻巧、操作方便，具备优良的机械电气性能，适合各种高压条件下使用，绝缘性能良好，使用安全。

绝缘操作杆主要用于分合高低压开关、拉合电闸及用于带电作业线夹。

绝缘操作杆（令克林）采用绝缘性能及机械强度俱佳、重量轻、经防潮处理的优质环氧玻璃钢管精制而成。防雨式操作杆针对户外雨天设计，防雨裙采用硅橡胶防雨，增加雨天的绝缘强度。单节防雨型操作棒、多节防雨型操作棒、单节防雨型拉闸杆、多节式防雨型拉闸杆绝缘操作杆（令克林）结构新颖、先进、合理。操作杆握手部分采用硅橡胶护套及硅橡胶伞裙黏接，绝缘性能极佳，安全可靠。操作杆端部金属接头采用内嵌式结构，更牢固、安全、可靠。绝缘操作杆扩展连接方便，选择性强，连接形式多样，可以灵活组合。

绝缘操作杆按电压等级分：10kV、35kV、110kV、220kV、500kV。

绝缘操作杆按规格分：3 节 3 米、3 节 4 米、3 节 5 米、3 节 6 米、4 节 4 米、4 节 5 米、5 节 5 米等，其他规格可根据客户要求定制。

1. 技术背景

在电气设备上工作时，应有停电、验电、接地、悬挂标示牌和装设遮拦（围栏）等保证安全的技术措施。配电网操作班组操作人员在操作完设备后，需对转检修的线路进行验电，挂接地线。目前，配电网上的操作和验电是分开进行的，配电网操作人员根据调度指令对设备进行操作，使用的是绝缘操作杆。根据调度指令和工作要求装设状态接地，此时需登杆进行验电，再装设状态接地，在杆上验电时使用的是 10kV 验电器。

上述操作流程包括操作、登杆、验电、挂接地线等步骤，不仅增加了操作人员的操作风险，而且延长了操作时间，增加了停电时间，影响了供电可靠性。此外，在天黑时或光线不好的地方，操作、验电有些困难。

2. 技术创新

对现有绝缘操作杆顶端进行改造，主要是将 10 kV 验电器的声光报警验电功能模块改装镶嵌在操作杆顶端内部。同时，在顶端增加一个 LED 灯照明功能，形成既可进行普通操作，又可进行验电，还可在夜间操作时提供照明的多功能绝缘操作杆。

3. 实施效果

应用本实用新型绝缘操作杆可以方便、快捷地对设备进行先验电再操作，防止带电误操作，减少操作人员登杆操作的工作量和操作风险，间接确保了操作任务的及时完成，减少了因操作而引起的停电损失，提高了供电可靠性。

4. 技术特点

（1）适用于所有的 10kV 架空线路。

（2）线路检修需接地时，合上或拉开三相令克；需装设接电线时，免登杆验电。

（3）现场操作时人员无须登杆，在地面使用带验电功能的绝缘操作杆进行验电和操作。

（4）省去了传统人工登杆在杆塔上验电安装临时接地线的烦琐步骤。

第二节　带电作业创新

随着整个社会经济的飞速发展，社会用电需求迅猛增长。为了满足日益增长的用电量需求，各大电网公司都在加大投资新建、扩建 10 kV 配网线路，以缓解供电压力。然而，无论是线路检修、设备增容，还是新建线路，势必要在一定范围内停电，从而影响居民和企业的正常用电。减少停电，提高配电网运行的可靠性、经济性，已经成为一个迫在眉睫的问题。解决这个问题的首选措施就是带电作业，它不仅是提高供电可靠性的必不可少的主要措施之一，也是供电企业提高核心竞争力的具体表现。

一、配电网带电作业

带电作业是在高压电工设备上不停电进行检修、测试的一种作业方法，是避免检修停电，保证正常供电的有效措施。带电作业的工作内容可分为带电测试、带电检查和带电维修等几个方面。其对象包括发电厂和变电所、电工设备、架空输电线路、配电线路和配电设备。

带电作业应满足三个技术条件：

流经人体的电流不超过人体感知水平 1 mA；人体体表场强至少不超过人体感知水平 2.4 kV/cm；保证可能导致对人身放电的那段空气距离足够大。

1. 带电作业方式及其工作原理

（1）根据人体与带电体之间的关系，带电作业可分为三类：等电位作业、地电位作业和中间电位作业。

① 等电位作业时，人体直接接触高压带电部分。处在高压电场中的人体，会有危险电流流过，危及人身安全。因此，所有进入高电场的工作人员，都应穿全套合格的屏蔽服，包括衣裤、鞋袜、帽子和手套等。全套屏蔽服的各部件之间须保证电气连接良好，衣裤最远两端之间的电阻值不能大于 20Ω，使人体外表形成等电位体。然而，这种作业人员身穿屏蔽服，直接接触带电

体的等电位作业方式在配电网的带电作业中不宜采用。等电位作业时人体与带电体处于同一电位，作业时往往要占据设备净空间，使得带电部位变大、电场畸变、设备放电电压降低。因此，35 kV 及以下线路和设备，不宜采用等电位作业。在配电网带电作业中，作业人员穿戴全套绝缘防护用具直接对带电体进行作业，绝缘工具仍然起着限制流经人体电流的作用，因此该作业方法在名称上不应再称为等电位作业法。因为当戴绝缘手套作业时，人体与带电体并不是等电位的。

②地电位作业时，人体处于接地的杆塔或构架上，通过绝缘工具带电作业，因而又称绝缘工具法。在不同电压等级电气设备上带电作业时，必须保持空气间隙的最小距离及绝缘工具的最小长度。在确定安全距离及绝缘长度时，应考虑系统操作过电压及远方落雷时的雷电过电压。

③中间电位作业通过绝缘棒等工具进入高压电场中某一区域，但并未直接接触高压带电体，是前两种作业的中间状况。因此，前两种作业时的基本安全要求，在中间电位作业时均须考虑。

（2）按照作业人员与带电体的位置可分为直接作业和间接作业两种方式。

①间接作业指作业人员不直接接触带电体，保持一定的安全距离，利用绝缘工具操作高压带电部件的作业。从操作方式来看，地电位作业、中间电位作业、带电水冲洗和带电气吹清扫绝缘子等都属于间接作业。间接作业也称距离作业。

②直接作业指在送电线路带电作业中，作业人员穿戴全套屏蔽防护用具，借助绝缘工具进入带电体，人体与带电设备处于同一电位的作业，直接作业对防护用具的要求是越导电越好。而在配电线路的带电作业中，作业人员穿戴全套绝缘防护用具直接对带电体进行作业，虽然与带电体之间无间隙距离，但人体与带电体通过绝缘用具隔离开来，人体与带电体不是同一电位，对防护用具的要求是越绝缘越好。

2. 带电作业方式的优点

与停电作业相比较，带电作业有以下几个优点：

（1）带电作业能够及时地消除设备缺陷，从而减少或避免设备"带病运行"的时间，降低事故发生的概率。

（2）大力推广带电作业，可以有效减少每年线路及设备停电的总次数，从而大幅度减少停电作业中的误登杆触电伤亡事故、设备倒闸操作中的误操作、误挂（拆）地线等事故。

（3）带电作业不受时间约束，减少了人力、物力在往返集结过程中的无效工时及费用。带电作业发展到现在，由于工具、器具精良，操作工艺先进，技术成熟，有 50% 以上的项目其检修效率已超过停电检修的水平，有力地保障了城区供电，减少了市民停电之忧。

二、配电网带电作业中间绝缘站位技术

1. 现状及存在的问题

目前，在 10kV 配电网建设、检修、抢修工作中已能综合运用绝缘手套作业法，绝缘杆作业法等多种方法开展配电网带电作业。部分地区已实现作业人员不与带电体直接接触，利用绝缘杆代替双手的作业方式。利用绝缘斗臂车与绝缘手套等操作工具灵活、耐用的特点，结合全绝缘带电作业技术进行配电网带电作业，在保证作业人员人身安全的同时，提高了配电网作业效率。

但现有配网绝缘杆带电作业方法采用绝缘脚扣、绝缘脚手架等方式作为作业人员的绝缘站位，受地形、作业方法影响，存在一定风险；相对安全的绝缘斗臂车受地形影响，不能到达山区、田野，绝缘平台搬运和安装笨重费力。

2. 中间绝缘站位技术

配网带电作业用绝缘登高踏板解决了绝缘斗臂车、绝缘升降平台受地形限制及绝缘脚手架安装烦琐、费力等问题，能快速组装一套配电网带电作业用的外斗型绝缘踏板，保障配电网带电作业人员站位绝缘和安全。

（1）绝缘踏板

绝缘踏板是一种固定在杆塔上的利用绝缘材料制成的绝缘装置，由条形绝缘材料制成。宽度为 30 cm（超过脚长），两侧有矩形方孔，用于固定承力绝缘绳，靠近电杆一侧装有八字形防滑固定胶垫，卡在电杆上防止摆动。踏板靠近电杆一侧还有一排小孔，用于安装绝缘隔板。踏板远离电杆的三侧设有插孔，用于安装插板绝缘围栏，与绝缘承力绳和绝缘隔板共同形成一个斗形封闭绝缘站位（整体外形类似绝缘斗），确保站在绝缘踏板上的作业人员安全。

（2）绝缘隔板

绝缘隔板是一种选用绝缘性能良好的绝缘材料制成的绝缘平板，主要作用有安全隔离带电部分、围挡安全作业范围及隔离高压危险地带等。绝缘隔板的形状、大小变化多样，因其优良的绝缘性能，可在 10 kV 及以下的带电作业中起到临时遮拦的作用。绝缘隔板下端插入踏板靠近电杆侧的小孔中，绝缘隔板靠电杆外侧设有八字形防滑固定胶垫，用于将绝缘隔板固定在电杆上并防止滑动。

（3）搭配组合

绝缘踏板、隔板、绝缘围栏共同形成一个绝缘斗，通过承力绝缘绳挂在特制固定装置上，根据需要进行升降和旋转调整，确保作业人员绝缘安全。在带电作业中，作业人员脚踩绝缘踏板操控绝缘杆。

三、宽头双螺栓旋紧带电搭火线夹

1. 研发背景

现有配电网绝缘杆带电作业方法采用的导线连接线夹多为单螺栓结构，其拧紧后导线接触面小、螺栓紧固力量不足，长时间使用后会造成松动、发热。比如，目前较多采用的带电装卸线夹（俗称猴头线夹）即为单螺栓结构，会因接触不良导致导线烧断。部分基层单位自主创新的新型带电搭火线夹，虽有改进，但在实际应用中安装工艺复杂。

2. 双螺栓旋紧带电接火线夹

为解决现有带电搭火线夹接触面小、安装工艺复杂的问题，我们研制出一种配电网绝缘杆带电作业用宽头双螺栓旋紧火线夹及配套操作绝缘杆，提高了配电网带电作业效率。

配电网绝缘杆带电作业用宽头双螺栓旋紧火线夹增加了绝缘杆带电作业时导线连接的接触面，增加了紧固结构的牢固性，提高了绝缘杆带电作业导线连接操作的便利性。

（1）对接触面的改进

宽头设计增加了与导线的接触面，膛纹设计增加了摩擦力，防止松脱滑动。卡紧头的顶端面为弧形凹面，以增加与火线的接触面积，提高夹持的可靠性。在弧形凹面内设有横断面膛纹，在拧紧旋紧螺栓使卡紧头和 J 型卡钩夹持固定火线后，横断面膛纹与火线表面挤压接触，可以有效防止搭火线与线夹的相对滑动，提高接火线夹的稳固性。

（2）对紧固结构的改进

双螺栓旋紧结构增强了固定能力，防止安装好的线夹松脱。通过在旋紧螺栓的外面设置弹性垫片和锁紧螺母，在拧紧旋紧螺栓使卡紧头和 J 型卡钩夹持固定火线后，通过锁紧螺母及弹性垫片将旋紧螺栓锁紧固定，以阻止旋紧螺栓的轴向移动。将带电接火线夹由原来的一个旋紧点改成双螺栓锁紧式结构，搭接导线时一个点加力紧固，另一个点锁紧防松脱，各自形成一个锁紧点，有效防止松动或线夹接触不良而导致的安全隐患。

（3）对引流线槽的改进

线夹引流线槽设计为十字形，适应多种搭火线引流方向，同时引流线槽设计十字结构，其孔径可适应各种导线截面，且凹槽表面均设有横断面膛纹，可以防止搭引流线与引流线槽的相对滑动，进一步提高引流线的稳固性。

引流线槽主要用于搭设引流线。引流线槽由第一线槽和第二线槽交叉构成，第一线槽和第二线槽贯通 J 型卡钩的背面。引流线槽为十字结构，以适应多种搭火线引流方向。引流线槽垂直方向的线槽直径与水平方向的线槽直径不同，引流线槽垂直方向的线槽直径为 35 ~ 50mm，水平方向的线槽直径为 70 ~ 120mm，以适应不同规格的引流线。

四、配电网地电位带电搭火 T 接线夹

（一）研发背景与功能目标

目前，用电客户的新建线路与设备或新增专用变压器要想接入电力网并投运使用，通常使用铜或者铝并沟线夹来 T 接，这种并沟线夹广泛应用于35kV 及 10kV 配电线路搭接、T 接。使用传统的并沟线夹接火须将被搭接线路停电，并需要采取相应安全措施，由工作人员登上电杆进行搭接；或采取目前比较成熟可靠的绝缘斗臂车，即中间电位带电搭火方式搭接。中间电位带电搭火需要使用绝缘车等专业带电作业设备，受制于交通和气候条件，使很多可以实施带电作业的工作都无法开展。鉴于目前搭火方式的诸多弊端，我们设计了一种更方便、更安全、更可靠的带电搭火线夹，并获得了 1 项发明专利、4 项实用新型专利。带电搭火和当线路出现引流线烧断故障时需停

电抢修，用户退出运行时需要销户，需要停电解开引流线，拆除用电设备与线路，为解决这些问题，我们通过不断论证、设计、试验、改进、试用与定型，制作了本地电位带电搭火 T 接线夹与搭接工具（即绝缘杆），彻底解决了带电搭火、带电退出线路运行、带电处理引流线烧断等问题，实现了带电搭火和部分带电检修与运行退出的不停电作业。

（二）设计思路与可行性分析

1. 传统线夹的优劣

传统线夹采用 6063 铝合金材质，产品成熟，形成了 JBL-1、JBL-2、JBL-3 等规格，价格低廉，应用广泛。而 T 接搭火需要采取停电或者采取等电位带电搭火，因此，传统线夹不能应用于地电位带电搭火，尽管有一些工具可以实现 C 型线夹的带电搭接，但是其压紧力度无法满足规程要求，而且操作相当困难。

2. 新型线夹的设计思路

为了在地电位的条件下实现异电位带电搭火，我们设计了一种由线夹主体、活动铝夹块、杠杆加力装置、预接线的铝夹线，以及安装在绝缘杆上的线夹安装工具组成的带电搭火 T 接线夹。人在电杆上或者地面上以及简单构架平台上操作，如同操作跌落开关、挂接更换跌落纸管一样简单且安全，并能实现被接入线路的带电 T 接搭火。

3. 新型线夹的原理及结构

带电线夹扣为勾挂带电线路，张口不小于 2.5 cm，满足截面积不大于 120 mm^2 的导线（120 mm^2 的导线，直径约 1.2 cm）。预先接引流线，可以搭接截面积不小于 120 mm^2 的引流导线，安装工具套能实现万向平衡，通过扭动绝缘杆、专用操作工具的摇柄或者采用电动拧紧的操作杆，可以让滑动铝块顶紧带电导线，在顶紧到位后能使张紧机构产生 5000N 的张力，线夹本体可以承受 20000N 的极限受力强度，大于或等于传统并沟线夹的螺栓夹紧力，满足夹紧导线的要求。其基本原理为千斤顶原理。

配电网地电位带电搭火 T 接线夹，包括线夹和与线夹配套使用的附加部件。线法由定夹紧块、动夹紧块、背夹紧块、设置于定夹紧块下端的定位套，套接于辅助支撑套上端的导向套，设置在该导向套下端的导向转套，位于动夹紧块内且与导向套上端连接的推动夹紧块上升或下降的伸缩张紧机构，插接于导向转套下端的锁紧螺杆和基座及旋转套构成。锁紧螺杆的末端与螺孔套连接，螺孔套通过紧定螺钉与旋转套连接，旋转套与定位套通过定位隔套固定相对位置，动夹紧块、背夹紧块、定夹紧块上设置有相互匹配的夹线口。附加部件由绝缘杆套和卡口式灯泡套与螺孔套构成，形成脱扣和铰接与拧动的传动。绝缘杆套下端安装绝缘杆并进行铆接，而其顶端尖突在线夹安装在绝缘杆上时，线夹整体下沉尖突出可以锁定线夹，避免线夹转动影响搭接时带电线路入线夹张口槽内。一旦带电导线完全入槽口内，只要将绝缘杆向下运动，线夹上的旋转套耳入卡口内，向下轻带，就可以旋转拧紧线夹，实现顺利搭接。

（三）实用结论与应用前景分析

地电位带电搭火线夹操作安全，接触效果与过流能力均符合规程要求，与日常通用的并沟线夹采用相同材质，属于可以大量推广的新型电力器材。不论是架空裸导线还是绝缘线，只要同时使用地电位带电剥皮器，就可以满足大多数的带电搭火作业。

第三节　电缆管道封堵器

线缆管封堵器是一种新型的可适用于各类电缆管道的封堵产品。它是一种以高密度聚丙烯树脂为主要原材料，加入相匹配的助剂，经注塑成型的高新技术产品。其利用双向挤压扩充原理，封堵空管电缆管道口，柔性材料在两端压板的紧固件挤压，使柔性件外圈与管道内壁紧密接触，内圈与线缆外壁紧密接触，从而达到管道内外隔离密封。这是一种可重复利用的创新机械密封结构。

有效地防止水、淤泥、杂物、小动物等进入管道而损坏电缆。可以承受较大压力，有效隔离明火，稳固线缆，并且适用于多种材质的管道，防盗功能较好，并可更好地抵抗严苛的环境。单价成本略高，但寿命长，可多次重复使用，平均成本费用低。

1. 电缆管道封堵现状

现有的电力电缆管道多呈敞开式，已穿入电缆的管道多数未封堵。因雨水、污水等带杂物浸入引起电缆管道堵塞，小动物爬入啃咬电缆造成电缆损伤，这些情况均威胁电缆运行安全。

现有的封堵方式中，采用水泥、防火泥等封堵不便于拆除，二次堵塞可能造成管孔报废；采用空气密封装置可能会漏气、泄压，造成密封失效；已有的电缆封堵器只能封堵空管。

2. 新型电缆管道封堵器的结构及原理

（1）结构

封堵器由中央密封活塞、橡胶密封圈、上压板、下压板、螺栓、螺母组成，在橡胶密封圈上、下两端设置带孔的上、下压板，螺栓穿入上、下压板和同样带孔的橡胶密封圈，旋上螺母后，橡胶密封圈夹在上、下压板之间。

（2）设计原理

装到电缆管道口上以后，旋紧螺栓就会产生竖直箭头方向的力，这个力使橡胶密封圈压缩，并向水平方向、箭头方向膨出，从而使其与电缆管道、电缆（或中央密封活塞）、螺栓杆部位挤紧，产生可靠的密封效果。

新型封堵器（橡胶密封圈、中央密封活塞）使用的材料应具有良好的绝缘性和阻燃性、优异的防火效果。

3. 关键部件

（1）中央密封活塞

中央密封活塞由 3 个同心圆筒构成，最外层的圆筒构成外壁，中间两个圆筒构成内部结构，在各圆筒之间设置放射状的加强筋，外圈有 12 道矩形筋，内圈有 6 道梯形筋。在上、下两层结构之间设置水平隔板，将活塞分隔为上、下两部分，同时也保证了内部密封。活塞顶部边缘突出，外筒中部有一环状凹槽，使得活塞安装更容易，同时也减少了滑动，实现轴向定位。顶部突出边缘靠在上压板面上，防止其滑入电缆管道深部，使得活塞安装更容易。

中央密封活塞结构既减少了材料用量又考虑了力学结构，在承受巨大压力时能保持结构上的稳定。同时，采用强度高且易于成型的尼龙类塑料注射成型，配料时添加阻燃剂，保障了防火性能。

对空心电缆管道，使用中央封堵活塞进行封堵。使用敷设电缆时，取出中央封堵活塞即可。

（2）橡胶密封圈

橡胶密封圈外形似中空的鼓，其内、外壁中央处均向外凸起，拧紧螺栓时能引导密封圈由中部向内、外侧膨出，可以更快地达到挤压密封效果。沿密封圈纵向有一切口，可以张开成"C"形以嵌入电缆或装入中央密封活塞，同时橡胶密封圈在配料时也添加了阻燃剂，保障了防火性能。

第四节　应急保供电快速接入

随着我国城市建设步伐的加快和人民生活水平的不断提高，人们对电的依赖程度越来越强，对供电可靠性提出了更高的要求。近年来，为增强应对电力突发事件的能力和在某些情况下保障对用户高可靠性供电，各供电公司都在加大应急发电车的投入。

然而，由于发电车传统的连接方式费时，操作繁冗，需停电接入用户低压系统，在电网设备故障恢复时间待定情况下，往往难以决策是否启用发电车，从而常常造成工作延误。在执行大型、重要的保供电任务时，由于保供电场所同时需要进行灯光、音响等其他设备、设施的调试工作，停电接入时间常常被推至夜间进行，存在各种安全隐患。

目前，已有计划针对一些经常需要保供电的重要用户进行应急发电车快速接入箱的试点应用。如在重要用户处设置接入箱，在接入箱内配备与发电车相同的快速面板插座，就可以实现电缆快速接头与面板插座的直接连接。此应用不仅可以在重要用户处实施，而且对一些情况比较复杂的公用电房，例如，地下室或发电车无法到达的现场，都可以考虑实施。应用该方案使得保供电接入工作更加快速、安全、可靠，可实现应急保供电设施的带电接入，有效解决了保供电对象停电配合难的问题。

1. 应急快速接入装置的原理与特点

（1）装置的工作原理

应急快速接入装置是一种可将电源端与受电端快速连接的自动紧固装

置，分为电源端与受电端两部分。该装置结构紧凑，内设精密锁紧部件，当电源端插入受电端并顺时针旋转后，内部锁紧部件自动将两端锁紧，可保证接触良好，防止主导流过热。

（2）装置的特点

随着应急供电装置的不断发展，传统的连接方式已经不适用于复杂的接入工作环境。大量的非标准、多规格的设备连接方式，经常造成应急保供电工作难以实施。

配电应急快速接入装置具有以下特点：电压1000V，电流1000A，防护等级IP65，可连接电缆截面积240mm^2；触头插芯由铜锌合金制成，并且镀有大约6μm厚的银，外壳带有颜色标记，材料采用PA（聚酰胺），绝缘好；所有的插头和插座芯都装有卡栓锁紧装置，以防止意外断开连接，插拔次数1000～5000次，装拆均能实现快换，安全可靠、寿命较长。高可靠性的标准快速接入装置在应急供电设备中应用，具有以下显著优点：

① 采用多点接触核心技术，电阻稳定，解决了原有"铜鼻子"电阻温度升高等问题。

② 采用优质绝缘外壳，并配有保护盖和保护帽等附件，确保连接器在高湿度、延误、风沙等环境下的密封，较好地保护连接器长期稳定工作；其金属导电零件完全包裹在绝缘外壳内，可长期良好地保护金属导电零件，确保电连接的安全可靠。

③ 受电端易安装，空间小，方便改造。

④ 快速插拔形式，并且带有安全锁扣，通过简单插接快速完成电连接作业，解决传统"铜鼻子"螺栓连接速度慢的问题。

⑤ IP2X防触摸保护设计，确保施工操作人员手指无须触摸到带电金属物体，最大限度保证人身安全，有效防止短路等电气事故。

⑥ IP65/IP67防水设计，可以承受高压水枪喷淋，确保在户外恶劣环境下安全使用。

⑦ 有延长适配器，可以通过简单插接，迅速完成电缆对接延长，大大提高工作效率与安全可靠性。

2. **快速接入装置设计方案**

快速接入装置在我国部分省市供电企业的重要客户中已经开始应用。国网郑州市供电公司对部分应急发电车进行了电源端改造，对政府机关、公安机关、金融单位等重要客户单位的受电端也进行了装置改造，在多次重要保供电任务中，发挥了很大作用。国网上海市电力公司奉贤供电公司对目前应急供电系统中采用"铜鼻子"又需要经常拆装的相关设备进行汇总研究，对快速接入装置经过细致的数据筛选，初步确定了适用的参数和型号，进一步完善了产品方案，实现了系列化产品应用。同时，整理、编撰成为完善的技术方案，为方案的普及应用做好铺垫，在推进实施过程中取得了良好的社会效益和经济效益。

（1）应急供电快速接入装置设计方案

在具体工程实施中，大多数地区的供电企业采用标准快速接入装置来优化相关设备，使应急发电车或其他供电设备的线路架设更为简便和可靠。通过采用标准快速接入装置，整个现场更加整洁、美观，实现了快速连接，大大提高了应急供电的效率和安全性。

（2）客户端快速接入装置设计方案

客户端配电室改造方案尽量不影响现有设备的正常运行，使改造方法简单易行、改造成本更低、改造时间最短。应急配电箱的外壳为金属结构，内部由4根铜排和电缆插座组成。为最小限度地改动甚至不改动现场开关柜，可在客户端找到合适位置，通过电缆将应急配电箱与开关柜低压系统连接起来。考虑到配电室的实际剩余空间大小和安装位置的情况，应急配电箱可在室内（外）落地安装或壁挂安装。

①若低压进线柜有充足的改造空间，可加装面板应急接入单元。接低压进线开关下口（母排），供电时进线开关柜开关断开。或者接入馈线柜出线开关上口，供电时应将应急电源反送到母排，然后分配到相关回路。新建配电低压进线开关柜均应具备应急接入单元，满足应急电源快速接入要求，采用面板插拔式应急插座。

②若配电室有充足空间，可采取含应急接入单元的应急配电箱（落地式或壁挂式）与配电柜低压系统连接，应急接入单元负荷侧接母排，应急供电时，进线柜开关、不需要应急电源的回路开关均断开。对于设在地下或狭窄街道的配电室，应在室外方便接入的地点安装应急配电箱，减少电缆拖曳的工作量。

③ 对于箱式变压器（简称箱变），应采取引出式的改造措施。在适当位置安装应急配电箱，从低压总进线开关下侧引出电缆至应急配电箱。应急供电时，低压总进线开关断开。新建箱变低压进线开关柜应具备应急接入单元，采用面板式插座。美式箱变低压进线柜至少应配备 1 路插座，插座与箱变低压柜母排间使用铜排连接，铜排容量满足应急接入电源容量。对于欧式箱变，可以配备 2 路及以上插座。

④ 应急插座数量应满足应急容量接入条件。主变压器（简称主变）容量为 1000 ~ 1250kV·A 时，应提供 4 路应急插座；主变容量为 600 ~ 1000kV·A 时，应提供 3 路应急插座；主变容量为 400 ~ 600kV·A 时，应提供 2 路应急插座；主变容量为 100kV·A 以下时，应提供 1 路应急插座。应急插座与配电室低压母线相色应保持一致，插座相色应明显、清晰；且应安装防护盖，防护盖相色与应急插座相色应保持一致。

⑤ 应急接入单元安装位置在低压进线柜开关的下端，与低压柜母排间应保持足够安全距离，并增加绝缘挡板隔离措施。应急接入单元的多路应急插座间应并联，并用铜牌与低压柜母排连接，所用母排应满足负荷需求。

第五节　自发光标识牌

1. 技术背景

现有的电力线路标识牌（含杆塔标识牌、安全警示牌）在白天光线充足的时候非常醒目，能够起到很好的指示和警示作用。但是，在夜晚的作业活动中，由于光线不足，标识牌难以看清，这一方面增加了运行检修人员巡视和操作的难度；另一方面，由于没有提醒，工程车通过时可能出现撞杆而导致线路故障停电。

2. 自发光标识牌的原理及制作

自发光标识牌能够有效解决传统标识牌在夜间不能自主发光的问题。在热转印标识牌中增加一层自发光层，发光层的发光材料选用铝酸锶发光粉作为主要构成物，该发光粉中的稀土元素的电子可吸收光区中波长 400 ~ 450nm 处紫光和 450 ~ 480nm 处蓝光的能量，从而跃迁至非稳定的激发态。当发光粉处于黑暗或光线不足环境时，跃迁的电子返回低能级的稳定态，从而释放此前跃迁吸收的能量，发出肉眼可见的亮黄绿色光。

（1）自发光标识牌专用发光胶带

通过高分子材料改性技术，将长余辉发光粉添加到标识打印胶带中，制备出自发光胶带。通过调节发光粉的使用量、粒径和分散状态，试验制备出具有优良抗拉性能、破裂伸长率和发光性能的发光标识专用胶带。

（2）自发光标识牌的打印与制作

通过使用自发光标识专用胶带和匹配的碳带，根据相关标准，选择合适的标识尺寸，打印制作出可用的发光标识。

3. 应用于输电线路标识牌的自发光

受城镇化建设和道路交通建设的影响，人们的活动范围越来越广，和输电线路之间的接触也逐渐增多。这不仅给线路安全带来了隐患，也给人们的生命安全带来了不利的影响。特别是在夜间，光线较暗，人们的视线受限，所以在不能预知风险的条件下就会发生触电或者线路跳闸事故。所以，在高压输电线路沿线的公路、旷野等事故多发地设立安全警示牌就显得特别重要。在夜间、大雨天、大雾天等恶劣条件下警示牌就可以提醒人们注意高压线路，避免不必要事故的发生。

现有的高压输电线路警示牌通常为普通的警示牌，在夜间或者恶劣气候条件下受环境限制，人的视野受到影响，警示牌的警示作用不能有效发挥，增大线路安全风险，给人们的生命安全带来了隐患。当前普通高压输电线路警示牌主要存在以下几个问题：警示牌不具备夜视功能，当夜晚或者天气不好时，光线过暗，导致行人无法看到警示牌，不能实现全天候警示作用；现有高压输电线路警示牌没有语音提示功能，即使光线较好，有时行人也会忽略警示牌，进入危险区域。

当前的高压输电线路警示牌存在诸多不足，所以亟需一种全新的警示牌来适应当前的实际需求。新的警示牌应具有以下功能：具有夜视功能，可以全天候进行警示和宣传；有语音警示功能，可以及时提醒人们注意高压输电线路。

（1）语音警示系统

语音警示系统的核心是红外线检测模块，通过红外线感应器（红外信号发射二极管与红外信号接收二极管）对行人状态进行感应，并发出语音提醒。红外检测模块与红外报警触发端相连，红外报警触发端就是语音芯片的引脚。红外检测模块收到信号之后，系统单片机对信号进行分析，并根据信号判断是否有行人进入高压输电线禁入区域。如果检测到有行人进入到高压输电线禁入区域，则会触发红外线警报，系统再通过语音芯片和音频放大功率器发出警示，提醒行人注意安全，前方为高压输电线禁入区域。

（2）LED驱动

夜间警示LED灯则需要稳定高效的驱动电源。所以，在本系统设计中，我们采用HV9910芯片作为夜间警示LED灯的恒源驱动电路。HV9910芯片采用高压隔离连接方式，其输出电压范围较广，可以在8-450V范围内调节，输出电流范围在几毫安到1安之间，可以同时驱动多个夜间LED灯。另外，HV9910芯片可以通过PWM进行低频调光，外部频率范围可以达到几千赫兹，占空调节范围为0～100%，符合本系统设计要求。同时，本设计中，外部PWM波通过引脚与PWMD连接，输出电压最低位2.4V。本系统可以通过PWM波对夜间LED灯的亮度进行调节，满足不同环境对光的需求。

（3）光线传感器系统

光线传感系统，主要包括投光器与受光器两个组件。具体工作原理如下：投光器通过透镜对光线进行聚焦，光线被传输到受光器透镜后，被接收感应器接收。光线传感器再把接收到的光线信号转变为电信号。将光线信号转换为电信号的感应器有很多，所设计的光线传感器系统主要特点在于可以根据接收到的光电信号对外界环境中的光线强度进行判断，并根据外界光线强度自动调节夜间LED灯照明亮度，实现夜间LED灯照明亮度的自动调节，随时为行人提供最佳光线亮度。要实现系统对外界光线变化的感应，还需要借助光敏电阻，光敏电阻以半导体的光电效应原理为基础。这类光敏电子元件是一种可以根据外界射入光线的强度进行电阻调节的一种电子元件。如果外界的射光强度很弱，那么光敏电阻的阻值就会变大；相反的，当照射光的强度很强时，电阻阻值变小。同时，光敏电阻对可见光的敏感程度与我们人眼类似，所以，本系统在设计时采用了光敏电阻。光线感应器就是以光敏电阻器为核心，通过对外界光线强度进行感应来调节输出电信号的强弱，在通过放大电路进行处理之后，将输出信号传送到开关和控制设备端，进而实现对

LED 灯照明亮度的控制。在本设计系统中，光感应器开关根据外界环境光线强度进行控制，当外界光线强度达到一定值时，光感应器开关关闭。

（4）照明驱动

照明驱动也是系统的重要组成，主要负责照明系统的控制。光感应器中带有单片机 AT89C51，该单片机可以实现对光感应器工作状态的控制。单片机 AT89C51 内部含有电源电路、晶体振荡电路、复位器等。在本系统中，光线感应装置主要包括光敏电阻器、单片机 AT89C51、高频放大电路和电压隔离等几大部分。高频放大电路主要对单片机输出的小功率信号进行放大处理；电压隔离主要是为了避免外界信号对系统的干扰。光敏电阻对外界光线强度进行感应，当外界光线强度减弱时，光敏电阻增大，光敏电阻输出信号传送给单片机 AT89C51，单片机根据接收到的信号进行输出判断。不过，单片机的输出信号功率很小，不能直接通过输出信号对 LED 照明系统进行控制。因此，需要在单片机后面设置高频放大电路，通过高频放大电路对单片机输出信号进行放大，并对夜间 LED 灯系统进行控制。通过光感应器可以实现弱电对强电的控制。同时，还需要通过电压隔离避免外界强电信号对系统内部弱电信号的干扰，以保护单片机。通过本系统设计可以实现通过外界光线强度对夜间 LED 灯照明亮度的调节。当外界光线强度达到一定亮度时，光敏电阻的阻值将会降低到设定值，单片机在接收到信号之后给后面的 LED 照明系统断电信号，进而关闭 LED 灯系统电源开关，系统关闭。当外界光线强度变弱时，光敏电阻阻值变强，并将信号传输给单片机，单片机接收到信号之后触发电源开关，进而给后面的 LED 照明系统通电，并根据外界光线强度进行照明亮度调节。

（5）创新点

传统的标识牌是不会"说话"、不懂得表现"自己"的，这就使得在大多数情况下，标识牌容易被人们所忽略，难以体现自身价值。而本装置的作用是赋予标识牌一张"嘴"，以及为其打上一束"灯"，让标识牌得到人们更多的注意力，大幅度增强警示牌的警示效果。

第六章　供配电二次回路及现代供配电技术

随着电子技术、微机技术、通信技术的广泛应用，工厂供配电系统的二次回路和自动装置已发生了革命性的变革，在电力运行和安全中变得越来越重要。近些年来，我国没有发生大电网破坏、大面积停电事故，这标志着我国供配电系统的二次回路和自动装置已达到国际先进水平。本章将介绍变电所二次回路及自动装置、变电所综合自动化，重点讲述直流操作电源回路、控制回路、中央信号回路。

第一节　供配电二次回路

一、二次回路的基本知识

1. 基本知识

对于电气设备，如发电机、电动机变压器、断路器、隔离开关、接触器、电动机启动装置等，都同时具有两种接线，一种是与电源连接的主回路，它是把电网的电流接到设备上做功的主体元件，输送的是大电流。另一种是主体元件的辅助电路，如监察测量仪表控制及信号装置、继电保护装置、自动控制及监测或反馈装置远动装置等。这些装置一般由互感器、蓄电池组、低压继电器、插件、供电装置等组成，它们的工作状态及逻辑功能决定着主体元件的工作状态并监控主体元件。这些装置使用低电压、小电流，却控制着主回路的高电压、大电流，把这些装置的接线称为二次接线或二次回路、辅助回路。

二次回路的作用是对电气一次系统进行控制、测量、计量、监视和保护。当一次系统发生故障时，根据故障时电气量的变化而切除故障的电气设备；

当一次系统不正常运行时，发出相应的信号，让值班人员进行检查处理。

二次回路按功能可分为断路器控制回路、信号回路、保护回路、监测回路、自动装置回路和操作电源回路等。

2. 对二次回路的基本要求

（1）选择性。系统中发生故障时，保护装置应有选择性地切除故障部分，非故障部分继续运行。

（2）快速性。在短路时，能快速切除故障，以达到如下目标：缩小故障范围，减少短路电流引起的破坏；减少对电路的影响；提高系统的稳定性。

（3）灵敏性。指继电保护装置对保护设备可能发生的故障和正常运行的情况，能够灵敏地感受和灵敏地操作，保护装置的灵敏性以灵敏系数来衡量。

（4）可靠性。对各种故障和不正常的运行方式，应保证可靠动作，既不误动也不拒动，即有足够的可靠性。

二、二次回路的操作电源

二次回路的操作电源分直流和交流两大类。它为整个二次系统提供工作电源，一般为220 V。在一般大中型变电所中，都用所用变压器提供所内用电及操作电源。直流操作电源可采用蓄电池，也可采用硅整流电源，后者较为普遍；交流操作电源可取自互感器二次侧或所用变压器低压母线，但保护回路的操作电源通常取自电流互感器，较常用的交流操作方式是去分流跳闸的操作方式。直流操作电源可采用充电—放电运行方式和浮充电运行方式。浮充电运行方式可提高供电的可靠性，提高蓄电池的使用寿命，因此得到了广泛应用。

二次回路的操作电源是供给高压断路器分、合闸回路和继电保护装置，信号回路，监测系统，以及其他二次设备所需的电源。因此，对二次回路操作电源的供电可靠性要求很高，要求具有足够大的容量，要求尽可能不受供配电系统运行的影响。

（一）直流操作电源

1. 蓄电池直流操作电源

蓄电池也叫二次电池、可充电电池，因其电解质由强酸或强碱组成，因此分为铅酸蓄电池、碱性蓄电池两类。按电解液存在的方式，铅酸蓄电池分为开口式（富液）铅酸蓄电池和阀控式（贫液）密封铅酸蓄电池。碱性蓄电池有铁镍蓄电池、镉镍蓄电池、锌银蓄电池、镍氢蓄电池，其中镉镍蓄电池使用较多。可充电锂电池因性能良好，目前逐步应用于电力系统。

镉镍蓄电池使用注意事项如下：

（1）使用前应先充电，充电时应定时测量电池电压，充电终止电压不得高于 1.6 V，以免引起爆炸。

（2）电池长期储存后，使用之前要先以 10 h 率充电 14～16 h，再以 5h 率放电至单个电池电压 1.0 V，充放电循环 2～3 次，至放电容量达额定值后，再充电使用。

（3）电池使用期限接近规定寿命时，如出现底部、外壳及电池盖有鼓胀现象，应予以报废。

镉镍蓄电池具有无污染、体积小、使用寿命长、适应性强、可靠性高和放电倍率高的优点，是直流系统理想的新一代电池。尽管目前它的价格较高，但由于具有上述优点，可直接装在直流屏上，无须专门的蓄电池室，无须防护有害气体、液体侵蚀的措施，其综合经济指标仍具有优越性。

采用镉镍蓄电池组做二次回路操作电源，除不受供电系统运行情况影响、工作可靠外，还具有使用寿命长、高低温性能好、机械强度高、放电电压平稳、大电流放电性能好、腐蚀性小，无须专用房间等优点，从而大大降低了投资成本，在用户供配电系统中应用比较普遍。

2. 交流经整流装置供电

（1）硅整流电容储能式直流电源

为了避免交流供电系统运行的影响，一般不单独使用硅整流器来做直流操作电源，而是配合以电容储能。当交流供电系统电压降低或消失时，由储能电容器对继电器和跳闸回路供电，使之能正常动作，切除故障。

（2）复式整流的直流操作电源

由整流器和蓄电池组构成的直流电源柜，是最安全、最可靠的备用电源装置，至今仍是各类发电厂、变电站不可或缺的重要设备。直流电源柜的可靠供电，与发电厂、变电站的安全息息相关，直流电源柜故障停电，轻则造成发电厂、变电站事故停电，重则造成发电机或主变压器烧毁。

对直流柜的总体要求：一是要接线简单可靠，运行灵活，维护、安装方便；二是要所用元件、部件性能可靠、稳定、精良；三是安装运行的环境条件应该符合直流电源柜的产品说明书的规定。

复式整流是指提供直流操作电压的整流电源，有以下两种：

① 电压源由变配电所的所用变压器或电压互感器供电，经铁磁谐振稳压器（当稳压要求高时装设）和硅整流供电给控制、信号和保护等二次回路。

② 电流源由电流互感器供电，同样经铁磁谐振稳压器（也是当稳压要求高时装设）和硅整流供电给控制、信号和保护等二次回路。

由于复式整流装置有电压、电流两路电源，因此能在正常运行方式下，满足保护控制、信号及开关跳闸的要求；当发生各种短路故障时，能保证有关保护可靠动作和相应电气回路开关可靠跳闸。复式整流相比硅整流，电容储能式输出功率大，电压的稳定性也更好。

（3）新型直流电源柜

我们把以高频开关电源整流器和监控模块为核心组成的直流电源柜，定义为新型直流电源柜。随着电力电子技术特别是高频功率半导体技术、大规模集成电路、单片微机技术的发展和普及，小功率开关电源迅速拓展为大功率开关电源，并且以模块式的结构出现。经过多年的不断探索和完善，高频开关电源模块整流器的可靠性、稳定性及各项技术指标，均取得了长足的进步，实践证明它已经成为一个成熟的产品。近几年，随着航空、航天技术中的高频软开关技术的普遍采用，高频开关电源的可靠性得到进一步提高，促使其应用更普及，价格更趋合理。

新型直流电源柜有以下特点：

① 由于采用高频半导体器件（VMOS、IGBT），故开关速度快、高频特性好、输出容量大；由于省去了工频变压器，故体积小、质量轻、噪声低。

② 采用脉宽调制（PWM）和软开关技术，因此效率高、功率因数高、可靠性高，MTBF（无故障运行时间）已达 10 万小时。

③ 主要功能和各项技术指标远高于旧式直流柜，便于无人或少人值守。

④ 设计中采用微机和模块结构，其运行、测量、显示全部数字化，易于维护和管理。

（二）交流操作电源

对采取交流操作的断路器，所有保护继电器、控制设备、信号装置及其他二次元件均采用交流形式，方便维护。

交流操作电源分电流源和电压源两种。电流源由电流互感器获得，主要供电给继电保护和跳闸回路。电压源由变配电所使用的变压器或电压互感器获得，通常将变配电所使用的变压器作为正常工作电源，而电压互感器因容量小，一般只作为油浸式变压器瓦斯保护的交流操作电源。

采用交流操作电源，可以使二次回路大大简化、投资大大减少、工作可靠、维护方便，但是不适用于比较复杂的继电保护、自动装置及其他二次回路。交流操作电源广泛用于中小型变配电所中断路器采用手动操作、弹簧储能操作和继电保护采用交流操作的场合。

1. 交流操作电源的设计要求

（1）小型配电所宜采用弹簧储能操作机构合闸和去分流分闸的全交流操作。

（2）当采用交流操作的保护装置时，短路保护可由被保护元件的电流互感器取得操作电流。瓦斯保护和中性点非直接接地电力网的接地保护，可由电压互感器或变电所所用变压器取得操作电源，亦可增加电容储能式电源作为跳闸的后备电源。

（3）保护装置由在线式 UPS 装置取得操作电源。

2. 电流源

电流源给定的电流，此线路通电流为定值，与负载阻抗没有关系。

电流源的内阻相对负载阻抗很大，负载阻抗波动不会改变电流大小。在电流源回路中串联电阻无意义，因为它不会改变负载的电流，也不会改变负载上的电压，在原理图上这类电阻应简化掉。负载阻抗只有并联在电流源上才有意义，与内阻是分流关系。理想电流源有三个特点：输出的电流恒定不变，直流等效电阻无穷大，交流等效电阻无穷大。实际上，如果一个电流源在电压变化时，电流的波动不明显，我们通常就假定它是一个理想电流源。

3. 电压源

电压源，即理想电压源，是从实际电源抽象出来的一种模型，在其两端总能保持一定的电压,而不论流过的电流为多少。电压源具有两个基本的性质:它的端电压定值 U 或是一定的时间函数 $U(t)$,与流过的电流无关;电压源自身电压是确定的,而流过它的电流是任意的。

电压源就是给定的电压,随着负载增大、电流增大,理想状态下电压不变,实际上会在传送路径上消耗,负载增大,消耗增多。电压源的内阻相对负载阻抗很小,负载阻抗波动不会改变电压高低。

4. 高压断路器跳闸回路的操作电源

常见的高压断路器跳闸回路的操作电源有直接动作式和分流跳闸式两种。

(三)高压断路器的控制和信号回路

1. 高压断路器的控制和信号回路概述

在常规敞开式开关设备(AIS)、气体绝缘金属封闭开关设备(GIS)、550 kV(330 kV)复合式组合电器(HGIS)中的关键部件都是高压断路器,高压断路器的控制回路就是控制(操作)断路器分、合闸的回路。操作机构有手力式、电磁式、液压式和弹簧储能式。电磁式操作机构只能采用直流操作电源,手力式和弹簧储能式操作机构可交、直流两用,但一般采用交流操作电源。

一般高压断路器都有自配电流互感器。通过传统的继电装置或微机保护装置对采集的电流量、开关量进行逻辑判断。若有两跳闸回路控制,也应分别从直流屏引出两回直流电源,以保证可靠跳闸,还要考虑两侧的隔离开关联动及其闭锁。若是线路侧的高压断路器,还应考虑重合闸的问题。

信号回路是用来指示一次回路运行状态的二次回路。信号按用途分为断路器位置信号、事故信号和预告信号等。

断路器位置信号用来显示断路器正常工作的位置状态。红灯亮,表示断路器处于合闸通电状态;绿灯亮,表示断路器处于分闸断电状态。

事故信号用来显示断路器在事故情况下的工作状态。红灯闪光,表示断路器自动合闸通电;绿灯闪光,表示断路器自动跳闸断电。此外,事故信号还有事故音响信号和光字牌等。

预告信号是在一次电路出现不正常状态或发现故障苗头时发出报警信

号。例如，电力变压器过负荷或者油浸式变压器轻瓦斯动作时，就发出区别于上述事故音响信号的另一种预告音响信号（用电铃、电笛予以区别），同时光字牌亮，指示出故障性质和地点，以便值班员及时处理。

对断路器的控制和信号回路有下列主要要求：

（1）应能监视控制回路保护装置（熔断器）及其分、合闸回路完好性，以保证断路器的正常工作，通常采用灯光监视的方式。

（2）分、合闸操作完成后，应能使命令脉冲解除，即能断开分、合闸的电源。

（3）应能指示断路器正常分、合闸的位置状态，并在自动合闸和自动跳闸时有如前所述的明显指示信号。通常用红、绿灯的常亮来指示断路器的合闸和分闸的正常位置，而用红、绿灯的闪光来指示断路器的自动合闸和跳闸。

（4）断路器的事故跳闸回路应按"不对应原理"接线。当断路器采用手力式操作机构时，利用手力式操作机构的辅助触点与断路器的辅助触点构成不对应关系，即操作机构（手柄）在合闸位置而断路器已跳闸时，发出事故跳闸信号。当断路器采用电磁操作机构时，则利用控制开关的触点与断路器的辅助触点构成不对应关系，即控制开关（手柄）在合闸位置而断路器已跳闸时，发出事故跳闸信号。

（5）对有可能出现不正常工作状态或故障的设备，应装设预告信号。预告信号应能使控制室的中央信号装置发出音响和灯光信号，并能指示故障地点和性质。通常用电铃做预告音响信号，用电笛做事故音响信号。

2. 采用弹簧操纵机构的断路器控制和信号回路

弹簧操纵机构是利用预先储能的合闸弹簧释放能量，使断路器合闸。合闸弹簧由交、直流两用电动机拖动储能，也可手动储能。弹簧操纵机构以能量消耗低、无渗漏、环境适应性强等特点，近年来得到了广泛应用，尤其在126 kV 及以下电压等级的高压断路器中应用较多，252kV 开关中的使用量也在不断增加，550kV 开关也早有应用。

目前常采用的二次回路包含控制回路、信号回路和电机储能控制回路。电路解决了两个问题：为了解决调试时的虚假信号问题，可加一个小型断路器将弹簧机构的控制电源单独给出；实际上出现上述问题的根本原因是时间继电器 K12 的工作缺少控制条件。

3.断路器微机保护装置（智能脱扣器）

ABB（阿西布朗勃法瑞）、GE（通用电气）、SIEMENS（西门子）、Westing House（西屋电气）等世界主要低压断路器生产厂家大量采用微机保护装置。断路器微机保护装置（又称智能脱扣器），可取代或升级老的脱扣器，还有的直接安装在断路器内与断路器成为一体。其核心主要由美国 URC 等几家公司生产，主要功能包括：过流速断保护、过流保护、接地保护、相序不平衡、事件记录、RS-485 通信接口、Modbus RTU 通信规约、电力参数测量等。

采用了断路器微机保护装置的断路器又称为智能型断路器。智能脱扣器使断路器实现了遥测、遥控、遥信和遥调等功能。现在智能脱扣器都采用单片机、DSP 等微处理器作为逻辑处理的基础，其发展趋势：一是功能越来越多，除传统的脱扣功能外，还有脱扣前报警功能、线路参数检测功能，以及试验功能；二是采用现场总线技术，把设备的网络化作为目标。

根据智能脱扣器所要实现的功能，硬件可以分为中央处理单元（微处理器及其外围电路）、采样电路、键盘显示电路、通信电路、执行单元等几个部分。

（1）采样电路

采样电路实现的功能是将外部的电流、电压信号经过互感器、滤波、幅值调整环节后送到微处理器 A/D 采样通道口。在这些环节要注意以下几个问题。

① 互感器的选择。互感器的作用是将线路中幅值很大的电信号线性地转换成可以处理的电信号，其转换的线性和精度将直接影响关键数据的可信度，这些数据是智能脱扣器工作的基础。常用的电流互感器有铁芯和空芯两种。铁芯型互感器在处理小电流时线性度很好，但大电流时铁芯容易饱和，从而出现线性失真，测量范围小；空芯型互感器在处理大电流时线性度好，测量范围广，但处理小电流时易受干扰，也会出现线性失真，测量误差大。然而，智能脱扣器电流测量范围从几百安到几十千安，变化范围很大。因此，要想在整个测量范围内不失线性，最好采用两种类型互感器相互结合的方法。

② 幅值调整环节。由于电流的测量范围很大，而微处理器 A/D 转换参考电压一般很小，因此采用多量程转换的方法，每一种量程中信号送到 A/D 转换口的幅值最大值都稍小于 3.3V，硬件上根据信号幅值大小采用不同的输送通道。当然，实现这个功能还要软件上的判断。

（2）中央处理单元

CPU 芯片采用 CYGNAL 公司的 C8051，这是一种新型高速集成芯片，拇指盖大小的体积内集成了 8 路 A/D 转换通道、温度传感器、32kB 的 Flash 存储器、Watch Dog 监视器、通信接口和标准的 JTAG 程序。这使控制系统的外围元器件少、电路简单，从而提高了稳定性和抗干扰能力。

（3）键盘显示电路

键盘显示电路采用串行接口的 7281 芯片，该芯片通过外接移位寄存器 74HC164，最多可以控制 16 位数码管或 128 只独立 LED，其驱动输出极性和输出时序均为软件可控，从而可以和各种驱动电路配合。同时，7281 芯片不仅可以控制各显示位闪烁属性和闪烁频率，而且最多可以连接 64 键的键盘矩阵，键盘为互锁式，内部具有消除抖动功能。此外，7281 芯片采用高速二线接口与 CPU 通信，只占用很少的 I/O 接口和 CPU 时间。

（4）执行单元

执行单元采用永磁体的电磁铁，正常工作时在永磁体作用下保持吸合状态，当执行电路接收到 CPU 发出的脉冲控制信号时，触发达林顿管使线圈通有电流而产生反向磁通，在反力弹簧的作用下铁芯打开，带动断路器分断。

（5）硬件设备比较容易忽视的问题

C8051 芯片自带内部复位和简单的外部复位电路，这部分复位电路是不容易被忽视的。但是在实际运行中，由于键盘和显示是由管理芯片 7281 所控制的，当程序跑废后，C8051 芯片经过外部或内部复位电路可以重新复位运行，但是 C8051 芯片的复位无法传送到 7281 芯片，这时显示板上的显示不会刷新。因此要在 C8051 芯片复位的同时，让 7281 芯片也进行复位，可行的解决方法是让 C8051 芯片和 7281 芯片共用相同的复位源，这样一旦程序死掉，这两种芯片会同时复位。

智能脱扣器的软件设计基于小波分析和 FFT 的改进算法。小波算法在采样过程中检测到可疑信号点后，由 FFT 算法进行有效值判断，如果没有超过门槛值，则可疑信号点无效，回到小波算法中继续寻找采样可疑点；如果有效值超过门槛值，则认为可疑点有效，根据保护条件输出相应信号。

脱扣器的设计难点体现在：电磁兼容性设计；短路时瞬时动作出口时间的要求；工作电源的获取及分闸电磁铁的驱动；软件平台的设计；适应小型化结构的设计。

随着高性能、低价格芯片的不断涌现，在保留传统设备优点的基础上，智能脱扣器在保护的多样性、判断准确性和抗干扰性、自诊断保护、实时通信和显示等方面将有较大的改进。

（四）绝缘监察装置和测量仪表

1. 绝缘监察装置

绝缘监察装置用于监视小接地电流系统相对地的绝缘情况，有以下两种：

（1）三个单相电压互感器和三台电压表。

（2）三个单相三线圈电压互感器或一个三相五芯三线圈电压互感器接成。

因不能区别是哪条线发生接地故障，所以只适合于线路数目不多，并且允许短时停电的供电系统中。

2. 电气测量仪表

电气测量仪表是指对电力装置回路的电力运行参数做经常测量、选择测量、记录用仪表和做计费、考核管理用技术经济分析计量仪表的总称。

为了监视供配电系统一次设备的运行状态和计量所消耗的电能，保证供电系统安全运行和用户安全用电，使一次设备运行安全、可靠、经济，必须在供电系统中装设一定数量的电气测量仪表。

电气测量仪表按用途分为常用测量仪表和电能计量仪表两种类型。前者是对一次电路的电力运行参数进行经常测量、选择测量和记录用的仪表，后者是对一次电路进行供用电技术经济分析考核和对电力用户用电量进行测量、计量的仪表，即各种电能表。

（1）对电气测量仪表的一般要求

电气测量仪表要保证其测量范围和准确度满足变配电设备运行监视和计量要求，并力求外形美观，便于观测，经济耐用等。具体要求如下：

① 准确度高，误差小，其数值应符合所属等级准确度要求。

② 仪表本身消耗功率应越小越好。

③ 仪表应具有足够的绝缘强度、耐压和短时过载能力，以保证安全运行。

④ 应有良好的读数装置。

⑤ 结构坚固，使用维护方便。

（2）电气测量仪表的准确度等级

准确度是指仪表所测的值与该量实际值的一致程度。仪表准确度等级可分为如下七级：0.1级、0.2级、0.5级、1.0级、1.5级、2.5级、5.0级。其中，1.5级及以下大都为安装式配电盘表；0.1级、0.2级仪表用作校验标准表；0.5级和1.0级仪表供实验室和工作较准确测量使用；1.5级至5.0级仪表用于一般测量。电气测量仪表准确度等级越高，仪表测量误差就越小。电气测量仪表一般按其准确度等级来划分其测量性能。

（3）互感器的要求

电流互感器还需要选择变比、准确度，并且要校验其二次负荷是否符合准确度要求。计量用的电流互感器准确度应选0.5级或0.2级，测量用的电流互感器的准确度可选1.0～3.0级，保护用的电流互感器准确度可选5P级、10P级或3.0级。电压互感器的一次额定电压必须与线路额定电压相同，计量用的电压互感器准确度为0.5级以上，测量用的准确度选1.0～3.0级。对各准确度需校验二次绕组的负荷是否符合要求。

（4）测量范围和电流互感器变比的选择要指示在标度尺的70%～100%处。

第二节　现代供配电技术

一、自动重合闸装置（ARD）

电力系统的运行经验证明：架空线路上的故障大多数是瞬时性短路，如雷电放电、潮湿闪络、鸟类或树枝的跨接等。这些故障虽然引起断路器跳闸，但短路故障后，如雷闪过、鸟或树枝烧毁，故障点的绝缘一般能自行恢复。此时若断路器再合闸，便可恢复供电，从而提高供电的可靠性。自动重合闸装置就是利用了这一特点。自动重合闸装置是当断路器跳闸后，能够自动地将断路器重新合闸的装置。运行资料表明，重合闸成功率在60%～90%。自动重合闸装置主要用于架空线路，在电缆线路（电缆为架空线混合的线路除外）中一般不用ARD，因为电缆线路中的大部分跳闸多是电缆、电缆头或中间接头绝缘破坏所致，这些故障一般不是短暂的。

自动重合闸装置按动作方法可分为机械式和电气式，机械式ARD适用于弹簧操纵机构的断路器，电气式 ARD 适用于电磁操动机构的断路器；按重合次数来分有一次重合闸、二次或三次重合闸，用户变电所一般采用一次重合闸。

自动重合闸应满足以下要求：

1. 手动或遥控操作断开断路器及手动合闸于故障线路，断路器跳闸后，自动重合闸不应动作。

2. 除上述情况外，当断路器因继电保护动作或其他原因而跳闸时，自动重合闸装置均应动作。

3. 自动重合闸次数应符合预先规定，即使 ARD 装置中任一元件发生故障或接点黏接时，也应保证不多次重合。

4. 应优先采用由控制开关位置与断路器位置不对应的原则来启动重合闸。同时也允许由保护装置来启动，但此时必须采取措施来保证自动重合闸能可靠动作。

5. 自动重合闸在完成动作以后，一般应能自动复归，准备好下一次再动作。有值班人员的 10 kV 以下线路也可采用手动复归。

6. 自动重合闸应有可能在重合闸以前或重合闸以后加速继电器保护的动作。

二、备用电源自动投入装置

在对供电可靠性要求较高的变配电所中，通常采用两路及以上的电源进线。或互为备，或一为主电源，另一为备用电源。备用电源自动投入装置就是当主电源线路中发生故障而断电时，能自动而且迅速将备用电源投入运行，以确保供电可靠性的装置，简称 APD。

1. **对备用电源自动投入装置的要求**

备用电源自动投入装置应满足以下要求：

（1）工作电源不论何种原因消失（故障或误操作）时，APD 均应动作。

（2）应保证在工作电源断开后，备用电源电压正常时，才投入备用电源。

（3）备用电源自动投入装置只允许动作一次。

（4）电压互感器二次回路断线时，APD 不应误动作。

（5）采用 APD 的情况下，应检验备用电源过负荷情况和电动机自启动情况。如过负荷严重或不能保证电动机自启动，应在 APD 动作前自动减负荷。

2. 备用电源自动投入装置

由于变电所电源进线及主接线的不同，对所采用的 APD 要求和接线也有所不同。如 APD 有采用直流操作电源的，也有采用交流操作电源的。电源进线运行方式有主（工作）电源和备用电源方式，也有互为备用电源方式。

（1）主电源与备用电源方式的 APD 接线

图 6-1 为采用直流操作电源的备用电源自动投入装置原理接线图。

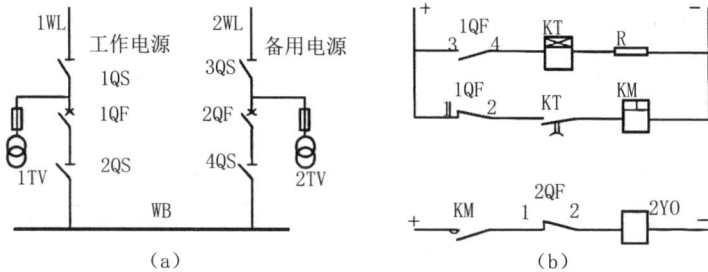

图 6-1 备用电源自动投入装置原理接线图

当主（工作）电源进线因故障断电时，失压保护动作，使 1QF 跳闸，其辅助常闭触点 1QF1-2 闭合，由于 KT 触点延时打开，故在其打开前，合闸接触器 KM 得电，2QF 的合闸线圈通电合闸，2QF 两侧面的隔离开关预先合，备用电源被投入。应当注意，这个接线比较简单，有些未画出，如母线 WB 短路引起 1QF 跳闸，也会引起备用电源自动投入，这是不允许的。所以，只有电源进线上方发生故障，而 1QF 以下部分没有发生故障时，才能投入备用电源。只要是 1，禁止 APD 投入。

2. 互为备用电源的 APD 接线

当双电源进线互为备用，要求任一主工作电源消失时，另一路备用电源自动投入装置动作，双电源进线的两个 APD 接线是相似的。

三、供配电系统成套保护装置

（一）供配电系统的远动装置

随着工业生产的发展和科学技术的进步，有些企业特别是大型企业供配电系统的控制、信号和监测工作，已开始由人工管理、就地监控发展为远动化，实现"四遥"：遥控、遥信、遥测、遥调。

供配电系统实现远动化以后，不仅可以提高供配电系统管理的自动化水平，还可以在一定程度上实现供配电系统优化运行，能够及时处理事故，减少事故停电时间，更好地保证供配电系统的安全、经济运行。

供配电系统的远动装置，一般采用微机（微型电子计算机）来实现。

微机控制的供配电系统远动装置，由调度端、执行端及联系两端的信号通道等三部分组成。

1. 调度端

调度端由操纵台和数据处理用微机组成。

操纵台包括以下部分：

（1）供配电系统模拟盘，模拟盘上绘有供配电系统主接线图，主接线图上每台断路器都安装有分、合闸指示灯。在事故跳闸时，分闸指示灯还要闪光，并有光字牌指出跳闸的具体部位，同时发出音响信号。

（2）数据采集和监控用计算机系统一套，包括：主机一台，用来直接发出各种指令进行操作；打印机一台，可根据指令随时打印所需的数据资料；彩色显示器一台，用于显示系统全部或局部的工作状态和有关数据以及各种操作命令与事故状态等。

（3）若干路就地常测入口，通过数字表，将信号输入计算机，并用以随时显示企业电源进线的电压、频率和功率等。

（4）通信接口，用来完成与数据处理用微机之间的通信联络。

数据处理用微机的功能主要有以下几点：

① 根据所记录的全天半小时平均负荷绘出企事业用电负荷曲线。

② 按企业有功电能、功率因数用最大需电量等计算其每月总电费。

③ 统计企业高峰负荷时间的用电量。

④ 根据需要，统计各配电线路的用电情况。

⑤ 统计和分析系统的运行情况及事故情况等。

2. 信号通道

信号通道是用来传递调度端操纵台与执行端控制箱之间往返的信号的通道，一般采用带屏蔽的电话电缆。控制距离小于 1 km 时，也可以采用控制电缆或塑料绝缘导线。通道的敷设一般采用树干式，各车间变电所通过分线盒与之相连。

3. 执行端

执行端是采用逻辑电路和继电保护装置而成的成套控制箱。每一个被控点至少要装设一台。终端控制箱的主要功能如下：

（1）遥控。断路器进行远距离分、合闸操作。

（2）遥信。一部分反映被控断路器的分、合闸状态以及事故跳闸的报警；另一部分反映事故预告信号，可实现过负荷、过电压、油浸变压器瓦斯保护及超温等的报警。

（3）遥测。包括电流、电压等常测或选测以及有功和无功电能的遥测等。

（4）遥调。例如，通过调节变压器的分接头位置，实现电力变压器的带负荷调压。

（二）电力系统微机保护装置

1. 概况

电力系统继电保护是电力系统维护安全、稳定运行不可缺少的设备。以LFP-00 系列微机保护装置为例，它由 LFP-01A 型超高压线路成套快速保护、LFP-02A 型超高压线路成套快速保护 JIFP-41A 型输电线路成套快速保护装置、LFP-51A 型高压线路微机成套保护装置、LFP-31A 型数字式电流差动保护装置 LFP-61/966 型馈线保护装置、LFP-00 系列变压器成套保护装置组成，具有技术原理先进、成套性好、实用性强、装置的生产在技术主导的生产线上完成等优点。

LFP-00 系列微机保护装置能快速切除电力系统的各种故障，有效且及时地维护电力系统的安全、稳定运行。该系列微机保护装置具有一系列技术性能和指标，完全可以替代其他保护装置，市场前景广阔。推广应用该系列微机保护装置，对我国电力系统的安全、稳定运行提供可靠的保证。MPW 系列综合保护及控制产品包括 50MW 及以下的发电机、变压器、电动机差动及后备保护，馈线、电容器保护，备自投装置等，可通过 SC-9000 保护通信控制器组成电站综合自动化系统，广泛应用于电力、石油、化工、冶金、煤炭等电气保护与自动化领域。特别对于电动机保护除具有故障录波外，还特别增加了启动过程自动录波功能，可记录启动过程的电流最大值。电动机保护的定值，采用启动过程的定值与正常运行时的定值独立设置的方式，确保正常运行时的保护灵敏度。独有电动机自启动过程的自动识别功能，可有效防止电动机自启动过程的保护误动。

MPW 现有三个系列产品。MPW-1 微机保护装置采用 16 位高性能微控制器，全数字化设计，可靠性高，抗干扰能力强；全交流采样，软件数字滤波，定值和保护的投入、退出，以及传动试验均在面板上操作，参数可在线修改。通过数码管能显示保护装置的定值和运行参数，用 LED 记忆保护动作情况，RS-485 通信接口。第二代微机型 MPW-2 综合保护测控装置，应用先进的保护原理和 DSP 芯片，特别加强了人机界面和通信的功能，具有 CAN 接口。第三代微机型 MPW-3 综合保护测控装置在 MPW-1、MPW-2 系列产品的基础上进行了极大的改进与发展，特别增加了断路器操作板，进一步满足了控制现场对综合控制保护装置提出了更高标准的要求。

目前，双 CAN 通信功能的微机保护装置已开发成功。

2. 微机保护装置的现场检验

微机保护与常规保护相比，改善了保护性能，提高了保护的可靠性。但是由于微机保护装置中使用了大量集成芯片，以及软硬件的不断升级，增加了用户掌握其原理的难度。

下面介绍微机保护装置现场检验的一些注意事项、检验项目及方法。

（1）注意事项

① 不可在带电状态下拔出和插入插件。

② 发现装置工作不正常时，应仔细分析、判断故障原因及部位，不可轻易更换芯片。如确需更换芯片，应注意芯片插入的方向，且应保证芯片的所有引脚与插座接触良好。

③ 如需对插件板上某些焊点进行焊接，应将电烙铁脱离交流电源后再进行焊接，或用带有接地线的内热式电烙铁焊接。

④ 应用黑色不干胶封住放置保护程序的 EEPROM 芯片窗口，以防止日光照射芯片而使程序发生变化。

⑤ 在检验屏内配件及线路时，电压、电流应从屏上端子排上加入。

⑥ 试验接线应保证在模拟短路时电压和电流变化的同时性。

⑦ 若在交流电压（或电流）回路对地之间接有抗干扰电容且试验时所加电压、电流为不对称量，则应将抗干扰电容的接地点断开，以防止由于抗干扰电容损坏而在非故障相产生电压，从而造成保护装置的误动作。

⑧ 在运行状态下需断开电流、电压线时，应保证电流互感器二次线不开路，电压互感器二次线不短路。

（2）检验项目及方法

① 数据采集系统的检验如下：

a. 零点漂移。此时，微机保护装置各交流端子均开路，不加电压、电流。对于不同型号早期或近期的微机保护装置，可通过分离式键盘显示器或人机对话显示和键盘，观察各个模拟量采集值。对二次额定电流为 5 A 的微机保护装置，采样值应在 –0.3 ~ +0.3；对于二次额定电流为 1 A 的微机保护装置，采样值应在 –0.1 ~ +0.1。若检查的结果不符合要求，则应进行调整。对于早期产品，可用转插板将 VFC 插件或 CPU 插件转接出来，调节有偏移回路的电位计。对近期的产品，可直接通过人机对话显示和键盘调出相应的菜单进行调整。

b. 电流、电压通道。分别加入各相一定数量的电流、电压，观察显示值的误差是否在该产品规定的误差范围内。若超过范围，则按调整零点漂移误差的方法进行调整。若某路模拟量不能加入该装置，则检查微机保护装置内的线路是否松脱，对应的电流变换器或电压变换器、A/D 转换器、U/F 转换器是否损坏，以及电流、电压通道的其他元件是否损坏。

② 硬件电路的主要检查项目及方法如下：

a. 开关量输出回路。此时应加入各相电流或电压值，使其达到微机保护的整定值，观察微机保护装置和微机监控后台的输出相应信号是否正确，断路器是否跳闸。若信号输出不正确，可以从端子排上检查对应继电器的常开接点是否接通，再一一检查对应电路的各芯片及其他元件是否损坏。

b. 告警信号。新一代的微机保护装置可直接通过人机对话显示和键盘调出相应的菜单，从而检查启动继电器和告警信号继电器是否完好，也可通过加某相电流使其达到告警值看装置是否发出告警信号的方式进行检查。

c. 开关量输入回路。用微机保护装置的 24 V 电源分别点接各个 CPU 插件上引入开关量的端子，如重瓦斯（若其在运行状态下，则跳闸压板应迟开）、轻瓦斯、手车位置、断路器位置等，检查保护装置和后台是否呼唤相应的信号。

d. 定值输入功能。可通过分离式键盘（早期产品）或人机对话显示和键盘（近期产品），直接写入定值并固化，再通过查看功能检查写入定值的正确性。当定值被重新写入或修改后，最好加入电流或电压信号，重新进行检验，以保证万无一失。

③ 系统工作电压及负荷电流的检验项目如下：

利用系统工作电压及负荷电流进行检验，是最后一次检验新投入的变电站或改动接线后的微机保护装置二次回路接线是否正确，因此必须认真对待。接入系统电压，通入负荷电流，使装置处于正常运行状态，但跳闸、合闸出口压板应断开。

四、变电所综合自动化

变电所是电力系统的重要组成部分。随着计算机技术、通信和网络技术的发展及其在电力系统中的广泛应用，变电所综合自动化技术也得到了迅速发展。变电所综合自动化装置的发展，特别是变电所无人值班技术的发展，已经进入以计算机网络为核心，采用分层、分布式控制方式，集控制、保护、测量、信号、远动于一体的综合自动化阶段。变电所综合自动化系统就是将变电所的二次设备（包括测量仪表、信号系统、继电保护、自动装置和远动装置等）经过功能的组合和优化设计综合为一体，利用先进的计算机技术、现代电子技术、通信技术和信号处理技术，实现对全变电所的主要设备和输配电线路的自动的监视、测量、控制和微机保护，以及与调度通信等综合性的自动化功能。

（一）变电所综合自动化的特点

1.功能综合化

变电所综合自动化系统综合了变电所内除交、直流电源外的全部二次设备的功能。它以计算机保护和监控系统为主体，加上变电所其他智能设备，构成功能综合化的变电所自动化系统。根据用户需求，还可以增加故障录波、故障定位和小电流接地选线等功能。变电所综合自动化系统是个技术密集、多种专业技术相互交叉配合的系统。

2.设备及操作、监视计算机化

变电所综合自动化系统的各子系统全部计算机化，完全摒弃了常规变电所中的各种机电式、机械式、模拟式设备，大大提高了二次系统的可靠性和电气性能。不论是否有人值班，通过计算机上的 CRT 显示器和键盘，就可以监视全变电所的实时运行情况和对各开关设备进行操作控制。

3. 结构分布分层化

变电所综合自动化系统是一个分布式系统，其中计算机保护、数据采集和控制及其他智能设备等子系统都是按分布式结构设计的，一个综合自动化系统可以有十几个甚至几十个微处理器同时并行工作，实现各种功能。这样一个由庞大的 CPU 群构成的综合系统用以实现变电所自动化的所有综合功能。另外，按变电所的物理位置和各子系统的不同功能，其综合自动化系统的总体结构又按 IEC 标准分为两层，即变电所层和间隔层，由此可构成分散（层）分布式综合自动化系统。

4. 通信局域网络化、光缆化

这使变电所综合自动化系统具有较高的抗电磁干扰的能力，能实现数据的高速传输，满足实时要求，组态更灵活，可靠性也大大提高，而且大大简化了常规变电所繁杂、量大的各种电缆。

5. 运行管理智能化

智能化的含义不仅是能实现自动化功能，如自动报警、报表生成、无功调节、小电流接地选线、故障录波、事故判别与处理等，还表现为能实现故障分析和故障恢复操作智能化，从而实现自动化系统本身的故障自诊断、自闭锁和自恢复功能，并实时地将其送往调度（控制）中心。此外，用户可以根据运行管理的要求对其不断扩展和完善。

总之，变电所实现综合自动化可以全面地提高变电所的技术水平和运行管理水平，使其能适应现代化大电力系统运营的需要。

（二）变电所综合自动化系统的基本功能

变电所综合自动化系统是多专业性的综合技术。它以微机为基础来实现对变电所传统的继电保护、控制方式、测量手段、通信和管理模式的全面技术改造，实现对变电所运行管理的一次变革。其基本功能主要有以下三个方面。

1. 微机监控功能

监控子系统取代常规的测量系统控制屏、中央信号屏和远动装置等。其主要功能如下。

（1）数据采集

定时对全所模拟量、状态量、脉冲量进行采集是监控子系统的基本功能之一。

① 模拟量。变电所需采集模拟量主要有各段母线的电压，线路的电流有功功率和无功功率，主变压器的电流有功功率和无功功率，电容器的电流无功功率，馈出线的电流功率和功率因数。此外，还有变压器的油温、电容器室的温度、直流电源电压等。模拟量的采集方式有两种：直流采样和交流采样。直流采样是将交流电压、电流等信号经变送器转换为适合于 A/D 转换器输入电平的直流信号；交流采样是指输入给 A/D 转换器的与变电所的电压、电流成比例关系的交流电压信号。

② 状态量。变电所需采集状态量主要有断路器和隔离开关的位置状态、有载调压变压器分接头的位置、同期检测状态、继电保护动作信号、运行告警信号等。这些信号大部分采用光电隔离方式的开关量中断输入或周期性扫描采样获得。其中有些信号可通过电脑防误闭锁系统的串行接口通信而获得。

③ 脉冲量。脉冲量指脉冲电度表输出的以脉冲信号表示的电度量。这种量的采集在硬件接口上与状态量的采集相同。

（2）事件顺序记录

事件顺序记录包括断路器跳、合闸记录，保护动作顺序记录。微机监控子系统采集环节必须有足够的内存，能存放足够数量或足够长时间段的事件顺序记录，确保当后台监控系统或远方集中控制主站通信中断时不丢失事件信息，并记录事件发生的时间，应精确至毫秒级。

（3）故障记录录波和测距

故障录波、测距就是把故障线路的电流、电压的参数和波形进行记录，也可计算出测量点与故障点的阻抗电阻、距离和故障性质。配电线路很少专门设置故障录波器，为了分析故障方便，一般设置故障记录功能。故障记录是记录继电保护动作前后与故障有关的电流量和母线电压，从而可以判断保护动作是否正确，更好地分析和掌握情况。

（4）操作闭锁与控制功能

操作人员可通过 CRT 显示器执行对所内断路器和隔离开关的跳、合闸操作，对电容器进行投切控制，对主变分接头开关位置进行调节控制。为防止计算机系统故障时无法操作被控设备，在设计时应保留人工直接跳、合闸手段。

断路器操作应有闭锁功能，操作闭锁应包括以下内容：

① 断路器操作时，应闭锁自动重合闸。

② 当地进行操作和远方控制操作要互相闭锁，保证只有一处操作，以免互相干扰。

③ 根据实时信息，自动实现断路器与隔离开关间的闭锁操作。

④ 无论当地进行操作或远方控制操作，都应有防误操作的闭锁措施，即要收到返校信号后，才执行下一项；必须有对象校核、操作性质校核和命令执行三步，以保证操作的正确性。

（5）事件报警功能

在系统发生事件或运行设备工作异常时，进行音响、语言报警，推出事件画面，画面上相应的画块闪光报警，并给出事件的性质、异常参数，也可以推出相应的事件处理指导。

（6）人机对话功能

通过键盘、鼠标、CRT 显示器可以对全所运行工况和运行参数一目了然，可以对全所断路器、电动隔离开关进行分合操作。必要时，可对输入数据进行修改，如 TA 和 TV 的变比，保护定值和越限报警定值的修改等。CRT 可显示的画面主要内容为：

① 采集和计算的实时运行参数。

② 显示实时主接线图。

③ 事件顺序记录显示所发生的事件内容及发生事件的时间。

④ 越限报警显示越限设备名、越限值和发生越限的时间。

⑤ 值班记录显示。

⑥ 历史趋势显示主变压器负荷曲线、母线电压曲线等。

⑦ 保护定值和自控装置的设定值显示。

⑧ 其他如故障记录显示、设备运行状态显示等。

另外，人机联系的功能还包括打印报表及图形和数据处理，开列典型的操作票等。

（7）系统自诊断功能

具有在线自诊断功能，可以诊断出通信通道、计算机外围设备、I/O 模块、前置机电源等故障。

（8）完成计算机监控系统的系统功能

完成计算机监控系统的系统功能，如电压无功控制的功能、小接地电流系统的接地选线的系统功能、高压设备在线监测及谐波分析与监视功能。

2. 微机保护功能

在变电所综合自动化系统中，微机保护应保持与通信、测量的独立性，即通信与测量方面的故障不影响保护正常工作。微机保护还要求保护的 CPU 及电源均保持独立。微机保护子系统还综合了部分自动装置的功能，如综合重合闸和低频减载功能。这种综合是为了提高保护性能，减少变电所的电缆数量。

3. 微机通信功能

通信功能包括综合自动化系统的现场通信功能，即变电所层与间隔层之间的通信功能；综合自动化系统与上级调度之间的通信功能，即监控系统与调度之间的通信，包括"四遥"的全部功能。

（三）变电所综合自动化系统的硬件结构

变电所综合自动化系统的发展过程与集成电路技术、微计算机技术、通信技术和网络技术密切相关。随着这些高科技的不断发展，综合自动化系统的体系结构也不断发生变化，其性能、功能及可靠性等也不断提高。

1. 集中式的综合自动化系统

集中式布置是传统的结构形式，它是把所有二次设备按遥测、遥信、遥控、电度保护功能划分成不同的子系统集中组屏，安装在主控室内。因此，各被保护设备的保护测量交流回路、控制直流回路都需要用电缆送至主控室。这种结构形式虽有利于观察信号，方便调试，但耗费了大量的二次电缆，容易产生数据传输"瓶颈"问题。虽其可扩性及维护性较差，但对于电压低、出线少的小型变电所仍具有一定的生命力。它集保护功能、人机接口、"四遥"功能及自检功能于一体，结构简单，价格相对较低。

2. 分散分布式的综合自动化系统

分散分布式就是将变电所分为两个层次，即变电所层和间隔层。变电所层又叫站级主站层或站级工作站，可以由多个工作站组成，负责管理整个变电所自动化系统，是变电所综合自动化系统的核心层。间隔层是指设备的继电保护测控装置层，由若干个间隔单元组成，一条线路或一台变压器的保护、测控装置就是一个间隔单元，各单元基本上是相互独立、互不干扰的。分散分布式布置是以间隔为单元划分的，每一个间隔的测量、信号、控制、保护综合在一个或两个（保护与控制分开）单元上，分散安装在对应的开关柜或控制室上。现在的变电所综合自动化系统通常采用分散分布式布置。

各间隔单元数据采集和开关量 I/O 的测控部分及保护部分，分别就地分散安装在开关柜上及在主控室和一次设备附近的小室内。数据采集和开关量 I/O 的测控部分与保护部分是相互独立的，并与变电所层的监控后台机通信。通常在间隔层内就能独立完成保护和监控的功能，而不依赖通信网络。

这种结构的优点是：最大限度地压缩二次设备及繁杂的二次电缆，也节省了土建投资；系统配置灵活，扩展容易；统一时钟；检修维护方便；可用于各种电压等级的变电所。

3. 分散式集中组屏结构

按功能划分为数据采集单元、控制单元和计算机保护单元等若干子模块，然后分别集中安装在变电站控制室的数据采集屏、控制屏和计算机保护屏上，通过网络与主控机相连。

这种按功能设计的模块结构的软件相对简单，调试、维护方便，组态灵活。系统便于扩充和维护，整体可靠性高，其中一个环节发生故障，不会影响其他部分的正常运行。但因为采用集中组屏方式，所需连接电缆和信号电缆较多。因此，分布式集中组屏结构用于主变电所的回路数相对较少，一次设备比较集中，从一次设备到数据采集柜和控制柜等所用的信号电缆不长，易于设计、安装和维护管理 10 ~ 35kV 供配电系统变电所。

（四）变电所综合自动化软件系统

综合自动化系统的软件采用独立的模块结构，并且各模块具有其独立的软件程序，例如各保护单元就是一个具有特定功能的微机系统，能独立完成规定的保护功能，并能与主单元进行通信。硬件和软件采用结构模块化设计，可以使各子程序互不干扰，提高了系统的可靠性。

主单元与各保护单元之间按 IEC 870-5-103 规约进行通信。控制系统向保护设备发出的命令有初始化、对时、总查询、一类和二类数据查询（一般查询）、开关控制等。总查询是初始化后对站内所有设备控制信息的查询，一般查询是系统运行时的实时查询。一般查询时，控制系统要对各间隔级测控、保护单元进行逐一询问，被查询到的单元将所测信息发送给主单元，主单元接收这些信息并做出相应的处理，然后对下一个单元进行查询。一类数据是指开关变位记录、故障记录等，其他为二类数据。当主单元查询到有一类数据时，则转入一类数据查询子程序，处理完后再查询下一个间隔单元。系统在运行过程中要经常对时，以保证整个系统（或计算机网络）时间的统一，当对时时间到时，执行对时程序。

下位机软件主要完成模拟量、开关量、脉冲量的采集（输入），开关量的输出控制（断路器跳、合闸操作与信号输出），向上位机传输数据等功能。该软件为模块化软件，每个模块完成各自的功能。如模拟量采集模块完成模拟量的采集、开关量采集、模块完成开关量的采集、控制模块及通信模块完成断路器的操作控制、信号输出及与上位机的通信等。

上位机软件主要完成图像显示、打印记录、对断路器进行操作、远方通信及与下位机之间的数据传送等功能。该软件也为模块化软件每个模块完成各自的功能。

图像显示程序模块可显示变电站运行主系统图、隔离开关和断路器的位置及操作过程、各种运行参数表格和负荷曲线及故障等内容。

通信程序模块一方面将采集到的数据及开关状态实时地送至远方调度所，另一方面通过 RS-232 通信接口进行数据交换。其方式是上位机根据需要向下位机申请传送数据，下位机则按上位机的需要将所需数据送入上位机。

操作程序模块主要通过键盘完成各种功能的操作。在进行断路器跳、合闸操作时需自动加入各种闭锁条件。如隔离开关未合、断路器未合，则在屏幕上显示"隔离开关未合"；如接地刀闸未断开、断路器未合，则在屏幕上显示"接地刀闸未断开"。

　　打印程序模块主要完成报表打印及随机打印功能。报表打印可完成定时打印制表。随机打印则在事故与故障发生或继电保护动作时，自动打印故障或保护动作时间、地点、性质及顺序，同时还打印断路器及隔离开关变位的时间、性质及顺序等。

第七章　配电自动化技术

在新的配电自动化系统建设中，国家电网公司非常重视配电自动化系统测试技术研究，开发出配电自动化系统测试成套设备，推出了设置各种故障现象的运行场景，并经过快速仿真计算后模拟配电终端与主站交互数据，从而对主站的故障处理性能进行测试的配电自动化系统主站注入测试法，并研制出由配电网运行场景仿真器、仿真实时数据库、规约解释器和图形化人机界面组成的配电自动化系统主站注入测试平台。

第一节　配电自动化系统主站测试技术

以下从一般软件系统的测试分类出发，介绍软件测试的各种测试内容以及测试模型，并针对配电自动化系统的特点，探讨配电自动化系统主站的测试需求与内容。

一、配电自动化系统主站测试需求

（一）软件测试的分类

软件测试有着各式各样的说法，关于软件测试的分类框架，美国普渡大学的教授分别从测试设计的依据、测试所在的生命周期、测试活动的目标、被测软件制品特点，以及测试过程模型五个方面对软件测试的类型进行了归纳与分类。

1. 测试设计的依据

根据测试设计的依据，软件测试的类型有黑盒测试、白盒测试、基于模型或规范的测试、接口测试。

（1）黑盒测试（Black-Box Testing）把程序看作一个不能打开的黑盒子，不考虑程序内部逻辑结构和内部特性的情况下，测试程序的功能。测试要在软件的接口处进行，它只检查程序功能是否按照规格说明书的规定正常使用，程序是否能接收输入数据而产生正确的输出信息，以及性能是否满足用户的需求，并且保持数据库或外部信息的完整性。通过测试来检测每个功能是否都能正常运行，因此黑盒测试又可称为从用户观点和需求出发的测试。

（2）白盒测试（White-Box Testing）是指在测试活动中基于源代码进行测试的用例设计和评价。一般包含静态测试和动态测试，其中静态测试通过人工的模拟技术对软件进行分析和测试，不要求程序实际执行；动态测试是指输入一组预先按照一定测试准则设计的实例数据驱动运行程序，检查程序功能是否符合设计要求，发现程序中错误的过程。

（3）基于模型或规范的测试是指对软件行为进行建模以及根据软件的形式化模型设计测试的活动，在测试过程中需要首先对需求进行形式化定义。

（4）接口测试（Interface-Testing）的目的是测试系统相关联的外部接口，测试的重点是要检查数据的交换以及传递和控制管理过程。

2. 测试所在的生命周期

根据测试所在的生命周期，软件测试的类型有单元测试、集成测试、系统测试、回归测试以及非正式验收测试。

非正式验收测试过程分为 Alpha 测试和 Beta 测试。其中 Alpha 测试是用户在开发环境下所进行的测试，或者是内部开发的人员在模拟实际环境下进行的测试。Alpha 测试没有正式验收测试那样严格，在 Alpha 测试中，主要是对用户使用的功能和用户运行任务进行确认，测试的内容由用户需求说明书决定。进行 Beta 测试时，各测试员应负责创建自己的测试环境，选择数据，决定要研究的功能、特性和任务，并负责确定自己对于系统当前状态的接受标准。

3. 测试活动的目标

针对特定的目标，软件测试可以分为：功能测试、性能测试、压力测试、安全保密测试、可靠性测试、容错性测试、鲁棒性测试、GUI 测试、操作测试、入侵测试、验收测试、兼容性测试、一致性测试、外设配置测试、外国语言测试等。

（1）功能测试用于考察软件对功能需求完成的情况，该设计测试用例使需求规定的每一个软件功能得到执行和确认。

（2）性能测试检验软件用于考察是否达到需求规格说明中规定的各类性能指标，并满足一些与性能相关的约束和限制条件。

（3）压力测试即强度测试，是指模拟巨大的工作负荷来测试应用程序在峰值情况下如何执行操作。在实际的软硬件环境下，压力测试主要是以软件响应速度为测试目标，尤其针对在较短时间内大量并发用户访问时软件的抗压能力。

（4）容错性测试包括两个方面：一方面是输入异常数据或进行异常操作，以检验系统的保护性，如果系统的容错性好，系统只给出提示或内部消化掉，而不会导致系统出错甚至崩溃；另一方面是灾难恢复性测试，通过各种手段，让软件强制性地发生故障，然后验证系统已保存的用户数据是否丢失，系统和数据是否能尽快恢复。

4. 被测软件制品特点

针对不同被测软件制品而进行的特定软件测试分类，例如：针对应用程序组件的组件测试；针对客户/服务器的C/S测试；针对编译器的编译器测试；针对设计的设计测试；针对编码的编码测试；针对数据库系统的事务流测试；针对面向对象软件的测试；针对操作系统的测试；针对实时软件的实时测试；针对需求的需求测试；针对Web的Web服务测试。

5. 测试过程模型

（1）常用测试过程模型

目前存在着各种测试模型，所谓测试模型是软件开发全部过程、活动和任务的结构框架，是把多种测试方式集成到软件的生命周期中的一个完整过程。常用的测试过程模型有：瀑布测试模型、V测试模型、快速原型模型、螺旋测试模型，以及敏捷测试模型等。

① 瀑布测试模型。该模型给出了固定的顺序：对需求规格说明、设计、编码与单元测试、集成与子系统测试、系统测试、验收测试、培训和交付、维护等生存期活动，从上一个阶段向下一个阶段逐级过渡，如同流水下泻，最终得到所开发的软件产品，投入使用。在瀑布测试模型中，软件开发的各

项活动严格按照线性方式进行，当前活动接受上一项活动的工作结果，实施完成所需的工作内容。当前活动的工作结果需要进行验证，如果验证通过，则该结果作为下一项活动的输入，继续进行下一项活动，否则返回修改。

②V测试模型。该测试模型是软件开发测试模型的变种，它反映了测试活动与分析和设计的关系，从左到右，描述了基本的开发过程和测试行为，非常明确地标明了测试过程中存在的不同级别，并且清楚地描述这些测试阶段和开发过程间各阶段的对应关系，左边依次下降的是开发过程各阶段，与此相对应的是右边依次上升的部分，即各测试过程的各个阶段。

V测试模型是在快速应用开发（Rapid Application Development，RAD）模型基础上演变而来的，由于将整个开发过程构造成一个V字形面得名。V测试模型强调软件开发的协作和速度，将软件实现和验证有机地结合起来，在保证较高的软件质量的情况下缩短开发。

③快速原型模型。快速原型模型的第一步是建造一个快速原型，实现客户或未来的用户与系统的交互，用户或客户对原型进行评价，进一步细化待开发软件的需求。通过逐步调整原型使其满足客户的要求，开发人员用以确定客户的真正需求。第二步则在第一步的基础上开发客户满意的软件产品。

④螺旋测试模型。软件系统开发的螺旋测试模型，将瀑布测试模型和快速原型模型结合起来，强调了其他模型所忽视的风险分析，螺旋测试模型采用一种周期性的方法来进行系统开发，以进化的开发方式为中心，在每个项目阶段使用瀑布模型法，这种模型的每个周期都包括需求定义、风险分析、工程实现和评审4个阶段，由这4个阶段进行迭化。软件开发过程每迭代一次，软件开发又前进一个层次。在最后阶段测试，人员关注的是系统测试和验收测试。

⑤敏捷测试模型。敏捷测试强调从客户的角度来测试系统，重点关注持续迭代的测试新开发的功能，而不再强调传统测试过程中严格的测试阶段，尽早开始测试，一旦系统某个层面可测，比如提供了模块功能，就要开始模块层面的单元测试，同时随着测试深入，持续进行回测试，保证之前测试内容的正确性。

（2）常用测试模型的特点

以上几种常用测试模型的主要特点如下：

① 瀑布测试模型由于开发的模型为线性，用户只有等到整个过程的末期才能见到开发成果，从而增加了开发的风险。早期的错误可能要等到开发后期的测试阶段才能发现，进而带来严重的后果。

② V 测试模型使用户能清楚地看到质量保证活动和项目同时展开，项目一启动，软件测试的工作也就启动了，避免了瀑布模型所带来的误区——软件测试是在代码完成之后进行。V 测试模型具有面向客户、效率高、质量预防意识等特点，能帮助我们建立一套更有效的、更具有可操作性的软件开发过程。

③ 快速原型模型可以克服瀑布测试模型的缺点，减少由于软件需求不明确带来的开发风险。快速原型模型的关键在于尽可能快速地建造出软件原型，一旦确定了客户的真正需求，所建造的原型将被丢弃。因此，比起原型系统的内部结构，更重要的是必须迅速建立原型，随之迅速修改原型，以反映客户的需求。

④ 采用螺旋测试模型需要具有相当丰富的风险评估经验和专门知识，在风险较大的项目开发中，如果未能够及时标识风险，势必造成重大损失，另外，过多的迭代次数会增加开发成本，延迟提交时间。

⑤ 敏捷测试是一个持续的质量反馈过程，测试中发现的问题要及时反馈给产品经理和开发人员。测试人员不仅要全程参与需求、产品功能设计等讨论，而且要面对面地、充分地讨论并参与代码复审。敏捷测试可以将测试反映的问题或者用户的需求迅速地反映到软件开发中。目前在软件开发中比较常用，一般在软件开发商的内部质量控制中使用。V 测试模型由于其质量保证活动和项目开发活动同时展开，不仅可以应用到软件开发商的内部质量控制，还可以提供给软件使用者实现外部质量控制，因此非常适合配电自动化系统这样的大型软件系统的质量保证过程。

（二）配电自动化系统主站的测试任务

1.配电自动化系统主站的组成

（1）软件系统

配电自动化系统主站是一个大型的应用软件系统，典型的配电自动化系统主站软件由基础软件、平台支撑软件和应用软件三部分组成。基础软件包括操作系统、商用数据库管理系统、基础 GIS 平台等。平台支撑软件包括实时数据库管理系统、网络通信、系统管理、进程管理、应用管理、报文管理、打印管理、制表管理等。应用软件包括数据采集、SCADA 处理、人机界面、配电故障处理、GIS 应用、WEB 应用、配电高级应用、接口等。

（2）硬件设备

配电自动化系统主站的硬件设备主要包括 UNIX 服务器、UNIX 工作站、PC 工作站、存储设备以及集线器、交换机、路由器等网络设备。配电自动化系统主站的网络类型采用双以太局域网，网络协议采用 TCP/IP 或 DEC net 等，由主系统信息处理网、数据采集网以及与其他系统通信网 3 个双以太网构成。在主系统信息处理网中，服务器包括 DMS 应用服务器、SCADA 服务器、历史数据服务器、DTS 服务器、WEB 服务器等；工作站包括调度员工作站、远程维护工作站、报表工作站、配电工作管理工作站等，其中磁盘阵列用于存储历史数据。在数据采集网中，由数据采集服务器、终端服务器和网络交换机组成，其中终端服务器用于连接串行通信的配电终端设备，网络交换机用于连接网络型的配电终端设备。在与其他系统通信网中，由通信服务器和网络交换机或路由器组成，完成与 SCADA/EMS 系统以及其他的信息管理系统接口与互联。

2. 配电自动化系统主站的测试过程

根据 V 测试模型的测试过程，针对配电自动化系统主站产品软件开发过程的需求分析、系统设计和具体编程的不同阶段，测试的内容包括：单元测试、集成测试、系统测试和验收测试。

（1）单元测试。其目的是检验软件模块的设计开发情况，主要由编程人员和测试人员对开发测试环境进行测试。按照设定好的最小测试单元进行单元测试，主要是测试程序代码，为的是确保各单元模块被正确的编译，单元的划分按不同的软件而有所不同，比如有其体到模块的测试，也有体到类、雨数的测试等。

（2）集成测试。其目的是检验各个子部件软件模块的集成情况，重点是测试子部件的接口功能，使用子部件的测试环境进行测试。经过单元测试后，将各单元组合成完整的体系，主要测试各模块间组合后的功能实现情况，以及模块接口连接的成功与否，数据传递的正确性等。集成测试是软件系统集成过程中所进行的测试，其主要目的是检查软件单位之间的接口是否正确。

（3）系统测试。经过单元测试和集成测试以后，要把软件系统搭建起来，按照软件规格说明书要求，测试软件功能等是否和用户需求相符合，在系统中运行是否存在漏洞等。

（4）验收测试。主要用于测试系统目标和支持验收过程、使用系统及实际运行测试环境。当用户拿到软件时，会根据需求以及规格说明书做相应测试，以确定软件是否满足需求。

基于 V 测试模型的测试任务，软件设计实现的过程同时伴随着质量保证活动、需求分析、定义和验收测试等，主要工作是面向用户，要和用户进行充分的沟通和交流，也可以和用户一起完成。概要设计、详细设计以及编码工作在开发组织内部进行，主要由工程师、技术人员完成。配电自动化系统主站测试，单元测试采用白盒测试方法较多，到了集成、系统测试，更多是将白盒测试方法和黑盒测试方法结合起来使用，而在验收测试过程中，由于用户一般要参与，使用黑盒测试方法。

在 V 测试模型中，需求分析和功能设计与验收测试相对应，测试目标的确定、测试用例（Use Case）准备以及测试活动的策划，需要在需求分析、产品功能设计同时进行，只有这样，产品的设计特性、用户的真正需求才可以在测试和设计两个方面得以实现。

二、配电自动化系统主站验收测试方法

配电自动化系统主站的验收测试主要考查系统的整体性能指标，测试内容包括：配电自动化系统主站的功能测试、性能测试、压力测试、一致性测试、可靠性测试、安全保密测试。功能测试是根据技术协议来测试产品的每个功能是否都能正常使用、是否达到了产品规格说明书的要求；在性能测试中除了考查配电自动化系统主站的时间响应指标和容量指标外，还对系统的负载率和软件的编程质量进行了考核；压力测试采用雪崩测试用例模型，主要目的是考查系统应对突发事件时处理能力；一致性测试主要测试配电自动化系统主站与配电终端通信规约以及信息交换的模型和消息是否满足一致性；可靠性测试目的是考查系统的容错能力，特别是网络数据库和采集系统的备份；安全保密测试考查系统的抗病毒能力、防入侵和安全权限以及灾难恢复的能力。

（一）功能测试

功能测试包括用户界面测试，各种操作的测试，不同的数据输入、逻辑思路、数据输出和存储等的测试。

1. 功能测试的步骤

功能测试的步骤如下：

（1）按照系统给出的功能列表，逐一设计测试案例。

（2）运行测试案例。

（3）检查测试结果是否符合业务逻辑。

（4）评审功能测试结果。

功能测试应注意整体性和重点性，整体上要着重考查是否符合相应的配电自动化标准对于功能的要求，重点考查每个功能是否都能正常使用，每项功能是否符合实际要求，功能逻辑是否清楚，是否符合使用者习惯；系统的各种状态是否按照业务流程而变化，是否能保持稳定，是否支持各种应用的环境和多种硬件周边设备，与外部应用系统的接口是否有效；软件系统升级后，是否能继续支持旧版本的数据等。

2. 功能测试的内容

配电自动化系统主站的功能测试包括：配电自动化系统主站 SCADA 系统功能测试，配电自动化系统主站 FA（Feeder Automation）系统功能测试，配电自动化系统主站 DMS（Distribution Management System）系统功能测试，配电自动化系统主站与其他系统接口功能测试。配电自动化系统主站功能测试是在配电终端或子站仿真测试工具接入的情况下测试主站功能。

利用终端仿真测试工具可以较好地测试各种工况下的系统功能和性能指标，终端仿真测试工具仿真 FTU（Feeder Terminal Unit）功能，子站测试工具可以仿真子站功能，可以多机对时协同工作，主要功能如下：

（1）提供网络与串口数据两种接口方式。

（2）提供快捷的生成大量 FTU 功能。

（3）提供雪崩测试入口。

（4）多机协同工作，用于共同完成系统容量测试与雪崩测试。

（5）可以根据各种典型情况建立、编辑、修改、保存、查询各种典型测试方案。

（6）可以产生各种遥测、遥信实时变化数据流，遥测与遥信的变化规律可根据典型方案生成或者由用户自定义遥测与遥信之间的算术关系、逻辑关系和时序关系。

（7）可以仿真产生开关事故跳闸、保护动作、冲击负荷跳变、潮流分布变化等各种典型配电网事故的实际过程以及电网的正常变化过程，并可以仿真产生自动化装置异常而出现的错误遥信。例如，接点抖动、批址遥信、错误遥测、死数据、跳变数据、零漂、非线性、通信异常等现象。

（8）可以仿真变电站的遥控、遥调操作，并将相应的操作结果仿真显示。

（二）性能测试

性能测试的目的在于评估系统的能力，识别系统中的弱点，实现系统优化以及验证系统的稳定性及可靠性。

配电自动化系统主站软件性能测试需要测试获得定量结果时计算的精确性；测试有速度要求时完成功能的时间；测试软件系统完成功能时所处理的数据量；测试软件各部分工作的协调性，如高速操作、低速操作的协调性；测试软件/硬件中因素是否限制了产品的性能；测试产品的负载潜力及程序运行时占用的空间。

配电自动化系统主站性能指标测试主要测试各种功能可以定量化的技术指标，包括：时间响应性指标、容量指标以及系统负载率指标。配电自动化系统主站性能指标可以采用配电终端仿真环境进行测试，为了更好地完成配电自动化系统主站特定功能的测试，建立配电终端仿真环境，用计算机来仿真配电自动化的 FTU（Feeder Terminal Unit）、TTU（Transformer Terminal Unit）、DTU（Distribution Terminal Unit）及配电子站等站端系统的运行。

1. 时间响应性指标测试

计时工具可以采用数字式毫秒计，也可以考虑采用编制相应的测试软件，在全网统一对时之后，通过记录与各个测试项目相对应的时间报文的时间差自动记录响应时间。为减少试验结果的离散性，一般采用测试 10 次以上，去除最大、最小值，再取平均值的方法。

2. 容量指标测试

容量包含两个方面的要求：一是能够接入配电终端数量是否满足设计的要求；另一个是接入量测数量是否满足设计的要求。

设置两台以上采集节点，按要求配置必需的采集模块，在测试中通过配电终端仿真环境模拟配电终端运行进行容量测试。

3. 系统负载率指标

CPU 负载率与网络负载率是反映系统健壮性、软件编程效率的关键指标，也是应对突发事件的系统资源的备用容量。通过对这两项关键指标的检测，可以较好地从计算机运行的角度反映系统的运行状况。系统负荷及网络指标用各种工况下的网络负载率和系统 CPU 负载率表示。除 CPU 负载率以外，内存负载率也是反映系统性能状况的重要指标。

（1）指标要求。CPU 负载率（任意 5min 内）小于 40%；网络负载率（任意 5min 内）小于 30%。

（2）CPU 负载率测试。在正常工况下，完成系统各项模拟操作时，利用操作系统自带的系统性能分析工具或软件的黑盒测试工具记录各种操作的 CPU 负载率。

（3）网络负载率测试。在正常工况下，对配电自动化系统主站进行各种操作，通过网络性能测试仪监测网络负载率变化情况。

（三）压力测试

配电自动化系统主站的压力测试主要是数据库压力测试以及网络通信压力测试，采用雪崩测试（Avalanche Characteristics Test）用例，雪崩测试模拟事故情况下，信息剧增可能造成各种对配电自动化系统主站性能的影响。雪崩测试模型参考 IEC 61850 标准提供的参考数据得到信息的变化量用了 3min 之内数据库全部信息体 2.14%（IEC 61850）发生变化以及 10min 之内数据库的全部信息体 15% 发生变化，测试网络负载率及系统响应状况。完成系统各项操作时，要求系统应能正常工作，事件记录完整，事件顺序记录能真实反映试验情况，CPU 平均负载率（任意 5min 内）不大于 40%，网络负载率（任意 5min 内）小于 30%。

通过配电终端仿真环境模拟雪崩测试模型，也可以与 load Runner 工具相结合进行负载压力测试。Load Runner 是一种预测系统行为和性能的负载测试工具。通过模拟上千万用户实施并发负载及实时性能监测的方式来确认和查找问题，使用 Load Runner，企业能最大限度地缩短测试时间，优化性能和加速应用系统的发布周期。

使用 Load Runner 完成性能测试一般分为 4 个步骤。

1. Virtual User Generator 创建脚本

该步骤主要内容为：

（1）创建脚本，选择协议。

（2）录制脚本。

（3）编辑脚本。

（4）检查修改脚本是否有误。

2. 通过 Controller 来设置虚拟用户

该步骤主要内容为：

（1）创建 Scenario，选择脚本。

（2）设置虚拟用户数。

（3）设置 Schedule。

3. 运行脚本

运行脚本中，主要是对 Scenario 进行分析。

4. 分析测试结果

配电自动化系统主站的压力测试也可以采用专用压力测试平台进行，比如常用的 DATS-1100 配电自动化系统主站压力测试平台，其主要特点如下：

（1）DATS-1100 压力测试平台可以根据配置的遥测、遥信和遥控点表信息生成大量配电终端和实时海量的遥测和遥信以及 SOE（Sequence of Events）数据，根据配置的通信信息和规约信息建立网络连接和信息通道，把相应的海量实时数据发送给配电自动化系统主站；DATS-1100 压力测试平台还能够与配电自动化系统主站实时交互数据，接收主站的遥控命令并向配电自动化系统主站发送反校命令和确认命令。

（2）DATS-1100 压力测试平台采用锯齿波数学模型（利用遥测数据初始值、遥测数据增长步长和遥测数据最大值生成）定时生成遥测数据，存储在压力测试平台的遥测实时数据库中，根据设置的数据发送周期，定时发送遥测数据到配电自动化系统主站，在配电自动化系统主站中通过查看接收到的遥测数据实时曲线或遥测数据历史曲线的锯齿波是否完整光滑，能够方便地检验配电自动化系统主站对海量遥测数据接收是否完整，处理是否正确。

（3）DATS-1100压力测试平台采用对遥信数据进行循环取反的方法生成遥信变位数据，每一个遥信变位数据同时生成一个SOE数据，分别存储在压力测试平台的遥信实时数据库和SOE实时数据库中，根据配置的数据发送周期，定时发送给配电自动化系统主站，在主站中通过查看接收到的遥信变位记录，能够检验配电自动化系统主站对大量遥信变位数据接收是否完整，处理是否正确；通过查看接收到的SOE实时报警信息或SOE历史事件记录能够检验配电自动化系统主站对SOE数据接收是否完整，处理是否正确。

（4）每套DATS-1100压力测试平台可以模拟1000个配电终端、10万个遥测点和遥信点，数据更新周期可在0.5～60s随意设置。为了制造更大的压力环境，往往还可以同时采用多套DATS-1100压力测试平台，同时向配电自动化系统主站进行数据交互。

（四）一致性测试

配电自动化系统主站的一致性测试包括模型及消息以及规约的两个方面测试。模型及消息的一致性测试主要测试不同厂家的应用系统对IEC 61968标准的贯彻情况。

1. 模型及消息的一致性测试

随着电力信息标准化的逐步开展，电力企业开始构建基于企业服务总线（Enterprise Service Bus，ESB）的信息集成架构。然而各个系统提供商在实际应用中对IEC 61968标准制定的总线模型与消息规范的理解和贯彻执行差别较大，经常会出现信息交换双方的模型不匹配或者语义不一致，导致互操作的失败。在同一条信息交互总线上传递的信息模型与消息类型混乱，以致应用间信息集成受阻，不利于企业内或企业间的信息集成。从技术上讲，缺少一种校验机制对总线信息模型与消息规范进行一致性约束，因此有必要在总线上部署模型与消息验证测试。需要引入一种能够校验模型自身错误的验证器，或者在企业总线上增加模型验证服务，也就是所谓的语义验证机制，即从实际的电网数据模型中解析出元数据信息，并将其与统一的信息模型做校验，实现语义层次的差异化分析。

IEC 61968 定义的接口参考模型（IRM）规定，应用组件间的通信要求两个层次上的兼容性，验证服务在 IEC 61968 消息总线上的工作流程，即部署在总线上的应用组件每进行一次模型更新（元数据），需要首先向验证服务器传递一条待发布的消息，验证服务器将验证结果返回给应用组件（专有信道）。若验证结果不兼容，则该组件不允许向总线上发布消息，需要根据提供的不兼容信息对模型做核实和修改。若验证通过，则可以向总线服务订阅方发布相应的业务消息，并且在下一次模型更新之前不必再向验证服务器传送消息。经过该验证环节，保证了总线上传输的消息符合定制的消息类型规范（XSD），并且信息模型符合特定子集协议（Profle）的约束。

总线验证机制包含了两个层面：一层是模型验证，即元数据层面的一致性校验；另一层是消息类型的规范性验证。所谓模型验证，是指从消息体（Message Payload）中解析出电网模型元数据信息，并将其与统一的信息模型（CIM 及其扩展）做比对，分析语法格式的兼容性以及模型语义的一致性，筛选出不兼容信息，从而便于进行信息模型的管理与维护，从根源上保证总线语义的一致性。而消息类型的规范性验证则是校验总线上传输的消息（XML）是否符合特定的消息类型规范（XSD）（包括 IEC 61968-3 至 IEC 61968-10 定义的消息类型和扩展的消息格式）。

需要指出的是，这两个层面的验证并不是完全按照互操作框架中信息层区分，是由消息体（Message Payload）装载的消息格式决定的，消息构成中的消息体中可以装载如 RDF、XSD、PDF 等格式的文档，由于 RDF 和 XSD 在语法格式和语义定义方面具有各自的优势，如 RDF 可以表达资源之间的继承关系，因此可以应用于表达电网模型、拓扑连接等语义性需求较强的场景，而 XSD 使用嵌套方式描述元素之间的关系，在数据转换以及扩展方面具有很大的灵活性。针对以上特点，对基于 RDF 表达的消息体采用基于本体 OWL 的验证方法（即模型验证），而对基于 XSD 规范的消息采用消息类型的有效性验证（即消息验证）。

模型验证首先是通过解析 CIM/XML，抽取该数据模型的元数据信息，并将其与基于本体描述的语义模式做比对，该语义模式可以是基于标准 CIM 及其扩展的全模型，也可以是统一配置的子集协议，具体的模式选择需要结合实际应用需求。

消息验证将消息体规范文档导入到Message.xsd这个模式（Schema）中来，构成一个完整的总线消息格式。利用合并的消息规范构建验证的模式，从而实现与消息的比较。在信息技术领域，消息验证就是指XMI文档的有效性验证，即提取出XMI实例的组织结构和内容类型，并与消息类型定义相比较，若符合消息类型定义的整体结构（包括元素内容、属性，以及出现的顺序、次数等），则表明该XMI实例文档与其模式相一致。

2. IEC 61968 消息一致性测试

（1）IEC 61968 消息一致性测试方法

元数据（Metadata）是描述数据的数据，可以描述数据的编码方式或数据交换的格式，也可以描述一种数据如何映射为另外形式的数据。

IEC 61968的消息实例是一种标准化的数据，因此必然存在描述它的元数据。基于一致性测试的需求，以下将IEC 61968消息的元数据分为以下两类。

① 消息信封元数据（Message Envelope Metadata）。消息信封由消息头、请求组件、应答组件及消息体的"Format"字段组成，4种消息类型的消息包含的组成部分有一定差异。消息信封元数据是指描述消息信封结构的XSD文件，包含4种消息类型及其各组成部分的结构定义。

② 消息体子集元数据（Payload Profile Metadata）。IEC 61968消息的实际业务数据一般会用于替换消息体的"any"字段，而消息体的"Format"字段仅用于标记实际数据的格式，属于消息信封范畴，因此从某种意义上说，用于替换"any"字段的数据才是真正的消息体。为避免混淆，我们将其称为消息体子集实例。消息体子集元数据即消息体子集实例所对应的XSD文件，由IEC 61968-3至IEC 61968-10部分制定，也可由用户自行根据需求基于CIM模型抽取子集并利用CIM Tool等软件生成。

（2）IEC 61968 消息一致性测试规则

一致性测试是基于IEC 61968标准以及实际的应用需求，建立一致性测试规则，并通过一定的测试流程比对待测消息与规则的一致性。建立合适的一致性规则是实现一致性测试的基础。

① 格式层规则。格式层规则用于测试IEC 61968消息的格式是否符合对应的元数据定义。对于一条完整的IEC 61968消息实例，其信封格式应符合消息信封元数据的定义，其消息子集实例格式应符合消息子集元数据的定义。因此，IEC 61968消息一致性测试的格式层规则应分为两个并行部分，即消

息信封格式层规则和消息体子集格式层规则。

a. XSD 它用于定制一个 XML 文件的结构，对该文档中的元素（Element）和属性（Attribute）的层次、顺序、类型、值域、基数、命名空间等进行约束。对于一个 XML 文件而言，它如果需要被正确地识别和解析，则它不仅应该是良构的（Well-Formed，指符合基本的 XML 语法），还应该是有效的（Valid，指与对应的 XSD 匹配）。

b. XML 有效性规则是 W3C 标准。对于 IEC 61968 消息而言，其消息信封元数据是 XSD 文件，大多数情况下的消息子集元数据也是 XSD 文件，因此消息信封格式层规则和消息体子集格式层规则，均可等同于 W3C 的 XML 有效性规则。实际测试时，IEC 61968 消息实例的消息信封部分，应通过 XML 有效性规则与消息信封元数据（即消息信封 XSD）进行比对，而消息体子集实例部分则应通过 XML 有效性规则与消息体子集元数据（即消息体子集 XSD）进行比对。不同版本的消息信封元数据、消息体子集元数据或对应不同业务的消息体子集元数据，可通过命名空间加以区分（由 XSD 文件根元素的目标命名空间"target Names pace"属性标识）。

② 应用层规则。格式层规则只能测试 IEC 61968 消息与其元数据的一致性，但因元数据本身的通用性，使得在针对具体应用时，一些特殊的一致性需求无法通过元数据表达，这也使得仅满足格式层规则的一致性测试并不完备。因此，针对具体的应用场合，还应制定一系列应用层规则作为补充。

与格式层规则相仿，需分别制定消息信封和消息体子集实例的应用层一致性规则。

a. 消息信封应用层规则。消息信封包含了交互双方的协议和参数，对于交互一致性至关重要。但是由于不同的应用场合及不同系统间的交互会有其特殊性，交互协议不可能完全相同，因此消息信封的应用层一致性测试应该是开放式的、可扩展的，可根据具体场景下的具体需求设计不同的规则。

b. 消息体子集实例应用层规则。与消息信封一样，对于消息体子集实例而言，每个不同的业务场景都对应不同的子集，也有不同的子集 XSD，每个不同的业务对数据会有不同的特定需求，很难通过一个统一的规则来描述其应用层一致性规则。因此消息体子集实例的应用层一致性规则也应该和消息信封一样，是开放式、可扩展的。

（3）元数据及规则驱动的一致性测试方法框架

IEC 61968 消息的元数据版本处于不断更替当中，各消息子集元数据 XSD 也在不断更新，许多子集甚至尚未发布。各系统开发商遵循不同版本元数据进行开发，会导致系统间互操作的失败。与元数据类似，一致性测试规则也具有很大的可扩展性，将会处于不断完善之中。

为了保证一致性测试方法的鲁棒性（Robustness），应设计一套元数据及规则驱动的框架。所谓元数据及规则驱动，即一致性测试的主过程不受元数据及规则变化的影响，彼此独立。

一致性测试主引擎接收待测试 IEC 61968 消息，并调用规则实现模块库中的各模块，这些模块加载元数据库中的相关元数据用以实现格式层及应用层的规则推理，最终由主引擎输出一致性测试报告。

当元数据版本和内容发生变化时，只需修改元数据库，无须修改各规则实现模块和主引擎；当一致性测试规则发生变化或扩充时，只需修改或增加对应的规则实现模块，无须修改其他规则实现模块、主引擎和元数据库。这就保证元数据存储、规则推理与一致性测试主流程三者独立性，便于维护升级。

规则实现模块库中的各模块的物理封装粒度可根据实际情况调整，可以一条规则对应一个模块，也可以一类规则对应一个模块，较为灵活。

（4）IEC 61968 消息一致性测试的软件实现

元数据及规则驱动框架可有多种实现方式，以下论述一种可扩展松耦合一致性测试 Web 服务体系用以实现该框架。

① 基于 NET Framework，使用 C# 语言实现该 Web 服务体系。其主要软件流程如下：

a. 主服务接收客户端发送的待测消息，解析主服务配置文件后创建与子服务数量相同的子线程，并行调用子服务并转发待测消息（并行化可充分提高测试效率），主线程循环等待。

b. 子服务分别封装消息信封和消息体子集实例的格式层、应用层规则，并与对应的元数据库实现对接。规则的实现需要加载和解析元数据库中所有元数据的目标命名空间及元数据内容，并根据规则逐行遍历待测试消息，记录各规则的测试结果，生成测试子报告返回给主服务。

c. 主服务接收到所有子报告后，结束等待并合并所有子报告，生成总测试报告，返回给客户端。

② 该 Web 服务体系的松耦合性和可扩展性主要由统一服务接口和可扩展主服务配置文件保证。

a. 统一服务接口。主服务与所有子服务均使用同一个 Web 服务描述语言（Web Services Description Language，WSDL）文件来定义服务接口。该 WSDL 文件包含一个接口（方法），接口（方法）名为"Test"，输入参数类型为"Input"，输出参数类型为"Output"。

待测试的 IEC 61968 消息用于替换输入参数的"any"字段，"Time Stamp"字段用于记录请求时间；测试报告存放在输出参数的"Test Report"字段中，测试报告由测试项（Test Item）组成，每个测试项包含测试类型（Test Class）、所使用的规则（Rule）、测试结果（Result）以及错误列表（Error List）。错误列表由错误项（Error）组成，错误项中包含该错误所在行号（Row Number）和该错误的描述（Description）。

b. 可扩展主服务配置文件。由于本方案是元数据及规则驱动框架的一种实现，因此必须保证元数据和规则的更新不影响测试的主过程，即子服务的改动或增加不会影响主服务。通过将子服务的信息设计成一种可扩展的配置文件，由主服务在启动时加载和解析，自动配置其与子服务的关联，可充分保证子服务的独立性和可扩展性。

子服务的名称和地址存放在"name"和"URL"字段。

如需增加子服务，则增加"Sub Service"节点并填充相应的"name"和"URL"字段即可，无须修改主服务；如需屏蔽某些子服务，则去掉相应"Sub Service"节点。

通过统一接口，可使各个服务间保证松耦合性，即无须知道对方的功能如何实现，只需遵从该接口与对方交互；当需要扩展子服务时，仅需使用该统一接口进行开发，并修改主服务配置文件即可，以保证功能的可扩展性。

（5）一致性测试服务的部署与应用模式

测试服务的部署与应用模式有以下两种。

① 在线测试模式。在线测试模式指将一致性测试主服务与所有子服务均部署于 IEC 61968 信息交换总线 / 企业服务总线上，当实际业务系统通过总线向其他系统发送消息时，由总线适配器实时调用一致性测试主服务转发该消息，并将收到的测试结果返回给消息发送方或推送到监控平台上，便于及

时修正。为应对在线测试可能面临的实时海量数据，可将主服务与各子服务分散在不同服务器上，以减轻测试压力，充分体现主服务并行调用子服务的效率优势。

② 离线测试模式。离线测试模式指将一致性测试的主服务与所有子服务均部署在本地或局域网内的 Web 服务器上，供系统开发人员进行离线自测试、修正系统错误，待全部通过后该系统才可接入 IEC 61968 信息交换总线 / 企业服务总线与其他系统进行信息交互。

第二节　配电自动化系统终端测试技术

一、配电自动化系统终端测试需求

配电终端一般安装在户外或简易的遮蔽场所中，运行环境恶劣，而且终端分布点多面广，因此，在温度适应性、防磁、防震、防潮、防雷、电磁兼容性等方面有更高的要求，在产品选件、定型、生产加工和出厂等过程中，需要高性能的器件、先进的生产加工设备和加工工艺，另外，随着公共通信网在配电自动化中的应用，对于配电终端网络安全的测试需求也越来越迫切。

配电终端产品的测试内容主要包括：功能验证、型式试验和例行试验。

1. 功能验证。该验证是根据配电终端产品的设计要求对需要完成的功能进行验证，包括验证单个产品模块或组成系统的性能是否满足要求，验证在不同参数下的产品功能，以及与不同参数其他产品的兼容性。

2. 型式试验。该试验是在电磁兼容、环境气候以及机械强度等各种试验条件下进行，用以验证产品功能的正确度。

3. 例行试验。该试验是对配电终端产品在出厂前进行功能性试验、绝缘测试以及老化试验，来验证产品的出厂质量。

二、配电自动化系统终端型式测试与例行测试

（一）配电自动化系统终端型式测试

配电终端的型式试验测试终端装置的硬件和软件设计是否满足各种强电

磁环境下的工作要求，是取得电力系统入网许可证的必要条件。

1. 型式试验基础

（1）测试设备及软件

配电终端型式试验测试设备包括：计算机、通信终端各一台；交流信号源、直流信号源模拟量发生器、状态量输入模拟器各一台；遥控执行指示器一套；数字万用表一台；三相标准功率表、标准功率因数表各一块；三相交流测试电源一台。

用测试软件模拟配电自动化系统主站对终端设备进行测试，测试软件包含规约通信软件以及基本终端性能监控功能软件。

（2）测试过程

计算机通过通信终端与配电终端相连，并通过需要测试的通信规约进行通信，在配电终端设备的交流模拟量输入口加上交流信号源，在直流模拟量输入口加上直流信号源，在状态量输入口加上状态量输入模拟器，在遥控量输出口加上遥控量执行指示器来显示执行结果。在交流模拟量输入口和直流模拟量输入口分别接上数字万用表、三相标准功率表和标准功率因数表，以便对输入信号与配电终端采集的信号进行对比检测。

为了测试其他性能，还需要绝缘耐压装置、机械震动装置、各种高频干扰发生装置，包括：电磁波室、交流磁场线圈、兆欧表、低温箱、高温箱、工频耐压测试仪、静电放电装置、脉冲群试验仪、冲击试验发生器、交变湿热箱、浪涌信号发生器、三相精密测试电源和电能表现场校验仪。

（3）测试平台

典型的配电终端测试平台应该具备：接线屏、配电网模型系统、测试架、三遥感、测试设备、通信通道，以及终端维护系统等配置。

配电网模型系统主要包括线路模型、开关模型、开闭所模型、主变模型、配电变压器模型、中性点接地支路模型、故障开关柜、负荷室（集中放置各种负荷）、调压器、电压互感器和电流互感器等。接线屏可以组合各种一次网络结构，并对应三遥接口屏的接口；三遥感对应遥测、遥信和遥控的端子排接线；测试架放置待测试的配电终端；通信通道构造各种通信方式下的终端通信；终端维护系统实现对终端的维护和各种信息交互与配置。

2. 型式试验内容

配电终端型式试验的内容包括：结构及机械性能测试、环境影响测试、功能测试、基本性能测试、安全性能测试及电磁兼容测试。

（1）结构及机械性能测试

结构及机械性能测试是为了验证配电终端的防尘、防潮、防锈、防腐蚀能力以及受到运输振动或其他振动之后不影响其正常工作的能力。

（2）环境影响测试

① 相关标准。环境影响测试需参照如下标准：环境影响测试是为了验证配电终端在不同的温度和湿度条件下正常工作的能力。

② 交流工频电量的误差改变量应不大于准确等级指数的 100%。

（3）功能测试

功能测试是对配电终端的基本功能进行验证测试。

① 信息采集和处理功能。在状态量输入模拟器上拨动任何一路试验开关，在终端显示屏或维护笔记本上观察对应遥信位的变化是否与拨动的开关状态一致，重复上述试验 10 次以上。采集开关正常电流和故障电流，进行电流量的测量和越限监测。采集交流输入电压，监视开关两侧馈线的供电状况。

② 遥控功能。在维护笔记本上进行遥控操作，遥控执行指示器应有正确指示，采用自动工装的试验重复 100 次以上，人工试验重复 2 次。之后模拟开关动作和遥控返校失败，检查遥控执行的正确性。

③ 设置功能。在维护笔记本上进行各种参数的设置操作，包括：保护动作时限、保护闭锁、故障电流定值、当地及远方动作闭锁、各种线路拓扑参数的设置等。

④ 保护功能。配电终端应具有的保护功能可作为可选功能来测试，通过继电保护测试仪测试配电终端的过流及速断保护功能。

⑤ 闭锁功能。配电终端具有继电保护及功率方向等闭锁功能，维护笔记本上进行闭锁参数的设置后，测试闭锁的效果。

⑥ 时间记录及上报功能。将脉冲信号模拟器的两路输出信号接至配电终端的任意两路遥信输入端（具有 SOE 功能），对两路脉冲信号设置一定的时间延迟，该值不大于 10ms（可调）。启动脉冲模拟器工作，这时在显示屏上显示出遥信名称、状态及动作时间，其中开关动作的正确性和时间应符合 SOE 站内分辨率的要求。重复上述试验 5 次以上。

⑦ 通信功能。被测配电终端与模拟配电自动化系统主站连接好通电后，在配电自动化系统主站屏幕上校对遥测数据及遥信状态等。

⑧ 故障区段自动隔离和故障后网络重组功能。控制开关的终端检测到故障信息立即上报，控制开关的终端根据命令或自身设定程序完成故障区段自动隔离和故障后网络重组功能。

⑨ 自诊断、自恢复功能。监控终端应有自测试、自诊断功能，发现终端的内存、时钟、I/O 等工作异常应记录。应有上电软件自恢复功能。

（4）基本性能测试

基本性能测试是测试配电终端的各种技术指标，在其他各种电磁兼容测试及环境测试中都要被反复地进行。基本性能测试内容如下：

① 基本误差极限。在常温下要求：电压、电流在 0.5% 以内；有功功率、无功功率在 2% 以内。

② 影响量产生的测量偏差。改变被测量频率及谐波变化量，测量频率及谐波，要求频率允许偏差小于 0.5%；谐波允许偏差不大于 2%。

③ 电源、电压影响。改变被试配电终端的电源电压在额定电压的 –20% ～ 20% 范围波动，测试交流工频电量的输出值，测试状态输入量、遥控、直流输入模拟量和 SOE 站内分辨率；要求电压、电流误差不大于 1%，功率误差不大于 2%。状态输入量、遥控、直流输入模拟量和 SOE 站内分辨率正常。

④ 过量输入。对于交流工频电量，在以下过量输入情况下应能满足其等级指数的要求。

连续过量输入：对被测电流、电压施加标称值的 120%；施加时间为 24h，所有影响量都应保持其参比条件。在连续通电 24h 后，交流工频电量测量的基本误差应满足其等级指数要求。

⑤ 功耗。对于装置电源取自电压互感器的配电终端（FTU），要用伏安法测试其整机的功耗，交流工频电量每一电流输入回路的功率消耗应不大于 0.75V·A，每一电压输入回路的功率消耗应不大于 0.5V·A。

⑥ 连续通电稳定性试验。在常温下，电源电压为额定值，连续通电 72h，而且在 72h 内每 8h 抽测一次，检查遥测的准确度、SOE 站内分辨率、脉冲输入计数的正确性。

（5）电磁兼容测试

电磁兼容测试是测试配电终端在不损失有用信号所包含的信息条件下，信号与干扰共存的能力，也就是测试配电终端在各种电磁干扰情况下正常工作的能力。

为了更有效地通过电磁兼容试验，在硬件软件设计时要采取主动型预防措施，对于传导干扰的抑制通常使用滤波器、非线性器件及光电耦合器件，对于辐射干扰的抑制通常通过封堵电磁波可通过的缝隙、孔洞，减弱长导线的天线效应来进行。印制板布线要注意布线的间距与边距，要注意电源回路和信号输入回路的信号调理设计，在软件设计时要注意各种防跑飞措施等，同时还要注意到机械性能的加强以及防潮措施。

电磁兼容试验的具体内容如下：

① 电压突降和短时中断试验。电压跌落和短时中断试验是测试配电终端在电源电压波动的情况下正常工作的能力。被试配电终端的电源电压为突降5V 为 100%，电压中断 0.5s 并重复试验 3 次（每次间隔时间为 10s），终端设备应能正常工作。测试交流工频电量的输出值并测试状态输入量、遥控、直流输入模拟量和 SOE 站内分辨率，计算电源电压突降和电压中断干扰引起的交流工频电量的改变量，应不大于准确等级指数的 200%，其他各项指标满足基本性能测试 ① ～ ⑥ 的要求，同时要求不发生误动作或损坏。

② 静电放电抗扰性试验。静电放电抗扰性试验测试配电终端抗静电的能力。

a. 等级规定。静电放电试验 2 级（接触放电试验值 4kV）应用于安装在具有防静电设施的专用房间内控制中心或被控站的设备和系统，3 级（接触放电试验值 6kV）应用于安装在具有湿度控制系统的专用房间内的控制中心或被控站及配电终端的设备和系统，4 级（接触放电试验值 8kV）应用于安装在不加控制环境中的控制站和配电终端的设备。

b. 试验内容。按静电放电试验的主要参数规定，操作人员在通常可接触到的被测试配电终端装置的点上和表面上加相应等级的接触放电试验值进行静电放电试验。

③ 辐射电磁场抗扰性试验。辐射电磁场抗扰性试验测试配电终端对空间电磁场的敏感程度。辐射电磁场产生的主要危害是对弱信号电路和放大电路，对模拟电路影响大，而对数字电路影响不大。

a.等级规定。3级的试验场强为10V/m，4级的试验场强为30V/m。

b.试验内容。在施加相应等级的辐射电磁场场强，频率为80～1000MHz的情况下进行试验，测试配电终端交流工频电量的输出值，并测试状态输入量、遥控、直流输入模拟量和SOE站内分辨率。

④电快速瞬变脉冲群抗扰性试验。电快速瞬变脉冲群抗扰性试验主要用于检验配电终端抗高频脉冲和各种开关引起的脉冲的能力。快速瞬变脉冲群产生的主要危害不只对模拟信号而且对数字信号都会产生很大的影响，往往会造成控制系统死机、复位、数据错误等。

a.等级规定。快速瞬变脉冲试验的等级规定，3级共模试验值，信号输入、输出、控制回路为1.0kVP，电源回路为2.0kVP；4级共模试验值，信号输入、输出、控制回路为2.0kVP，电源回路为4.0kVP。各个等级中，差模试验电压值为共模试验值的1/2。

b.试验内容。按对快速瞬变脉冲群干扰试验参数的规定，对配电终端的信号回路和电源回路施加快速瞬变脉冲群干扰脉冲群耦合到电压互感器、电流互感器输入和设备的输入电源线和保护地上，脉冲施加时间为60s，测试快速瞬变脉冲群干扰引起的交流工频电量的改变量，并测试状态输入量、遥控、直流输入模拟量和SOE站内分辨率；各项指标满足5项基本性能测试的要求，并不发生误动作或损坏。

（二）配电自动化系统终端例行测试

终端现场例行试验是指现场完成接线后，在投运前或者投运后进行的现场实际运行工况下的现场试验，主要任务是进行配电终端的"三遥"（遥测、遥信、遥控）正确性试验。

三、配电自动化系统终端信息安全测试技术

（一）配电终端的认证加密解密

1.依据

信息安全的目标是使信息系统在整个生命周期所经历的时空状态集内都有安全保障，在配电自动化信息交互过程中，其信息安全需求包括信息的可

用性（Availability，防止失去对资源和数据的访问能力）、完整性（Integrity，防止对数据进行未经授权的修改）、机密性（Confidentiality，防止数据未经授权而泄露出去）、不可抵赖性（Non repudiation，确保发送信息发送者就是信息创建者）。

目前，IEC 62351 系列标准并没有在我国正式启用，但是其信息安全防范的技术路线已经在我国的配电自动化实际工作中加以借鉴，我国配电自动化通信安全防护方案采用虚拟专网逻辑隔离、访问控制、认证加密等安全措施，要求确保配电自动化系统主站和配电终端不受黑客入侵。

对采用公用通信方式的中低压配电网自动化系统，进行基于非对称加密的数字证书单向身份鉴别技术等纵向边界安全防护，对配电自动化系统主站对终端的遥控报文进行加密，终端对报文解密后判断正确才能执行遥控操作。随着安全防护要求的不断提升，未来配电终端的认证加密技术应用也将不断强化，对配电终端信息安全测试也将会成为一种常态要求。

为了保持与 IEC 60870-5-101 等标准协议的兼容性，可在标准协议的报文之后增加单向认证报文，组成复合命令报文。

2.加密解密过程

密钥体系可分为对称密钥加密体系和非对称密钥加密体系。对称密钥加密体系的加密密钥和解密密钥相同，而非对称密钥加密体系中的加密密钥和解密密钥不同。在非对称密钥体系中，加密密钥和解密密钥成对出现，一个是公钥，另一个是私钥。私钥由密钥持有者私密保存，不对外公布，仅持有者拥有，而公钥由密钥持有者公开发布）。若使用公钥对数据进行加密，则必须使用与公钥所对应的私钥对数据进行解密；若使用私钥对数据进行加密，则必须使用与私钥所对应的公钥对数据进行解密。

（1）加密解密的建立

配电自动化系统主站发给配电终端的信息：首先用对应的配电终端的公钥对信息进行加密，再用配电自动化系统主站的私钥对加密的信息进行签名后通过通信信道发送到配电终端；配电终端接收到加密信息后，首先用配电自动化系统主站的公钥对其进行解密签名，再用配电终端的私钥解密接收到的主站加密信息，这样就获得主站发给终端的原始信息。

（2）安全性测试

为了确保配电终端的认证加密技术的顺利实施，搭建配电终端测试平台，利用信息安全攻防与评测技术模拟环境对配电终端设备进行加密解密的系统安全性测试。

配电自动化系统主站端的认证加密测试软件，主要用来模拟配电自动化系统主站和被测试配电终端进行通信，实现同被测试端进行数据和命令的交互、印证，以此来验证被测配电终端的认证加密解密测试的正确性。

安全性测试项目包括：

① 证书测试。发送正确加密报文，配电自动化系统主站和配电终端分别用公钥对信息进行加密，再用私钥对加密的信息进行签名过程进行加密发送与解密接收，测试双方对公钥与私钥认知与操作的正确性。

② 报文内容测试。在证书测试的基础上，对配电终端的遥控与遥信操作的正确性进行测试。

③ 报文的时间戳测试。对报文的时间戳进行测试，验证发送报文的时间戳超出时效性的检查。

④ 报文差错测试。模拟发送报文中部分字节错误或者发送未加密的遥控报文时，配电终端的处理情况。

⑤ 密码重置测试。测试公钥和私钥变更时，配电终端的处理和适应情况。

⑥ 认证加密、解密的效率测试。测试采用认证加密、解密安全技术后配电终端的处理效率，主要体现在遥控执行的返校时间是否在标准规定的范围以内。

在配电终端的认证加密、解密测试过程中需要注意是否有公私钥传输错误、时间戳格式错误、遥控返校时间超时等问题，不断总结与改进，提高配电终端的处理能力与应用效率，保证在实际应用过程中的有效性。

（二）终端的可信度计算模型

为定量分析配电网远程终端设备的可信性，需要在可信认证的安全机制基础上引入一种适用于不同类型终端的可信度通用评估计算方法，作为表征公共通信网络中国电终端安全水平的参考指标。

可信度（Credibility）是随时间动态变化的数值，能够量化反映实体或计算平台行为与状态的可信性程度。实体或系统的完整性与真实性是影响可信度的两个主要因素。在计算机网络安全领域，目前已有利用多种不同数学模型计算网络用户可信度以评价其信任程度的研究成果。

1. 完整性可信度

设备自身状态的良好与完整是实现配电自动化功能的基础。配电远程终端设备的核心组件包括遥测量采集、遥信量采集、遥控模块与通信模块，各部分组件的完整性代表了终端的完整性可信度。

2. 真实性可信度

配电网远程终端设备抵御各类攻击行为的能力体现了其真实性程度，在可信认证机制中主要通过单向认证的非对称的加密方法和时间戳的校验分析，来防止窃听破译和截获重放等攻击手段带来恶意篡改破坏和身份欺骗风险。因此，加密算法性能的优劣和时间戳校验机制的可靠性是影响配电网自动化系统终端真实性可信度的关键因素。

3. 可信度评估分析

由于可信度是随时间动态变化的数值，统计一段时期内配电终端的可信度能够更彻底深入地掌握公共通信网络背景下设备的完整性和真实性。

4. 模拟验证

为验证提出的可信机制的可行性与合理性，使用 Matlab 软件分别模拟计算信息交互过程中破译密钥算法所需的时间与时间戳校验分析结果，评估配电终端防止信息泄露和抵御重放攻击的真实性可信度。

第三节 配电自动化系统故障处理性能测试技术

配电自动化系统的故障处理过程需要主站、子站、终端、通信系统和开关设备共同参与，协调配合，因此必须采用系统的测试方法才能进行检测，而其中最为关键的技术是故障现象的模拟发生。

在 20 世纪末到 21 世纪初的配电自动化试点热潮中，由于缺乏测试手段，故障处理、压力测试等在验收时未做严格测试，或仅仅针对理想情况进行论证，没有考虑信息误报、漏报以及开关拒动和通信障碍等异常现象，只能依靠长期运行等待故障发生才能检验故障处理。因此，配电自动化系统对于经济运行的贡献，则由于实际效果中综合了各种因素而难于评判，导致问题不能在早期充分暴露和解决，严重影响了实际运行水平甚至运行人员对配电自动化系统的信心，使得许多配电自动化系统逐渐废弃不用或闲置成为摆设，造成了巨大的浪费。

在实验室可以采用模拟配电线路的低压试验台对配电自动化系统的故障处理性能进行测试，而对配电自动化系统的故障处理性能进行现场测试的典型方法有 4 种，即主站注入测试法、二次同步注入测试法、主站与二次协同注入测试法和 10kV 短路试验法。

一、配电自动化系统故障处理性能的实验室测试方法

配电自动化系统故障处理性能的实验室测试可以采用模拟配电线路的低压模拟试验台进行。

（一）低压模拟试验台的构成

低压模拟试验台采用 0.4kV 低压配电线路模拟 10kV 中压配电线路，采用接触器及分合闸控制电路模拟中压配电开关及其控制回路，采用适当阻值功率电阻模拟配电负荷，采用在各个馈线区段分别通过相应按钮控制接入一个低值大功率电阻连接相线与地线的方法模拟故障现象（压下按钮后立即松开，则该电阻投入后又立即断开，可用来模拟瞬时性故障；压下按钮后保持一段时间，则该电阻投入并保持一定时间，可用来模拟永久性故障）。测试时在实验室将配电自动化系统主站、子站、终端和通信系统连接调试完毕，并将配电终端与接触器的控制回路、电流互感器和状态接点连接，就可测试配电自动化系统的故障处理性能。

配电终端在检测到馈线段过流后，保护功能投入的可发出跳闸信号，保护功能未投入的则不发出跳闸信号，不论保护功能投入与否，配电终端在检测到馈线段过流后都会上传过流信息。当模拟馈线段出现故障后，模拟馈线段出线开关模拟单元被设置为断路器则立即跳闸，短路点上游各分段开关模拟单元被设置为负荷开关则不跳闸，所有开关过流信息通过配电终端上传。

利用该试验台可以模拟产生闭环或开环配电网瞬时性或永久性故障的现象，对配电自动化系统的故障处理性能进行测试。

（二）配电自动化系统故障处理性能的测试

测试时在实验室将配电自动化系统连接并调试完毕，并将各个配电终端与低压模拟试验台的相应模拟单元相连，人工设置各种故障现象，就可测试配电自动化系统的故障处理性能。

通过操作各模拟开关的手动操作按钮，设置各台模拟开关的状态，将所模拟的配电网设置在测试要求的运行方式。具体内容如下：

1.按下某个故障按钮设置相应馈线段发生故障，压下按钮后立即松开，可模拟瞬时性故障；压下按钮后保持一段时间，可模拟永久性故障。

2.将某台配电终端的保护 TA2 回路入口短接并断开与终端的内部接线，模拟故障时该配电终端无法检测到故障电流，可模拟该配电终端故障信息漏报现象。

3.将某台配电终端的 TV 回路断开，可模拟该配电终端电压遥测信息漏报现象。

4.向某台配电终端的保护 TA2 回路注入一个瞬时过流信号（比如用继电保护测试仪或二次同步注入测试设备等），可模拟该配电终端误报故障信息现象。

5.将某台配电终端的控制出口压板打开，可模拟相应开关拒动现象。

6.将某台配电终端的通信线断开，可模拟该配电终端通信中断现象。

二、主站注入测试法

1.基本原理

主站注入测试法的基本原理：采用主站注入测试法专用测试平台，根据所设置故障位置、类型、性质以及当前场景计算配电网故障前潮流及故障短路电流，并根据计算结果生成相应配电终端的故障信息发往被测试配电自动化系统主站，在被测试配电自动化系统主站进行故障处理过程中，主站注入测试装置仿真相应配电终端与被测试配电自动化系统主站交互信息，从而对被测试主站的正常故障处理过程进行测试，并可通过加大主站注入测试装置所仿真的配电终端的数量，同时模拟多个故障现象的方法对被测试主站进行压力测试。也可采取拒绝按照被测试配电自动化系统主站的遥控命令修改场景的方法模拟开关拒动现象，采取设置故障位置上游某些合闸位置开关状态变为分闸的方法模拟越级跳闸现象，采取将一些开关的故障信息不上传的方法模拟故障信息漏报现象，采取人为令一些未经历故障电流的开关上传故障信息的方法模拟故障信息误报现象，从而对异常情况下被测试主站的故障处理过程进行测试。

2. 主站注入测试平台

以国家电网公司配电自动化工程验收使用的 DATS-1000 主站注入测试平台为例，论述主站注入测试平台的组成。DATS-1000 主站注入测试平台由配电网仿真器、实时数据库管理器、建模与配置器、故障模拟器、规约解释器、通信管理器以及人机交互界面等几部分组成。

配电网仿真器的作用主要是模拟故障前的运行场景以及模拟供电恢复的效果；实时数据库管理器用以存放来自被测试系统、配电网仿真器、建模与配置器以及故障模拟器的测试用实时数据；建模与配置器的作用是形成测试模型；故障模拟器负责动态模拟故障现象；规约解释器完成与被测试系统之间的信息交互；通信管理器的作用是保持链路通畅；人机交互界面的作用是提高测试平台的可用性。

（1）配电网仿真器

配电网仿真器的功能模块主要包括网络拓扑分析和潮流计算。网络拓扑分析模块根据实时数据库中的开关状态和网络连接关系形成配电网运行拓扑；潮流计算模块根据实时数据库中各个负荷节点的负荷和网络拓扑进行潮流计算，得出各个开关节点的电流、电压、功率，作为配电网的模拟实时数据。

（2）实时数据库管理器

实时数据库管理器的主要功能包括：根据规约解释器、建模与配置器、故障模拟器发来的命令初始化或更新库中开关状态和负荷节点的负荷数据；根据潮流计算结果更新库中各个开关节点的电流、电压、功率；根据故障模拟器的指令更新故障信息。

负荷数据更新周期为建模与配置器所设置的负荷曲线的时间间隔，负荷数据更新时间到了以后则根据建模与配置器所设置的负荷曲线数更新实时数据库中的负荷数据。

为了避免被测试主站因遥测数据长时间变化而将其作为"老数据"而忽视，在每个更新周期内，还需要更加频繁地刷新负荷数据，具体方法是在负荷曲线数据的基础上叠加一个取值范围用以设置的均匀分布随机数。

（3）建模与配置器

建模与配置器的功能模块主要包括以下几个部分：

① 图模一体化的配电网建模。建模主要包括：电源点、架空线、电缆、柱上开关、环网柜、配电变压器的网络连接关系和参数录入、编辑、复制和删除以及模型生成。

② 开关和负荷点配置。配置主要包括：开关的类型（负荷开关、断路器、重合器）和初始状态以及负荷节点的负荷及变化规律（如负荷曲线、随机波动幅度）。负荷节点的负荷用以典型值或负荷曲线的方式录入，负荷曲线的数据间隔用分钟为单位进行设置。

③ 自动化终端配置。配置主要包括：自动化终端和开关或开关组的对应关系以及自动化终端三遥数据的点表。

（4）故障模拟器

故障模拟器的功能模块主要包括以下各项：

① 故障场景配置。包括故障位置（设置多处）。故障类型（永久、瞬时）、开关是否拒动，重合闸是否允许，是否漏报故障信息，是否发生越级跳闸等参数的配置。

② 故障现象模拟。根据故障场景配置和配电网仿真器中网络拓扑的变化产生相应的故障信息发往实时数据库。

（5）规约解释器

规约解释器的功能模块主要包括以下各项：

① 通信规约配置。从规约库中选择配置包括南瑞配电、珠海许继、积成电子、银河自动化、四方公司、华源公司在内的不同厂家的通信规约。

② 上行报文组织、下行报文解释。根据配电网仿真器中实时数据库形成上行报文，对来自被测试系统的下行报文进行解释，将遥测和遥信结果放入配电网仿真器的实时数据库，对于遥控报文根据故障模拟器设置的开关拒动与否状态决定是否更新配电网仿真器的实时数据库中相应遥信状态，若是则组织遥控成功上行报文，否则组织遥控失败上行报文。

规约解释器始终通过通信管理器保持将实时数据库中的遥测和遥信数据与被测试系统交互。

（6）通信管理器

通信管理器功能模块主要包括以下各项：

① 多 IP 报文组织。根据自动化终端配置结果组织与被测试系统的交互报文，将当前自动终端配置的 IP 地址录入主站测试软件的配置文件中，测试软件可通过多 IP 形式，模拟多个配电终端与主站进行信息交互。

② 链路监测与维护。监测链路状态，必要时组织重连。

（7）人机交互界面

人机交互界面的功能模块主要包括以下各项：

① 输入、输出管理。衔接测试员与各配置相关模块。

② 操作控制管理。衔接测试员与各相关功能模块。

③ 测试报表生成。辅助生成测试报表。

3. 主站注入测试步骤

主站注入测试法的基本步骤如下：

（1）数据录入和模型化。录入被测试系统的接线图和静态参数，建立被测试系统的模型，进行参数配置、负荷数据配置、自动化终端配置以及数据点表配置。

（2）设置故障位置、类型、性质。故障位置为发生故障的地点，可以是配电网同时发生多个位置故障；故障性质为瞬时故障或永久故障。

（3）故障前场景注入。主站注入测试法专用测试平台计算故障前潮流分布，将其作为初始场景与被测试配电自动化系统主站交互。

（4）检查与主站交互是否正常。通过被测试配电自动化系统主站监控界面观察主站运行是否正常，检查配电网网络拓扑、负荷特性等场景数据。

（5）故障信息注入。待配电自动化系统主站正常运行后，根据设置好的故障位置和性质，人为设置发生故障。若某个开关设置了故障信息漏报，则在向被测试配电自动化系统主站注入故障信息时，将该开关的故障信息删除。

（6）故障处理过程测试。主站注入测试法专用测试平台得到配电自动化系统主站用于处理故障对相应开关下达的遥控命令，据此改变主站注入测试法专用测试平台中仿真分析器中相应开关的状态，并重新进行配电网网络拓扑分析，依据试验前设置好的负荷特性等数据计算潮流，构建故障处理过程中的场景数据，与配电自动化系统主站进行实时交互，并对故障处理过程进行监测和记录。若某个开关设置了开关拒动，则在收到该开关的遥控命令时，不改变主站注入测试法专用测试平台中仿真分析器中相应开关的状态，也不进行后续的网络拓扑分析和潮流计算等。

（7）测试分析。根据配电自动化系统主站事件记录和主站注入测试法专用测试平台的事件记录，进行对比分析，判定配电自动化系统主站故障处理过程的正确性。

三、二次同步注入测试法

（一）二次同步注入测试法基本原理

配电自动化的二次同步注入测试法是模拟故障区段上游的各个配电终端二次侧分别由专门的同步故障模拟发生器在同一时刻注入模拟故障的短路电流波形及伴随的电压异常波形，从而对配电自动化系统主站、子站、终端、通信、开关设备、继电保护、备用电源等各个环节在故障处理过程中的相互配合进行测试。

采用配电终端二次同步注入测试法对配电自动化系统各个环节在故障处理过程中协调配合性能进行测试的关键在于：

1. 对于所设置的故障，在模拟故障发生时，各个配电终端处的故障模拟发生器同时发生相对应的短路电流波形及伴随的电压异常波形。

2. 能够接收故障处理过程中来自配电终端进行故障隔离和供电恢复的馈线开关控制信号，并根据设置的故障前运行场景和故障现象产生相应的输出电流电压波形，维持配电自动化故障处理过程所需的条件，从而对配电自动化各个环节在故障处理过程中协调配合的正确性进行测试。

为了满足上述要求，需要专门的配电自动化二次同步注入成套测试装置构成测试系统。该成套测试装置由同步故障发生器、前端采样模块、GPS 模块、储能蓄电池柜以及指挥计算机平台组成。指挥计算机平台负责测试方案的生成及下装，并汇总测试结果形成测试报告；前端采样模块采集二次侧的电压、电流及励磁涌流信息并输出控制试验过程的开关量；同步故障发生器根据下装的测试方案及前端采样模块输出的开关量向 FTU/DTU 定时输出电压电流信号；整个测试平台通过 GPS 卫星时间同步系统同步工作。考虑到户外试验可能缺少电源，使用储能蓄电池柜作为系统的备用电源对系统的各个模块进行供电。

现场测试时，将二次同步注入成套测试装置接入各个配电终端二次回路，在故障点电源侧各开关处分别配置配电网故障模拟发生器，发生器电流电压输出至馈线终端单元（FTU）。各故障模拟发生器采用 GPS 时钟进行同步，并可与测试指挥控制计算机通过、有线式无线网络进行通信。测试前，由测试指挥控制计算机仿真计算生成各个测点的测试方案，并将数据下发至各个故障模拟发生器。测试时，由故障模拟发生器按照相应时间序列或接收到的配电终端控制开关信号在同一时刻输出或关断模拟故障电流，时间序列可由人为设定或根据现场实测确定。在被测馈线变电站出线开关侧安装临时馈线保护作为馈线的总保护，以便在测试过程中该馈线发生真实故障时将故障馈线切除。

（二）模拟开关单元

在配电自动化系统的现场测试中，为了线路运行不受影响，在测试中可采用模拟开关代替实际开关，将自动化终端到实际开关的控制回路断开，而接至模拟开关单元。测试时隔离故障等遥控输出不操作实际开关，而只操作模拟开关单元。通过模拟开关单元代替实际开关来检验系统的故障处理功能，实现现场不停电测试，最大限度地降低测试工作对用户的影响，提高供电可靠性。

实际开关有断路器、负荷开关等类型，其控制回路电压有交流 220V、交流 100V、直流 100V、直流 24V、直流 48V 等电压等级，操作机构有弹簧储能、电磁式、水磁机构等。依据开关性质和操作机构的不同，从控制开关分、合闸到开关动作成功都存在着一定的延时，并且每种开关的延时时长都有一定差异，这些指标对于配电自动化故障处理性能有着重要的影响，模拟开关单元应能调节这些指标。

为了满足各种控制电压的要求并可对开关动作延时时长进行较精确的调节，模拟开关单元可采用固态继电器和可编程逻辑电路 CPLD 实现。为了兼容交流 220V、直流 24V、直流 48V 等电压等级，需要设计专门的电源转换电路，具有不同等级电压的自适应能力。

四、主站与二次协同注入测试法

主站注入测试法虽然可设置复杂的故障现象（如开关拒动、越级跳闸、多级跳闸、多重故障、信息漏报和误报等）和复杂的场景（如设置负荷分布、负荷变化趋势、挂牌检修、设备额定容量下降等场景），但是只能对配电自动化系统的主站进行测试。

二次同步注入测试法虽然可对主站、子站、终端、保护配合、备用电源、通信和馈线开关等在故障处理过程中的配合进行测试，但是需要在拟模拟故障区域上游所有的终端注入故障信息，既携带大量设备又需要大量测试人员，当配电网规模较大时工作量很大。为了解决上述问题，提出一种主站与二次协同注入的配电自动化故障处理性能测试方法，有助于实现不停电测试和减少测试工作量。

（一）基本原理

主站与二次协同注入测试法的核心思想是：主站注入测试平台产生配电自动化系统故障处理过程所必需的启动条件，而馈线沿线的故障现象由二次注入故障模拟发生器同步产生，并且采用模拟开关单元代替实际开关，从而实现不停电测试；通过在拟模拟故障有关的各个配电终端轮换接入少量二次同步注入设备，而配电网其余部分的场景采用主站注入法模拟的方法，实现携带少量设备进行大规模配电网测试，并有效减少测试所需的人员数。这就要求主站注入测试平台也需要有 GPS 对时，以保障和二次注入故障发生器具有同样的时钟。

（二）主站与二次协同注入解决不停电测试问题

配电网中至少有一台开关因保护动作而跳闸是配电自动化系统故障处理的启动条件，为了做到对配电自动化系统故障处理性能的不停电测试，则必须解决跳闸问题。

主站与二次同步注入测试法的核心思想是由主站注入测试平台产生配电自动化系统故障处理过程所必需的启动条件，即配电网中至少有一台开关因保护动作而跳闸。而馈线沿线的故障现象由故障模拟发生器同步产生。

因此，主站与二次同步注入测试法的关键技术包括：

1. 主站注入测试平台需采用 GPS 对时。

2. 主站注入测试平台接入被测试配电自动化系统主站，模拟因保护动作而跳闸的开关（大多数情况下为变电站出线开关）上的自动化终端与被测试配电自动化系统主站交互信息。

3.主站注入测试平台与接入配电终端的故障模拟发生器在同一个预设时刻向被测试系统注入故障信息（同步输出误差时间不大于 $50\mu s$ ），测试其故障处理过程。

在大多数情况下，当馈线发生故障时，都是由变电站的 10kV 出线断路器保护动作跳闸构成启动条件，若采用二次同步注入测试法，则需要进入变电站进行接线测试，采用主站与二次同步注入测试法后则在故障处理性能测试时不必进入变电站工作。

进行测试时隔离故障等遥控输出用不动作实际开关，而只动作模拟开关。通过模拟开关代格实际开关来检验系统的故障处理功能，实现现场不停电测试。

当然，采用主站与二次同步注入测试法和模拟开关，虽然用以解决配电自动化系统故障处理性能的不停电测试问题，用避免进入变电站工作的麻烦，但是变电站出线断路器及其继电保护、馈线开关的动作性能等还应结合传动试验加以验证。

（三）主站与二次协同注入减少测试人员和测试设备

二次同步注入测试法还存在需要大量的测试人员携带大量测试设备的问题。对于由分布式电源的开环运行配电网，需对拟模拟故障位置上游所配电终端和变电站相应出线的保护装性都配置二次同步注入故障模拟发生器。对于含大容址分布式电源或闭环运行配电网，甚至需要将所关联的若干馈线上的所有心电终端和变电站相应出线的保护装置都配置二次同步注入故障模拟发生器。并且在每个故障发生器安装处，都必须配备专人配合测试。因此，测试中一般需要大量的设备和人员。

采用主站与二次同步注入测试法可以有效解决上述问题。通过在与拟模拟故障有关的各个配电终端轮换接入少量二次同步注入设备，而配电网其余部分的场景采用主站注入法模拟的方法，就用以实现携带少地设备进行大规模配电网测试，并能有效减少测试所需的人员数。

在最精简情况下，采用主站与二次同步注入测试法，只需要套主站注入测试平台和一台故障模拟发生器即可。

　　主站与二次同步注入测试法不仅用以解决不停电测试问题，避免进入变电站工作的麻烦，减少测试设备和测试人员的数量，还可以发挥主站注入法能够设置复杂故障现象和负荷分布场景的优点。

第八章　供配电安全技术

供配电系统的安全会对用户与工作人员的人身安全产生重要影响，做好电气供配电设备的安全管理工作成为首要任务。基于此，本章主要对供配电安全技术进行研究，以期提高低压电气系统安全运行的水平及能力，从而及时、有效地避免安全事故的发生。

第一节　过电压及防雷的认知

一、过电压及其危害

1. 大气过电压

大气过电压是指供配电系统内的电气设备和地面建（构）筑物遭受直接雷击、感应雷击或雷电波侵入时产生的过电压。因引起此类过电压的能量来源于电力系统的外部，故又称为外部过电压。

大气过电压可分为直击雷过电压、感应雷过电压和雷电侵入波过电压三种基本形式。

（1）直击雷过电压

直击雷过电压是指雷云直接对建筑物或其他物体放电而引起的过电压。雷电流通过被击物体时，将产生具有破坏作用的机械效应和热效应，同时还可能由于电磁效应的作用而对附近物体闪络放电。由于直击雷过电压的幅值极高是任何绝缘都无法承受的。因此必须采取有效的防护措施，通常采用避雷针、避雷线、避雷网或避雷带等进行防护。

（2）感应雷过电压

当输配电线路附近发生对地雷击时，在架空线的三相导线上往往会出现很高的感应过电压，它的幅值可高达 300 ~ 400kV。这个雷电侵入波沿线路侵入到变电所或厂房内，会导致设备的绝缘损坏。

感应雷过电压分静电感应过电压和电磁感应过电压两种。静电感应是由雷云接近地面，在架空线或凸出物顶部感应出大量与雷云所带的电荷相反的异性电荷，在雷云与其他部位放电后，架空线或凸出物顶部的电荷失去束缚，形成自由电荷，这时它们以电磁波速度向导线两端冲击流动，产生很高的过电压。电磁感应是由雷击后巨大的雷电流在周围空间产生迅速变化的强磁场引起的，这种磁场能使附近导体或金属结构感应出很高的电压。

（3）雷电侵入波过电压

雷电侵入波过电压是指由于架空线路或架空金属管道上遭受直接雷或感应雷而形成的高速冲击雷电荷，可能沿线路或管道侵入室内而形成的过电压。在电力系统中，由于雷电波的侵入而造成的雷电事故，约占雷害总数的一半。

2. 内部过电压

内部过电压是由于电网内部能量的转化或网络参数变化引起的，故称为内部过电压。内部过电压分为操作过电压、弧光接地过电压和谐振过电压三种。由于断路器操作和各类故障所引起的过渡过程，产生瞬间的电压升高，称为操作过电压。在小电流接地系统中，当发生单相接地时，常出现稳定性电弧或间歇性电弧，由于电网中存在电感和电容，电弧不停地熄灭和重燃，将在电网的健全相和故障相上产生很高的过电压，这种过电压称为弧光接地过电压。谐振过电压是由于系统中的参数组合（L、C）发生变化，使部分电路出现谐振，从而出现瞬间过电压。供配电系统中的断路器操作或单相接地的短路故障，都可能引起内部过电压。

二、雷电的基本知识

雷电是由雷云产生的。通常雷云上部带正电，下部带负电。当正、负电荷之间的电场强度超过空气的击穿场强（一般达到 25 ~ 30 kV/cm）时，即引起大气层强烈地击穿放电，这就是雷电。雷电可分为直击雷、感应雷和雷电侵入波三大类。

1. 直击雷。雷云对地面凸出物的直接放电称为直击雷。在直击雷放电过程中，雷击中的地面物体中所通过的电流称为雷电流。雷电流的幅值可达几十至几百千安。一次雷云放电的全过程时间约为十分之几秒，通常包括先导放电和主放电两个过程，其中主放电时间仅 30 ~ 50s，放电速度为（6 ~ 10）× 10^4 km/s。

2. 感应雷。感应雷是地面物体附近发生雷击时，由于静电感应和电磁感应而引起的雷电现象。

静电感应是由于雷云接近地面，在架空线路或其他凸出物顶部感应出大量电荷引起的。在雷云与其他部位放电后，架空线路或凸出物顶部的电荷失去约束，以雷电波的形式沿线路或凸出物极快地传播。

电磁感应是由雷击后巨大的雷电流在周围空气产生迅速变化的强磁场而引起的。这种磁场能使附近金属导体感应出很高的电压。

3. 雷电侵入波。雷电侵入波是雷击时在架空线或空中金属管道上产生的冲击电压沿线路或管道迅速传播的雷电波。由直击雷或感应雷而产生的高电压雷电波，沿架空线路或金属管道侵入变配电所或用户，称为雷电侵入波。这种雷电侵入波造成的危害占雷害总数的一半以上。

相对雷电类型，雷电过电压有两种：一种是雷直击于电气设备或输电线路时产生的直击雷过电压，其过电压数值较高，对设备绝缘的威胁很大；另一种是雷击电气设备或输电线路附近的地面或其他物体时产生的感应雷过电压，其幅值通常不超过 500kV，只对 35 kV 及以下设备的绝缘有威胁，应采取措施予以保护。

雷电的主要特点是电压高、电流大、作用时间短。防雷设计计算中，最关心的是雷电压和雷电流的幅值及波形。

（1）雷电流的幅值

雷电流的幅值是表示雷电强度的指标。雷电流为一非周期冲击波，其幅值与云层中电荷的多少、气象和自然条件有关，还与被击物体的波阻抗或接地电阻有关。通常把雷电流定义为雷击于接地电阻小于 30Ω 的物体时流过该物体的电流。雷电流是个随机变量，可用雷电流幅值概率曲线来描述。只有通过大量实测，才能正确估计雷电流幅值概率分布规律。根据我国长期进行的大量实测结果，在一般地区，超过雷电流幅值的概率 P 可按下式计算：

$$\lg P = -I / 108$$

其中，I 代表雷电流的幅值（单位为 kA），P 代表幅值大于等于 I 的雷电流概率。

我国西北等地区，雷电活动较弱，雷电流幅值相应较小，出现的概率 P 可按下式计算：

$$\lg P = -I/44$$

（2）雷电流的波形

雷电冲击波波形中通常把雷电冲击波幅值上升的时间称为波头，把幅值由最大值下降到一半值时对应的时间称为波尾，时间称为波长。

雷电冲击波波形通常以 τ_1/τ_2 表示。在高压试验中，代表雷电压的标准冲击电压波形是 1.5s/40s，代表雷电流的标准冲击电流波形是 10s/20s。

雷电冲击波的另一重要参数是波头陡度。波头陡度是指雷电压或雷电流波头部分的上升速度，单位是 kV/s，或 kA/s。雷电流的最大波头陡度按 50kA/s 考虑。

三、防雷设备

防雷的主要工作包括电气设备的防雷和建（构）筑物的防雷。避雷针、避雷线、避雷带、避雷网、避雷器都是经常采用的防雷设置。

1. 防直击雷的设备

（1）避雷针装置

避雷针装置由针尖、接地引下线和接地装置三部分组成。

针尖一般用镀锌圆钢（针长 1 ~ 2m 时，直径不小于 16mm）或镀锌焊接钢管（针长 1 ~ 2m 时，直径不小于 25mm）制成，通常安装在电杆、构架或建筑物上，它的下端要经引下线与接地装置焊接。

避雷针的保护范围以它能防护直击雷的空间来表示。在避雷针的下方有一个安全区域，在这个区域里的空间基本不遭受雷击，该区域就称为避雷针的保护范围。对避雷针或避雷线的保护范围可采用"滚球法"确定。所谓"滚球法"，就是选择一个半径为 h 的球体，沿避雷针滚动，则球体的外边缘轨迹与地面所包围的锥形空间即为避雷针的保护范围。

（2）避雷线

避雷线（又称架空地线）一般用截面不小于 25mm^2 的镀锌钢绞线，架设在架空线路的上方，以保护架空线路或其他物体免受直接雷击。避雷线的功能和原理与避雷针基本相同。单根避雷线的保护范围，按 GBJ57 修订本规定，

当避雷线高度 $h \geqslant 2hr$ 时，无保护范围；当避雷线高度 $h<2hr$，时，应按下列方法确定保护范围。

①距地面 h，处作一平行于地面的平行线。

②以避雷线为圆心，hr 为半径，作弧线交于平行线的 A、B 两点。

③分别以 A、B 为圆心，hr 为半径作弧线，这两条弧线相交或相切并与地面相切，由此弧线起到地面止的整个空间就是避雷线的保护范围。

（3）避雷带和避雷网

沿建筑物屋顶上部明装的金属带作为接闪器，沿外墙装引下线接到接地装置上的称为避雷带。

沿建筑物屋顶四周及屋顶上部装设金属网作为接闪器，沿外墙装引下线接到接地装置上的称为避雷网。

避雷带和避雷网的功能和工作原理与避雷针基本相同。

2. 防感应雷和雷电波侵入的设备

（1）保护间隙

保护间隙主要由两个金属电极组成。

保护间隙的安装是将一个电极接线路，另一个电极接地。但为了防止间隙被外物短路而造成接地或短路，通常在其接地引下线中还串联一个辅助间隙，以提高可靠性。保护间隙的工作原理是间隙未击穿时，间隙呈现高阻抗，间隙击穿时呈现低阻抗，以泄放电荷而降低两端电压。

保护间隙的特点是简单、经济、维护方便，但保护性能差、灭弧能力差、容易造成接地或短路故障，引起线路开关跳闸或熔断器熔断，造成停电。目前，只有在缺乏避雷器或管型避雷器参数不能满足要求时才采用保护间隙，并要求与自动重合闸装置配合使用，以提高供电可靠性。保护间隙一般用于室外，且非重要负荷的线路上。

（2）管型避雷器

管型避雷器又称为排气式避雷器，它实际是一个具有较高熄弧能力的保护间隙。它是由产气管、内部间隙和外部间隙三部分组成。

当线路上遭到雷击或感应雷时，过电压使管型避雷器的外部间隙和内部间隙被击穿，将雷电流泄入大地。同时雷电流和工频续流在管内产生强烈电弧，使产气管产生大量气体并从管口喷出，强烈吹弧。在电流第一次过零时，电弧即可熄灭。这时外部间隙的空气恢复了绝缘，使避雷器与系统隔离，恢复系统的正常运行。

管型避雷器具有残压小的突出优点，且简单、经济，但动作时有气体吹出，因此只用于室外线路。

（3）阀式避雷器

阀式避雷器是由磁套管、火花间隙和阀片等组成。在正常情况下，火花间隙阻止线路工频电流通过，但在雷电过电压作用下，火花间隙被击穿放电。

阀式避雷器的阀片具有非线性特性，正常电压时，阀片电阻很大，过电压时，阀片电阻很小。因此，阀式避雷器在线路上出现过电压时，其火花间隙击穿，阀片能使雷电流顺畅地向大地泄放。一旦过电压消失，线路上恢复工频电压时，阀片呈现很大的电阻，使火花间隙绝缘迅速恢复而切断工频续流，从而保证线路恢复正常运行。

（4）金属氧化物避雷器（MOA—Metal Oxide Arrester）

金属氧化物避雷器（又称压敏避雷器）是由一种压敏电阻片构成的避雷器。压敏电阻片是以氧化锌为主要原料烧成的，因此又称为氧化锌避雷器。因压敏电阻片具有十分优良的非线性，在正常电压下，仅有几百毫安的电流通过，因而无须采用火花间隙，所以它是一种没有火花间隙只有压敏电阻片的新型避雷器。

金属氧化物避雷器具有保护性能好、通流能力强、残压低、体积小、安装方便等优点，目前广泛应用于高低压电气设备的过电压保护中。

3. 防雷系统的接地装置

防雷系统的接地装置一般与接地系统的接地装置基本相同，除了按接地系统的要求外，还有以下要求：

（1）避雷针与引下线之间的连接应采用焊接。避雷针的引下线及接地装置使用的紧固件均应使用镀锌制品，并有防松措施；当使用没有镀锌的螺栓时，应采取防腐措施。

（2）当建筑物的屋顶面积较大而防雷设施必须采用多根引下线时，宜在各引下线距地面的 1.5 ~ 1.8m 处设置断接卡，断接卡应有保护措施。

（3）当装有避雷针的金属筒体，其厚度不小于 4mm 时，自身可做避雷线的引下线。但筒体底部必须有两处与接地体连接，且应对称。

（4）独立避雷针及其接地装置与道路或建筑物的出入口等的距离应大于3m。当小于3m时，应采用均压措施或铺设卵石或沥青地面。

独立避雷针（线）应设置独立的集中接地装置。设置困难时，该接地装置可与接地网连接，但避雷针与主接地网的地下连接点至35kV及以下设备与主接地网的地下连接点，沿接地体的长度不得小于15m。独立避雷针的接地装置与接地网的地中距离不应小于3m。

（5）配电装置的构架或屋顶上的避雷针应与接地网连接，并应在其附近装设集中接地装置。

（6）建筑物顶上的其他金属物体及突出物与避雷针或避雷网可靠连接，成为一个整体，其中突出物应另设高出其高度的镀锌钢筋与避雷网可靠连接。

（7）装有避雷针或避雷线的构架上的照明灯电源线，必须采用直埋于土壤中的带金属护层的电缆或将电线穿入金属管内。电缆的金属护层或金属管必须接地，而且埋入土壤的长度不得小于10m，这样才能与配电装置的接地网相连接或与电源线、低压配电装置相连接。

（8）发电厂和变电所的避雷线在杆与杆或塔与塔的挡距内不应有接头。

（9）防雷装置的接地电阻应符合相应的要求，防雷接地的接地电气防火、防爆、防雷方法与技巧阻值是按冲击接地电阻要求的。

（10）防雷装置的引下线若暗设，其截面积应大1～2个规格；若用钢绞线时，截面积应大于25mm²；若用建筑物和构筑物的金属构架及其钢筋时，所有金属件之间必须成一电气通路；互相连接的避雷针、避雷网、避雷带或金属屋面的接地引下线，一般不得少于两根，间距不应大于设定的数值。

（11）接地体的规格应比接地系统的接地体大1～2个规格，接地体的连接线也应大1～2个规格。

四、架空线路的防雷保护

1. 高压线路的防雷保护

（1）架设避雷线。这是线路防雷的最有效措施，但成本很高，只有66kV及以上线路才沿全线装设。

（2）提高线路本身的绝缘水平。在线路上采用瓷横担代替铁横担，改用高绝缘等级的瓷瓶都可以提高线路的防雷水平，这是10kV及以下架空线路的基本防雷措施。

（3）三角形排列的顶线兼做防雷保护线。由于 3 ～ 10kV 线路的中性点通常是不接地的，因此如果三角形排列的顶线绝缘子上装设保护间隙，则在雷击时顶线承受雷击，保护间隙被击穿，通过引下线对地泄放雷电流，从而保护了下面两根导线，一般不会引起线路断路器跳闸。

（4）加强对绝缘薄弱点的保护。线路上个别特别高的电杆、跨越杆、分支杆、电缆头、开关等，就全线路来说是绝缘薄弱点，雷击时容易发生短路。在这些薄弱点，需装设管型避雷器或保护间隙加以保护。

（5）采用自动重合闸装置。遭受雷击时，线路发生相间短路是难免的，在断路器跳闸后，电弧自行熄灭，经过 0.5 s 或稍长一点时间后自动合上，电弧一般不会复燃，可恢复供电，且停电时间很短，对一般用户影响不大。

2. 柱上断路器和负荷开关的防雷保护

对于 3 ～ 10kV 配电线路上断路器和负荷开关，由于其绝缘水平不高，相间距离较小，遇有雷击时往往引起闪烁短路，影响安全可靠供电。因此，对它要采取一定的防雷保护措施。

柱上断路器和负荷开关在雷雨季节经常运行在闭路状态，应在其一侧装设一组避雷器或保护间隙；对于在雷雨季节经常开路运行，且两侧带电压的柱上断路器、负荷开关或隔离刀闸，应在其两侧分别装设避雷器或保护间隙。在两侧装设避雷器，可防止开路状态下雷电波在开路处发生全反射，导致电压升高一倍，使绝缘支座闪烁或击穿，造成事故。

避雷器或保护间隙的接地线应与柱上断路器等设备的金属外壳连接，且接地电阻不应大于 10Ω。

3. 220 ～ 380 V 低压配电线路的防雷措施

低压配电线路遭受雷击时，雷电冲击波可能沿线路侵入室内，引起人身和设备事故。在用铁横撑钢筋混凝土杆的低压配电线路上，因其本身的自然接地作用，线路的绝缘水平不高，从而限制了侵入雷电波的幅值。但对于木杆或木横担的低压配电线路，则必须采取防雷保护措施。

低压配电线路防雷保护的基本原则是设法降低侵入雷电波的幅值。最简单有效的方法是把引入室内的接户线上的绝缘子铁脚接地，其作用与保护间隙是一样的，当其上落雷时，能通过绝缘子铁脚放电，把雷电流泄入大地，从而起到保护作用。为了减少接地点，也可沿低压主干线每隔 100 ～ 200m

做一个接地。对于公共场所，当发生雷击时容易出现事故，需要将进户线上的两根电杆的绝缘子铁脚接地。以上所有接地点的接地电阻要求不超过30Ω，对于分布广密的用户低压线路及接户线的绝缘子铁脚宜接地。

五、变电所的防雷保护

变电所的雷害来源于三个方面：第一是雷直击于变电所导线或电气设备上；第二是变电所避雷针（线）上落雷时产生的感应和反击过电压；第三是沿线路传来的雷电波。所以，变电所的防雷可归结为对直击雷的防护和对线路侵入的冲击波的防护。

1. 变电所直击雷的防护

变电所的直击雷防护主要依靠避雷针。我国的运行经验表明，装有避雷针（线）后，每年每一百个变电所的绕击事故约为 0.2 ~ 0.3 次。避雷针可以单杆独立架设，也可以利用户外配电装置的构架。

2. 变电所雷电入侵波的防护

为防止雷电波沿高压线路侵入到变电所，对所内电气设备造成危害，特别是对于价值较高而绝缘相对薄弱的电力变压器，可在变电所的每组母线上装设阀式避雷器或氧化锌避雷器，以限制入侵雷电流的幅值，使设备上的过电压不超过其冲击耐压值。变电所的所有电气设备都应受到避雷器的保护，即电气设备与避雷器之间的电气距离不能超过允许值。

3. 变电所的进线段保护

为使避雷器在一定的保护范围内可靠地保护变压器和其他配电装置，必须保证避雷器中流过的雷电流不超过 5 kA（110kV 及以下电压等级），否则有可能损坏避雷器或由于其残压大于额定值而损坏被保护设备。同时，为保证避雷器一定的保护范围，必须把侵入雷电压冲击波的波头陡度限制在允许值，否则避雷器的保护范围将缩小。直接引入变电所的 1 ~ 2km 架空地线称为进线段。进线段保护的主要作用就是降低雷电波的幅值和陡度，以保证避雷器的可靠动作。

（1）35 kV 及以上变电所进线段保护

管型避雷器GB仅在木杆或木横担钢筋混凝土杆线路进线段的首端装设，其工频接地电阻不应大于10Ω，因此类线路绝缘水平较高，相应的侵入雷电压具有较高的幅值,可能使流过母线避雷器的电流超过 5kA。但铁塔或铁横担、瓷横担的钢筋混凝土杆线路,以及全线有避雷线的线路,其进线段首端一般不装设管型避雷器,因为侵入雷电波的幅值已受到线路本身绝缘水平的限制。

在线路进线的隔离开关在雷雨季节可能断路运行,同时线路侧又带电的情况下,则必须在靠近隔离开关或断路器处装设一组管型避雷器,以防止雷电压侵入,设备断路处发生全反射时,致使设备绝缘对地放电。在多雷区,根据运行经验,即使雷雨季节经常闭路运行的断路器也最好装设 GB$_2$,因为一次雷击引起断路器跳闸后,可能发生连续雷击,有使已跳闸的断路器闪络损坏的危险。一般情况下,如果隔离开关或断路器在雷雨季节不是经常断路运行,或断路运行时线路侧不带电,可不再设 GB$_2$。

(2)35kV 及以下变电所的进线段保护

对于 35kV、容量为 3150 ~ 5000kV·A 的变电所,如果是在雷电不太强的地区,且负荷不很重要时,可采取简化的进线段保护,其进线保护段的长度可减至 500 ~ 600m。进线段的首端装管型避雷器(GB)或保护间隙(JX),其接地电阻应不超过 5Ω;由母线上的阀式避雷器到主变压器和互感器的最大允许电气距离不应超过 10m。对于负荷不很重要及容量在 1000kV·A 以下的 35kV 变电所,允许保护段进线段避雷线的长度减至 150 ~ 200m 或不架设避雷线。

对于 35kV 变电所,当装设避雷线有困难或进线杆塔接地电阻降低有困难,不能达到耐雷水平要求时,可在进线的终端杆塔上安装一组 1000H 左右的电抗线圈来代替进线段。此电抗线圈既能限制流过避雷器的雷电流,又能限制侵入波陡度。

4. 变压器中性点和配电变压器的保护

(1)变压器中性点的保护

变压器的中性点绝缘有两种情况:一种是全绝缘,即中性点处的绝缘水平与绕组首端的绝缘水平相同;另一种是分级绝缘,即中性点处的绝缘水平低于绕组首端的绝缘水平。

对于 35 ~ 60kV 中性点不接地或经消弧线圈接地的系统,变压器中性点全绝缘,由于三相来波概率很小,且变电所进出线较多,对雷电留有分流作用,变压器的绝缘也有一定的裕度,所以变压器的中性点一般不需要保护。

但变电所为单台变压器且为单路进线运行时，在三相同时进波时由于中性点对地电压会超过首端对地电压，应在中性点加装一个与首端同样电压等级的避雷器。

在中性点直接接地系统，为了减少单相接地电流，有部分变压器中性点改为不接地运行。这部分变压器，其一，中性点全绝缘，一般不加保护；其二，中性点半绝缘，具体说，110 kV 变压器的中性点为 35 kV 绝缘水平，220 kV 变压器的中性点为 110 kV 绝缘水平，它们均需加装避雷器保护。

（2）配电变压器的保护

配电变压器的数量多、分布广，是配电网中十分重要的设备，担负着向城乡用户供电的重要任务。但是配电网电压等级低，绝缘水平相对薄弱，往往容易发生雷害事故。据统计，配电变压器的雷击损坏率约为 1 ~ 2 台 /（百台·年）。因此，应采取可靠的防雷保护措施。

对于 3 ~ 10 kV 配电变压器，可用三相阀式避雷器保护，也可用两相阀式避雷器一相保护间隙或三相均用保护间隙来保护。当采用两相阀式避雷器和一相间隙保护时，在同一配电网中，保护间隙必须装设在同一相导线上，以防雷击间隙后放电，造成线路相间短路、增加跳闸次数。

保护配电变压器的阀式避雷器和保护间隙应尽量靠近变压器安装，以提高保护效果。避雷器的接地线应与变压器低压侧中性点以及金属外壳连接在一起后共同接地，并称之为配电系统的三点共同接地。三点共同接地的目的是保证当变压器高压侧受雷击引起避雷器动作或间隙放电时，变压器绝缘上所承受的电压仅为避雷器的残压（间隙放电时残压为零），而接地装置上的压降并不作用在变压器的绝缘上，从而减少高低压绕组间或高压绕组对变压器外壳间发生击穿的危险。

当变压器容量为 100 kV·A 以上时，接地电阻不宜超过 4Ω；当变压器容量小于 100kV·A 时，因变压器内阻抗较大，限制了短路电流，因此，接地电阻值允许不超过 10Ω。

六、电机防雷保护

旋转电机的耐冲压绝缘水平不高，只有同一电压等级变压器的 1/3 左右，仅稍高于相应电压等级磁吹避雷器 3 kA 冲击电流时的残压值，所以旋转电机的防雷保护措施应比变压器更加完善、可靠，才能起到可靠的保护作用。但对于小容量的电机，为了经济起见，允许采用简化的防雷保护接线。

不经变压器直接与电力线路相连接的旋转电机称为直配电机。规程规定，对于 300kW 以下的直配电机：

母线上装有一组避雷器，可以是性能较好的 FCD 型磁吹避雷器或 FZ 型普通阀式避雷器，该避雷器尽可能地靠近被保护电机。在每相避雷器上并联 1.5 ～ 2F 的保护电容器，其作用是降低侵入的雷电波陡度（与变电所的进线保护段用以降低进波陡度的原理一样），防止电机匝间绝缘的损坏以及降低感应过电压的幅值。电机前应有一段大于 20m 长的电缆，电缆两端的铅皮应分别和母线避雷器及保护间隙 JX 的接地相连。保护间隙 JX 的作用是当雷击使 JX 动作时，雷电流的一部分流入到 JX 的接地之中，另一部分由于电缆的集肤效应，将主要沿电缆外皮流入地中，这样流到电机母线上的雷电流将大为减少，从而保证母线避雷器动作时电流不超过 3kA。JX 装在 JX 前 50 ～ 100 m 处，当雷电波侵入时，JX 首先动作，可预先降低一次进波的幅值。JX 的接地电阻应分别小于或等于 10 和 5。

保护间隙 JX_1，JX_2 由主间隙和辅助间隙构成，主间隙做成羊角形，具有一定的熄弧性能；辅助间隙是为防止外物将主间隙短路引起误动作而设置的，形状可为角形或针形，固定在瓷板或胶木板上，然后串接在接地引下线中。保护间隙的电极应镀锌并安装牢固，保证其间距稳定不变，同时与被保护电机间应保持一定的安全距离。

对于低压电机，FB 采用低压阀式避雷器，电容每相取 0.5 ～ $1\mu F$，保护间隙可用将线路终端杆绝缘子铁脚接地代替。当一个车间内有多台分散布置电机时，允许只在车间进线处装设一组保护装置。

一般工厂车间的电机，如果不是经较长的架空线路供电，同时受到厂区高大树木和建筑物的屏蔽，则可不再装设防雷保护装置。

还应指出，如果电机所接母线上已装有无功补偿电容器，且容量满足要求，可不必另外装设保护电容 C。

第二节 电气装置的接地和剩余电流动作保护器

一、电气设备的接地和等电位联结

1. 接地的基本概念

（1）接地装置

接地装置包括接地体（极）和接地线。埋入地中并直接与大地接触的金属导体称为接地体。电力设备或杆塔的接地螺栓与接地体或零线连接用的金属导体称为接地线。

（2）接触电压和跨步电压

发生接地短路时，接地体处具有最高电位，随着远离接地体，电位逐渐降低，距接地体约20m处电位降为零。

接触电压是指接地短路（故障）电流流过接地装置时，地面上人体（离设备水平距离为0.8m，地面的垂直距离1.8m）触及设备外壳、架构或墙壁处，人体两点间的电位差。

跨步电压是指接地短路（故障）电流流过接地装置时，人的两脚间（取地面上水平距离0.8m）的电位差。跨步电压的大小与步幅的大小和离接地点的远近有关，步幅越大，跨步电压越大；离接地点越近，跨步电压越大。通常离接地点约20m以外，跨步电压为零。

2. 接地的类型

电力系统和电力设备的接地，按其作用不同可分为工作接地、保护接地、防雷接地和防静电接地等。无论是什么类型的接地（零），其实质都是钳制电位，也就是把被接点的电位"拉"向零伏。

（1）工作接地

工作接地也叫系统接地，是根据电力系统正常运行方式的需要而将电力系统或设备中的某一点进行接地。如发动机或变压器的中性点直接接地或经特殊设备的接地等。工作接地的目的是保证电力系统和电气设备在正常和事故情况下能够可靠地工作。

（2）保护接地

保护接地又称安全接地，是指电气设备绝缘损坏时，有可能使金属外壳、钢筋混凝土杆和金属杆塔等带电，为防止危及人身和设备安全而将其与大地进行金属性连接。

（3）防雷接地

防雷接地是为了实现对雷电流的泄放，以减小雷电流流过时的电位升高。例如避雷针、避雷线的接地等。

（4）防静电接地

防静电接地是为了防止静电对易燃易爆物体造成火灾爆炸，而对这些物体的管道、容器等设置的接地。

3. 保护接地的形式

保护接地的形式有两种：一种是设备外露可导电部分经各自的 PE 线（保护线）分别接地，如 TT 系统和 IT 系统；另一种是设备外露可导电部分经公共的 PE 线或 PEN 线（保护中性线）接地，如 TN 系统。前者过去称保护接地，后者过去称保护接零。

（1）IT 系统

IT 系统的电源中性点不接地或经高阻抗（约 1000）接地，系统的所有设备的外露可导电部分各自经 PE 线单独接地、成组接地或集中接地。该系统供电可靠性较高，当发生一相接地时，设备仍可继续运行。这种系统主要用于低压系统容量与范围不大，系统绝缘良好且分布电容很小，对连续供电要求较高，以及有易燃易爆的场所，如矿山、冶金等。

（2）TT 系统

TT 系统的中性点直接接地，并从中性点引出中性线，系统的所有设备外露可导电部分经各自的 PE 线单独接地。由于各设备的 PE 线之间没有直接的联系，相互间不会发生电磁干扰。因此，这种系统适用于对抗电磁干扰要求较高的场所。

（3）TN 系统

TN 系统的电源中性点直接接地，并从电源的中性点引出 N 线、PE 线或将 N 线和 PE 线合二为一的 PEN 线（保护中性线）。

PE 线的功能：是为了保障人身安全，防止触电事故发生。

PEN 线是 N 线与 PE 线合二为一的导线，兼有 N 线和 PE 线的功能。PEN 线在我国习惯上称为"零线"。

TN 系统又可分为 TN—S、TN—C、TN—C—S 系统。

① TN—S 系统：这种系统的 N 线和 PE 线是分开的，所有设备的外露可导电部分均与公共的 PE 线相连。在正常情况下，PE 线上无电流通过，设备的外壳不带电，不会对接于 PE 线上的其他设备产生电磁干扰。但这种系统消耗的材料较多，增加了投资。这种系统多用于环境条件较差，对安全可靠性要求较高，设备对抗电磁干扰要求较高的场所。

② TN—C 系统：这种系统的 N 线和 P 线合用一根导线，所有设备外露可导电部分均与 PEN 线相连。当三相负荷不平衡或只有单相负荷时，PE 线上有电流通过，接 PE 线的设备外壳具有一定的电位。这种系统投资较省，节约有色金属。这种系统适用于三相负荷比较平衡、单相负荷容量不大的用户配电系统中。

③ TN—C—S 系统：TN—C—S 系统的前一部分采用 TN—C 系统，而后一部分则部分或全部采用 TN—S 系统。此系统比较灵活，对安全及对抗电磁干扰要求较高的场所，采用 TN—S 系统，而其他情况则采用 TN—C 系统。因此它兼有 TN—C 和 TN—S 系统的优点，经济实用。它在现代企业中应用日益广泛。

在 TN 系统中，当故障使电气设备金属外壳带电时形成相线和零线（或保护线）短路，回路阻抗小，电流大，能使熔丝迅速熔断或保护装置动作切断电源。

4. 等电位联结

（1）等电位联结的功能与类型

等电位联结是使电气装置各外露可导电部分和装置外可导电部分的电位基本相等的一种电气联结。等电位联结的功能在于降低接触电压，以确保人身安全。

采用接地故障保护时，在建筑物内应做总等电位联结（MEB）。当电气装置或其某一部分的接地故障保护不能满足要求时，尚应在其局部范围内进行局部等电位联结（LEB）。

① 总等电位联结：总等电位联结是在建筑物进线处，将 PE 线或 PEN 线与电气装置接地干线、建筑物内的各种金属管道如水管、煤气管、采暖空调管道等以及建筑物的金属构件等，都接向总等电位联结端子，使它们都具有基本相等的电位。

② 局部等电位联结：局部等电位联结又称辅助等电位联结，是在远离总等电位联结处非常潮湿、触电危险性大的局部地区内进行的等电位联结，作为总等电位联结的一种补充。特别是在容易触电的浴室及安全要求极高的胸腔手术室等处，宜做局部等电位联结。

（2）等电位联结的连接线要求

等电位联结的主母线截面，规定不应小于装置中最大 PE 线或 PEN 线的一半，采用铜线时截面不应小于 $6mm^2$，采用铝线时截面不应小于 $16mm^2$。采用铝线时，必须采取机械保护，且应保证铝线连接处的持久导电性。如果采用铜导线做连接线，其截面可不超过 $25mm^2$。如果采用其他材质导线时，其截面应承受与之相当的载流量。

连接装置外露可导电部分与装置外可导电部分的局部等电位连接线，其截面也不应小于相应 PE 线或 PEN 线的一半。

二、接地电阻及其测量

1. 接地电阻及其要求

接地电阻是接地体的流散电阻、接地线电阻和接地体电阻的总和。由于接地线和接地体的电阻相对很小，可略去不计，因此接地电阻可近似认为就是接地体的流散电阻。

工频接地电流流经接地装置所呈现的电阻，称为工频接地电阻。雷电流流经接地装置所呈现的电阻，称为冲击接地电阻。

2. 接地装置的装设

（1）接地体的安装及要求

利用人工接地体时，要采用不少于 2 根的导体，并在不同地点与接地干线相连接。采用人工接地体时，应满足下列要求。

① 人工接地体的材料：垂直埋设时常用直径为 50mm，管壁厚不小于 3.5mm，长 2～3m 的钢管；也可采用长 2～3m，40mm×40mm×4mm 或 50mm×50mm×5mm 的等边角钢。水平埋设时，其长度为 5～20m。

②接地体的间距：为减少相邻接地体之间的屏蔽作用，垂直接地体的间距不得小于接地体长度的 2 倍；水平接地体的间距一般不小于 5m。

③为减小自然因素对接地电阻的影响并取得良好的接地效果，埋入地中的垂直接地体顶端距地面不得小于 0.6m；若水平埋设，其深度也不得小于 0.6m。

④埋设接地体时，应先挖一条宽 0.5m、深 0.8m 的地沟，然后再将接地体打入沟内，上端露出沟底 0.1 ~ 0.2m，以便与接地体上的连接扁钢和接地线进行焊接。焊接好后，方可将沟填平夯实。为日后测量接地电阻方便，应在适当的位置加装接线卡子。

（2）接地线的安装及要求

实际工程中应尽量采用自然接地线。在建筑物钢结构的结合处，除已焊接者外，都要采用焊接线焊接。焊接线一般采用扁钢，作为接地干线的截面不得小于 $100mm^2$；作为接地支线的截面不得小于 $48mm^2$。对于暗敷管道和作为接地零线的明敷管道，其结合处的跨接线可采用直径不小于 6mm 的圆钢。利用电缆外皮作接地线时，一般应有两根铠封钢带，若只有一根，应敷设辅助接地线。

当另设人工接地线时，应满足下列要求。

①材料：一般采用钢质（扁钢或圆钢）接地线。

②大小规格要求：扁钢厚度不小于 3mm，截面不小于 $24mm^2$，圆钢直径不小于 5mm。电气设备的接地线用绝缘导线时，钢芯线截面不小于 $25mm^2$，铝芯线截面不小于 $35mm^2$；架空线路的接地线用钢绞线，其截面不小于 $35mm^2$。

③满足保护的要求：网内任一点的最小短路电流不小于最近处熔断器熔体额定电流的 4.5 倍和低压断路器瞬时动作电流的 1.5 倍，并能满足热稳定的要求。同时接地线和零线的电导一般不小于相线电导的 1/2。

④接地线与接地体的连接：一般采用焊接或压接。采用焊接时，扁钢的搭接长度应为宽度的 2 倍，且至少焊接 3 个棱边；圆钢的搭接长度应为直径的 6 倍。采用压接时，应在接地线端加金属夹头，与接地体夹牢，夹头与接地体相接触的一面应镀锡，接地体连接夹头的地方应擦拭干净。

⑤中性点直接接地的低压电气设备的专用接地线或零线宜与相线一起敷设。

⑥接地线的着色：黑色为保护接地；紫色底黑色条（每隔15cm涂一黑色条，条宽1～1.5cm）为接地中性线。接地线应装设在明显处，以便于检查。

（3）防直击雷装置的安全距离要求

避雷针宜装设独立的接地装置。为了防止雷击时雷电流在接地装置上产生的高电位对被保护的建筑物和配电装置及其接地装置进行"反击闪络"，危及建筑物和配电装置的安全，防直击雷的接地装置与建筑物和配电装置及其接地装置之间，应有一定的安全距离，此距离与建筑物的防雷等级有关，但空气中安全距离 s 不小于 5m，地下的安全距离 s 不小于 3m。

三、剩余电流动作保护器

1. 作用

剩余电流动作保护器（原称漏电保护器）主要作用是保护人身免受电击伤亡及防止因电气设备或线路漏电而引起火灾等事故。

2. 剩余电流动作保护器类型

根据剩余电流动作保护器所具有的保护功能和特征不同，大体上可分为以下几类。

（1）剩余电流动作保护器：仅有漏电保护的保护器，不带过负荷、短路保护。过去称漏电开关，国际标准称为 RCCB。

（2）剩余电流动作断路器：带过负荷、短路和漏电三种保护的保护器。过去称漏电断路器，国际标准称为 RCBO。

（3）剩余电流动作继电器：既无过负荷、短路保护功能，也不直接分合电路，仅有漏电报警作用的保护器，过去称漏电继电器。剩余电流动作继电器除作为报警而不切断电源外，也可与一般断路器或接触器组合成漏电断路器或漏电接触器。根据剩余电流动作保护器中间环节的结构特点分，有电磁式和电子式两种。他们的特点如下。

①电磁式剩余电流动作保护器：全部采用电磁元件，承受过电流和过电压的能力较强；因没有电子放大环节而无须辅助电源，当主电路缺相时仍能继续工作。但灵敏度不高，一般额定剩余动作电流只能设计到 40～50mA，且制造工艺复杂，价格较贵。

② 电子式剩余电流动作保护器：因其中间环节采用电子元件，灵敏度高，额定剩余动作电流可以小到 6mA；误差小，动作准确；动作电流与动作时间容易调节，便于实现分级保护；容易设计出多功能保护器；对元件的要求不高，工艺制造简单。但应用元件较多，可靠性较低；抗冲击能力较弱；承受过电流和过电压的能力较差；当主电路缺相时，可能失去辅助电源而丧失保护功能。

3. 剩余电流动作保护器分级设置（以三级为例）

（1）第一级保护：第一级保护（总保护）设置在变压器、出口处，主要是防止供配电线路的倒杆、断线碰地造成危险。按线路总的剩余电流大小及动作时间需要，一般选用额定剩余动作电流值。但动作电流的大小应视具体情况可做适当地调整。

（2）第二级保护：第二级保护（分支保护）设置在各条分支线路与主干线的连接处，作为第三级的后备保护。

（3）第三级保护：第三级保护（末端保护）设置在各家各户及动力点上，用来防止人身触电。特殊场合要采用额定剩余动作电流值更小，额定动作时间更短的剩余电流动作保护器。

分级保护的上下级剩余电流动作保护器的额定剩余动作电流与漏电动作时间均应做到相互配合，额定剩余动作电流级差通常为 1.2 ~ 2.5 倍，时间级差 0.1 ~ 0.2s。

4. 剩余电流动作保护器安装注意事项

除应遵守常规电气设备安装规程外，还应注意以下几点：

（1）标有电源侧和负荷侧的剩余电流动作保护器不能接反。若接反，会导致电子式剩余电流动作保护器脱扣线圈无法随电源切断而断电，以致长时间通电而烧毁。

（2）安装剩余电流动作保护器时，必须严格区分中性线（N线）和保护线（PE线）。使用三极四线式和四极四线式剩余电流动作保护器时，中性线应接入剩余电流动作保护器。

（3）中性线（N线）在剩余电流动作保护器负荷侧不能再接地，否则剩余电流动作保护器不能正常工作。

（4）采用剩余电流动作保护器的支路，其中性线只能作为本回路中性线，禁止与其他回路中性线相连。

（5）剩余电流动作保护器安装完成后，对完工的剩余电流动作保护器要进行检验，以保证其灵敏度和可靠性。剩余电流动作保护器安装后的检验项目有：

① 用试验按钮试验 3 次，均应正确动作。

② 带负荷分、合交流接触器或开关 3 次，均不应误动作。

③ 每相分别用 3kΩ 试验电阻接地试验，均应可靠动作。

确认动作正确无误后，方可正式投入使用。

5. 剩余电流动作保护装置的运行与维护

由于剩余电流动作保护器是涉及人身安全的重要装置，因此日常工作中要按照国家有关剩余电流动作保护器运行的规定，做好运行维护工作，发现问题及时处理。

（1）剩余电流动作保护器投入运行后，应每年对保护系统进行一次普查。普查的重点项目有：

① 测试漏电动作电流值。

② 量电网和电器设备的绝缘电阻。

③ 测试分断时间。

（2）每月至少对剩余电流动作保护器用试跳器试验一次，雷雨季节应增加试验次数。每当雷击或其他原因使剩余电流动作保护器动作后，应做一次试验。停用的剩余电流动作保护器使用前应试验一次。

（3）剩余电流动作保护器动作后，若经检查未发现事故点，允许试送电一次。如果再次动作，应查明原因，不得连续强送电。

（4）剩余电流动作保护器故障后要及时更换，并由专业人员修理。

（5）严禁私自拆除剩余电流动作保护器或强送电。

（6）在保护范围内发生人身触电伤亡事故，应检查剩余电流动作保护器动作情况分析未能起到保护作用的原因，在未调查清楚之前，不得改动剩余电流动作保护器。

6.剩余电流动作保护器的常见故障

（1）剩余电流动作保护器误动作

误动作的原因是多方面的。有来自线路方面的，也有来自保护器本身的。误动作的常见原因有以下几种。

① 接线错误：如在 TN—C—S 系统中，误把保护线（PE 线）与中性线（N 线）接反或保护器后方有中性线与其他回路的中性线连接或接地，这将引起误动作。

② 设备选型不当：在照明和动力合用的 TN 系统中，错误地选用三极剩余电流动作保护器，负载的中性线直接接在保护器的电源侧而引起误动作。

③ 电磁干扰：剩余电流动作保护器附近有大功率电器，当其开、合时产生电磁干扰，或附近装有磁性元件或较大的导磁体，均可能在互感器铁芯中产生附加磁通量而导致误动作。

④ 同一回路的各相不同步合闸：当同一回路的各相不同步合闸时，先合闸的一相可能产生足够大的泄漏电流，也会引起误动作。

⑤ 其他原因：如偏离使用环境温度、相对湿度、机械振动过大等超过保护器设计条件时也可造成剩余电流动作保护器误动作。

（2）剩余电流动作保护器拒动

尽管拒动作比误动作少见，但它造成的危险性比误动作要大，拒动作产生的主要原因有以下几种。

① 漏电动作电流选择不当：选用的保护器动作电流整定值过大，而实际产生的漏电值没有达到整定值，使保护器拒动作。

② 接线错误：在 TN—C—S 系统中，在剩余电流动作保护器后如果把保护线（PE 线）与中性线（N 线）接在一起，发生漏电时，漏电保护装置将拒动作。

③ 其他原因：产品质量低劣、线路绝缘阻抗降低，也会导致保护器拒动作。

第三节　电气安全用具的认识和使用

一、电气安全用具的概念及分类

电气安全用具是防止触电、坠落、电弧灼伤等工伤事故，保障工作人员安全的各种专用工具和用具。

电气安全用具可分为绝缘安全用具和一般防护安全用具两大类。绝缘安全用具又分为基本安全用具和辅助安全用具两类。

1. 绝缘安全用具

（1）基本安全用具：是指那些绝缘强度能长时间承受电气设备的工作电压，并能在该电压等级产生的过电压下保证人身安全的绝缘工具。基本安全用具可直接用来操作带电设备或接触带电体。属于这一类的安全用具有绝缘棒、绝缘夹钳和验电器等。

（2）辅助安全用具：是指那些绝缘强度不足以承受电气设备或线路的工作电压，而只能加强基本安全用具的保护作用。因此，辅助安全用具配合基本安全用具使用时，能起到防止工作人员遭受接触电压、跨步电压和电弧灼伤等伤害。属于这一类的安全用具有绝缘手套、绝缘靴（鞋）、绝缘垫和绝缘台等。

在高压设备上使用基本安全用具的同时，还要使用辅助安全用具。在低压设备上，绝缘手套及装有绝缘柄的工具，可作为基本安全用具使用。

2. 一般防护安全用具

一般防护安全用具是指那些本身没有绝缘性能，但可以起到防护工作人员发生事故的用具。这种安全用具主要用作防止检修设备时误送电，防止工作人员走错间隔、误登带电设备，保证人与带电体之间的安全距离，防止电弧灼伤、高空坠落等。属于这一类的安全用具有携带型短路接地线、安全帽、安全带、标示牌和遮拦等。此外，登高用的梯子、脚扣和站脚板等也属于这类安全用具的范畴。

二、基本安全用具及使用

1. 绝缘棒

（1）作用

绝缘棒又称令克林、绝缘杆、操作杆、拉闸杆等。绝缘棒用来接通或断开带电的高压隔离开关、跌落式熔断器，安装和拆除临时接地线以及带电测量和试验工作。

（2）结构

绝缘棒主要由工作部分、绝缘部分和握手部分构成。

（3）注意事项

① 操作前，棒表面用清洁的干布擦拭干净，使棒表面干燥、清洁。检查有无裂纹、机械损伤、绝缘层损坏等。

② 操作时，应戴绝缘手套、穿绝缘靴或站在绝缘垫（台）上作业。操作者的手握部位不得越过护环。

③ 在下雨、下雪或潮湿天气，无防雨罩的绝缘杆不能使用。

④ 使用时，人体应与带电设备保持安全距离，并注意防止绝缘棒被人体或设备短接，以保持有效的绝缘长度。

⑤ 使用的绝缘棒规格必须符合相应线路电压等级的要求，切不可任意取用。

⑥ 绝缘棒要统一编号，存放在专用的木架上。

⑦ 绝缘棒每年进行一次试验，超过试验周期的不得使用。

2. 绝缘夹钳

（1）作用

绝缘夹钳是用来安装和拆卸高压熔断器或执行其他类似工作的工具。

（2）结构

绝缘夹钳由工作钳口、绝缘部分（钳身）和握手部分（钳把）组成。

（3）注意事项

① 绝缘夹钳只允许使用在额定电压为 35kV 及以下的设备上。

② 作业人员工作时，必须将绝缘夹钳擦拭干净，应戴护目眼镜、绝缘手套和穿绝缘靴（鞋）或站在绝缘台（垫）上，手握绝缘夹钳要精力集中并保持平衡。

③绝缘夹钳上不允许装接地线，以免在操作时，由于接地线在空中游荡而造成接地短路和触电事故。

④在潮湿天气只能使用专用的防雨绝缘夹钳。

⑤绝缘夹钳要保存在专用的箱子里或匣子里，以防受潮和磨损。

⑥绝缘夹钳每年进行一次试验，超过试验周期的不得使用。

3. 高压验电器

验电器又称测电器、试电器或电压指示器。

（1）作用

检验电气设备或线路上是否有电。

（2）结构

常见的高压验电器由手柄、护环、操作杆和金属探针（钩）等部分构成。

（3）高压验电器的使用

①验电前，应将验电器在带电的设备上验电，以验证验电器是否良好。

②再在设备进出线两侧逐相验电。

③当验明无电后再把验电器在带电设备上复核一下，看其是否良好。

（4）注意事项

①使用前确认验电器电压等级与被验设备或线路电压等级一致。

②验电时，要做到一人操作、一人监护。

③验电时，应戴绝缘手套，验电器应逐渐靠近带电部分，不要立即直接触及带电部分。

④验电时，验电器不应装设接地线，除非在木梯、木杆上验电，不接地不能指示者，才可装设接地线。

⑤验电器的操作杆、指示器严禁碰撞，敲击及剧烈震动，严禁擅自拆卸，以免损坏。

⑥高压验电器应按电压等级统一编号。验电器用后应放入柜内，保持干燥，避免积水和受潮。

⑦高压验电器每半年进行一次试验，不得使用没有试验过或超过试验期的验电器验电。

4.低压验电器

（1）作用

低压验电器是一种检验低压电气设备、电器或线路是否带电的一种用具，也可以用它来区分L线（相线）和N线（中性线）。

（2）结构

在制作时为了工作和携带方便，常制成钢笔式或螺丝刀式，它是由一个高值电阻、氖管、弹簧、金属触头等组成。

（3）低压验电器的使用和注意事项

① 低压验电笔在使用前后也要在确知有电的设备或线路上试验一下，以证明其是否良好。

② 使用时，手拿验电笔用一个手指触及金属笔卡，金属笔尖顶端接触被检查的带电部分，看氖管是否发亮，如果发亮，则说明被检查的部分是带电的，并且氖管愈亮，说明电压愈高。

③ 测试时，手指不要触及测试触头，防止发生触电。

④ 低压验电笔只能在电压为 100 ~ 500V 范围内使用，绝不允许在高压电气设备或线路上进行验电，以免发生触电事故。

三、辅助安全用具及使用

1.绝缘手套

（1）作用

绝缘手套是在高压电气设备上进行操作时使用的辅助安全用具，如用来操作高压隔离开关、跌落式熔断器等。在低压带电设备上工作时，它可作为基本安全用具使用，即可直接使用绝缘手套在低压设备上进行带电作业。绝缘手套可使人的两手与带电物绝缘，是防止同时触及不同电位带电体而触电的安全用品。

（2）绝缘手套的使用和注意事项

① 每次使用前应进行外部检查，查看表面有无损伤、磨损或破漏、划痕等。如有砂眼漏气情况，应禁止使用。检查方法是：将手套朝手指方向卷曲，当卷到一定程度时，内部空气因体积减小、压力增大，手指鼓起，为不漏气者。

② 使用绝缘手套时，里面最好戴上一副棉纱手套，这样夏天可防止出汗而操作不便，冬天可保暖。戴手套时，应将外衣袖口放入手套的伸长部分里。

③ 绝缘手套使用后应擦净、晾干，最好撒上一些滑石粉，以免粘连。

④ 绝缘手套不得与石油类的油脂接触，合格与不合格的绝缘手套不能混放在一起，以免使用时拿错。

⑤ 绝缘手套每半年进行一次试验，超过试验周期的绝缘手套禁止使用。

2. 绝缘靴（鞋）

（1）作用

绝缘靴（鞋）的作用是使人体与地面绝缘。绝缘靴是在进行高压操作时用来与地保持绝缘的辅助安全用具，而绝缘鞋用于低压系统中。两者都可作为防护跨步电压的基本安全用具。

绝缘靴（鞋）是由特种橡胶制成的。绝缘靴通常不上漆，与涂有光泽黑漆的橡胶水靴在外观上有所不同。

（2）注意事项

① 应检查是否超过有效试验期。

② 绝缘靴（鞋）应统一编号，现场使用的绝缘靴（鞋）最少要保持两双。

③ 应存放在干燥、阴凉的地方，并应存放在专用的柜内，要与其他工具分开放置，其上不得堆压任何物件。不得与石油类的油脂接触，合格与不合格的绝缘靴（鞋）不能混放在一起。

④ 绝缘靴（鞋）不得当作雨鞋或做他用，其他非绝缘靴（鞋）也不能代替绝缘靴（鞋）使用。

⑤ 绝缘靴（鞋）每半年进行一次试验。

3. 绝缘垫

（1）作用

绝缘垫可以增强操作人员对地绝缘，避免或减轻发生单相短路或电气设备绝缘损坏时，接触电压与跨步电压对人体的伤害；在低压配电室地面上铺绝缘垫，可代替绝缘鞋，起到绝缘作用。因此在 1kV 以下的场合，绝缘垫可作为基本安全用具使用。而在 1kV 以上时，仅作为辅助安全用具使用。

（2）注意事项

① 使用过程中要经常检查绝缘垫有无裂纹、划痕等，发现有问题时要立

即禁用并及时更换。

② 注意防止与酸、碱、盐类、油类及其他化学药品接触，以免受腐蚀后绝缘垫老化、龟裂或变黏，降低绝缘性能。

③ 避免与热源直接接触使用，防止急剧老化变质，破坏绝缘性能。

④ 绝缘垫每年进行一次试验。

四、一般防护安全用具及使用

为了保证电力工人在生产中的安全和健康，除在作业中使用基本安全用具和辅助安全用具以外，还应使用必要的防护安全用具，如安全带、安全帽和护目镜等。

1. 安全带

（1）作用

安全带是高空作业人员预防坠落伤亡的防护用品。

（2）结构和类型

安全带是由带子、绳子和金属配件所组成。根据作业性质的不同，其结构、形式也有所不同，主要有围杆作业安全带和悬挂作业安全带两种。

（3）注意事项

① 安全带使用前，必须做一次外观检查，如发现破损、变质及金属配件有断裂者，应禁止使用，平时不用时也应一个月做一次外观检查。腰带和保险带、绳应有足够的机械强度，材质应有耐磨性，卡环（钩）应具有保险装置，操作应灵活。

② 高处作业时，安全带（绳）必须挂在牢固的构件上。在杆塔高空作业时，应使用有后备绳的双保险安全带。

③ 安全带应高挂低用或水平拴挂。高挂低用就是将安全带的绳挂在高处，人在下面工作；水平拴挂就是使用单腰带时，将安全带系在腰部，绳的挂钩挂在和带的同一水平位置。切忌低挂高用，并应将活梁卡子系紧。保险带、绳使用长度在 3m 以上的应加缓冲器。

④ 安全带使用和存放时，应避免接触高温、明火、酸类物质、化学药物以及有锐角的坚硬物体。

⑤ 安全带每年进行一次试验。

2. 安全帽

（1）作用

安全帽是用来保护或减缓使用者头部受外来物体冲击伤害的个人防护用品。

（2）结构

普通型安全帽主要由帽壳、帽衬、下颌带、吸汗带、通气孔等部分构成。

（3）注意事项

① 进入施工现场必须佩戴安全帽。

② 安全帽使用前，应检查帽壳、帽衬、帽箍、顶衬和下颌带等附件完好无损。

③ 使用时一定要将安全帽戴正、戴牢，不能晃动，要系紧下颌带，调节好帽箍以防安全帽脱落。不可以歪着戴、反着戴。

④ 不得随地摆放，不能私自在安全帽上打孔，不要随意碰撞安全帽，不得将安全帽当板凳坐。

⑤ 受过一次强冲击的安全帽不能继续使用，应予以报废。

⑥ 安全帽不能放置在有酸、碱、高温、日晒、潮湿或化学试剂的场所，以免其老化或变质。

⑦ 严禁使用只有下颌带与帽壳连接的安全帽（即帽内无缓冲层的安全帽）。

3. 携带型短路接地线

（1）作用

携带型短路接地线的作用是当对高压设备进行停电检修或进行其他工作时，可防止设备突然来电或邻近高压带电设备产生感应电压对人体的危害，还可以用来释放断电设备的剩余电荷。

（2）结构

携带型短路接地线主要由专用线夹、三相短路线、接地线等部分组成。

（3）携带型短路接地线的使用和注意事项

① 每次装设接地线前，应详细检查是否完好，如发现绞线松股、断股、护套严重破损、夹具断裂松动等，应及时修理或更换，禁止使用不符合规定

的导线做接地线或短路线。携带型短路接地线应用多股软裸铜线，其截面不得小于 25mm²。

②装设接地线必须由两人进行。

③装设时必须先接接地端，后接导体端，且必须接触良好；拆接地线的顺序与此相反。人体不准碰触未接地的导线。

④装、拆接地线均应使用绝缘棒和戴绝缘手套。

⑤接地线必须使用专用线夹固定在导线上，严禁用缠绕的方法进行接地或短路。

⑥接地线和工作设备之间不允许接刀闸或熔断器，以防它们断开时，设备失去接地，使检修人员发生触电事故。

⑦每组接地线均应编号，并存放在固定的地点，存放位置亦应编号。接地线号码与存放位置号码必须一致，以免在较复杂的系统中进行部分停电检修时，误拆或忘拆接地线而造成事故。

4. 遮拦

遮拦的作用是用来防护工作人员意外碰触或过分接近带电体而造成人身触电事故的一种安全防护用具，也可作为工作位置与带电设备之间安全距离不够时的安全隔离装置。遮拦是用干燥的木材、橡胶或其他坚韧的绝缘材料制成的，不能用金属材料制作。遮拦上必须有"止步，高压危险！"等字样，以提醒工作人员注意。

5. 标示牌

（1）作用

标示牌用来警告工作人员，不得接近设备的带电部分，提醒工作人员在工作地点采取安全措施，以及表明禁止向某设备分合闸停送电，指出为工作人员准备的工作地点等。

（2）几种常见的标示牌及其使用场合

①禁止合闸，有人工作——悬挂在一经合闸即可送电到施工设备的断路器（开关）和隔离开关（刀闸）操作把手上。如悬挂在高压熔断器的杆上或柱上开关上等。

②禁止合闸，线路有人工作——悬挂在线路断路器（开关）和线路隔离开关（刀闸）操作把手上。

③禁止分闸——悬挂在接地刀闸与检修设备之间的断路器（开关）操作把手上。

④禁止攀登，高压危险——悬挂在高压配电装置构架的爬梯上，变压器、电抗器等设备的爬梯上。

⑤在此工作——悬挂在工作地点或检修设备上。

⑥从此上下——悬挂在工作人员上下的铁架、爬梯上。

⑦从此进出——悬挂在室外工作地点围栏的出入口处。

⑧止步，高压危险——悬挂在施工地点临近带电设备的遮拦上；室外工作地点的围栏上；禁止通行的过道上；高压试验地点；室外构架上；工作地点临近带电设备的横梁上。

第四节　触电急救

发现了人身触电事故，发现者一定不要惊慌失措，要动作迅速，救护得当。首先要迅速将触电者脱离电源；其次，立即就地进行现场救护，在就地抢救的同时，尽快呼叫医务人员或向 120 及有关医疗单位求援。触电急救的基本原则是"迅速、就地、准确、坚持"。

迅速——就是要争分夺秒、千方百计使触电者脱离电源。

就地——就是必须在触电现场附近就地进行抢救。

准确——就是人工呼吸操作法和胸外心脏按压法的动作必须准确。

坚持——就是只要有 1% 的希望，就要尽 100% 的努力去抢救，不要轻易放弃。

一、脱离电源

由于电流作用时间越长，伤害越重，所以首先要使触电者尽快脱离电源。

1.脱离低压电源常用方法

脱离低压电源的常用方法可用"拉、切、挑、拽、垫"五个字来概括。

拉——如果触电地点附近有电源开关或电源插座，就近拉开电源开关或电源插头。

切——如果触电地点附近没有电源开关或电源插座，可用有绝缘柄的电工钳或有干燥木柄的斧头切断电线，断开电源。

当电线搭落在触电者身上或压在身下时，可用干燥的衣服、手套、绳索、皮带、木板、木棒等绝缘物作为工具，拉开触电者或挑开电线，使触电者脱离电源。

拽——如果触电者的衣服是干燥的，又没有紧缠在身上，可以用一只手抓住他的衣服，拉离电源。救护人员不得接触触电者的皮肤，也不得抓他的鞋。

垫——如果触电者由于痉挛，手指紧握导线或导线绕在身上，这时救护人员可先用干燥的木板或橡胶绝缘垫塞进触电者身下使其与大地绝缘、隔断电源的通路，然后再采取其他办法把电源线路切断。

2. 脱离高压电源常用方法

高压触电可采用下列方法之一使触电者脱离电源。

（1）停

立即通知有关供电企业或用户停电。

（2）拉

戴上绝缘手套，穿上绝缘靴，用相应电压等级的绝缘工具按顺序拉开电源开关或熔断器。

（3）断

抛掷裸金属线使线路短路接地，迫使保护装置动作，断开电源。

二、现场急救

1. 急救方法

当触电者脱离电源以后，应迅速判定其伤害程度，根据情况采取不同急救方法。

（1）若触电者神志清醒，应使其就地平躺，暂时不要让触电者站立或走动，以减轻心脏负担。同时注意观察，必要时请医生诊治，避免发生迟发性假死。

（2）若触电者意识丧失，应在开放气道后的 10s 内，用"看、听、试"的方法，判定伤员有无呼吸。

看——看伤员的胸、腹壁有无呼吸起伏动作。

听——用耳贴近伤员的口鼻处，听有无呼气声音。

试——用颜面部的感觉测试口鼻部有无呼气气流。

① 若触电者神志不清，但呼吸、心跳正常，应抬到附近空气清新的地方，平躺休息，解开衣领以利于呼吸，并应立即请医生诊治。如果发现呼吸困难、脉搏变轻或发生痉挛，应准备心跳、呼吸停止时的进一步救护。

② 如果触电者呼吸停止，但有心跳，应采用人工呼吸法抢救。

③ 如果触电者有呼吸、无心跳，应采用胸外心脏按压法进行抢救。

④ 如果触电者呼吸和心跳均已停止，应立即按心肺复苏法支持生命的三项基本措施，正确进行就地抢救。

2. 心肺复苏法

心肺复苏法支持生命的三项基本措施是：通畅气道、口对口（鼻）人工呼吸和胸外按压（人工循环）。

（1）通畅气道

如发现触电者口内有异物，可将其身体及头部同时侧转，迅速用一个手指或用两手指交叉从口角处插入，取出异物。操作中要注意防止将异物推到咽喉深部。

通畅气道可采用仰头抬颌法，用一只手放在触电者的前额，另一只手的手指将其下颌骨向上抬起，两手协同将头部推向后仰，舌根随之抬起，气道即可通畅。严禁用枕头或其他物品垫在伤员的头下，使头部抬高前倾，这样会更加重气道阻塞，且使胸外按压时流向脑部的血流减少，甚至消失。

（2）口对口（鼻）人工呼吸

人工呼吸就是采用人工机械动作，使伤者逐步恢复正常呼吸的过程。口对口人工呼吸在保证触电者气道通畅的情况下，救护人员依下列方法进行救护。

① 捏鼻掰嘴：救护人站在触电者头部的左（或右）侧，用放在前额上的拇指和食指捏紧其鼻孔，以防止气体从其鼻孔溢出，另一只手的拇指和食指将其下颚拉向前下方，使嘴巴张开，准备接受吹气。

② 嘴吹气：救护人深吸气后紧贴掰开的嘴巴吹气。吹气时要使触电者的胸部略有起伏，每次吹气时间持续 1~1.5s，每 5s 吹一次（约 1 分钟人工呼吸 12 次）。触电者若是儿童，只可小口吹气以防肺泡破裂。

③放松换气：放松触电者的口和鼻，使其自动呼气。

当难以做到口对口密封时，可采用口对鼻人工呼吸。其操作要领与口对口人工呼吸法基本相同，只是用嘴唇包绕封住触电者鼻孔吹气时须使触电者口闭合。

（3）胸外心脏按压法

胸外心脏按压法就是采用人工机械的强制作用，恢复正常心跳和血液循环。

①将触电者衣服解开，仰卧在地上或硬板上，头部放平，找到正确的按压位置。

②救护人跨腰跪在触电者的腰部，两手相叠（对儿童只能用一只手），手掌根放在胸骨中 1/3 与下 1/3 交界处。

③掌心向下按压，压出心脏里面的血液。按压频率应保持在 100 次 /min 左右。

④按压后掌根立即全部放松（双手不必离开胸腔），以使胸部自动复位，让血液回流入心脏。

在抢救过程中，应反复"看、听、试"，5 ~ 7s 内对触电者是否恢复自然呼吸和心跳进行再判断，根据脉搏和呼吸恢复情况继续施救，在医务人员未接替抢救前，现场人员不得放弃现场抢救。触电者的死亡只有医生才有权认定。

三、电气工作的安全措施

为了确保电气工作中的人身安全，在高压电气设备或线路上工作，必须完成工作人员安全的组织措施和技术措施；对低压带电工作，也要采取妥善的安全措施后才能进行。

1. 保证电气工作安全的组织措施

保证安全的组织措施是工作票制度，工作许可制度，工作监护制度，工作间断、转移和终结制度。

（1）工作票制度

工作票制度是指在电气设备上进行任何电气作业，都必须填写工作票，并依据工作票布置安全措施和办理开工、终结手续，这种制度称为工作票制度。

工作票应由工作票签发人填写，一式两份，由工作负责人和值班员各执一份。工作票签发人不得兼任该项工作的负责人、工作许可人（值班员）不得签发工作票。

工作票的内容包括工作任务、工作范围、安全措施及现场负责人姓名等。工作票应填写正确、清楚，不得任意涂改。

（2）工作许可制度

工作许可制度是指在电气设备上进行停电或不停电工作，事先都必须得到工作许可人的许可，并履行许可手续后方可工作的制度。值班员接到工作负责人交来的工作票，应按工作票上注明的工作地点、安全措施要求进行工作。在完成施工现场的安全措施后，还应与工作负责人同到现场，再次检查所做的安全措施，双方明确无误后在工作票上分别签名才允许开始工作。

（3）工作监护制度

工作监护制度是指工作人员在工作的过程中，工作监护人始终在工作现场，对工作人员的安全认真监护，及时纠正违反安全的行为和动作的制度。

完成工作许可手续后，监护人应向工作人员交代现场安全措施，指明带电部位，说明有关安全问题。监护人必须始终在工作现场认真监护。监护人因故离开工作现场时，应指定能胜任的人员临时代替，离开前交代清楚，并通知工作人员，使监护工作不间断。

（4）工作间断、转移和终结制度

工作间断制度是指当日工作因故暂停时，如何执行工作许可手续，采取哪些安全措施的制度。转移制度是指每转移一个工作地点，工作负责人应采取哪些安全措施的制度。工作终结制度是指工作结束时，工作负责人、工作班人员及值班员应完成哪些规定的工作内容之后工作票方告终结的制度。

2. 保证电气工作安全的技术措施

保证安全的技术措施是：停电、验电、装设接地线、悬挂标示牌和装设遮拦。

（1）停电

停电应注意以下几点：

① 将停电工作设备可靠地脱离电源，确保有可能给停电设备送电的各方向电源断开。

② 邻近带电设备与工作人员在进行工作时，正常活动范围的距离必须大于规定距离。

③ 对于一经合闸就可能送电到停电设备的隔离开关操作把手必须锁住。

（2）验电

验电可直接验证停电设备是否确无电压，也是检验停电措施的制定和执行是否正确、完善的重要手段之一。

验电要注意以下几点：

① 验电必须采用电压等级合适且合格的验电器。

② 验电应分相、逐相进行，对在断开位置的开关或隔离开关进行验电时，还应同时对两侧各相验电。

③ 验电操作前应对验电器进行自检试验，然后再按照验电"三步骤"进行验电。

④ 在杆上电力线路验电时，应先验低压，后验高压；先验下层，后验上层；先验近侧，后验远侧。

（3）装设接地线

对突然来电的防护，采取的主要措施是装设接地线。装设接地线包括合上接地隔离开关和悬挂临时接地线（临时接地线又称携带型接地线）。

（4）悬挂标示牌

悬挂标示牌可提醒有关人员及时纠正将要进行的错误操作和做法。

第九章　变压器的运行与维护

变压器是电力系统中的重要组成部分，变压器作为维护电力系统正常运行的重要电力设备之一，其平安性与电力系统的稳定运行有着必然的联系。因此，做好变压器在运行中的维护及其保护配置，早已成为保障电力系统稳定运行的关键。本章主要对变压器的运行与维护进行探究，以期做好变压器的运行与维护，确保变压器保护配置的健全与完整。

第一节　变压器的认识

变压器（Transformer）是利用电磁感应的原理来改变交流电压的装置，主要构件是初级线圈、次级线圈和铁芯（磁芯）。在电器设备和无线电路中，常用作升降电压、匹配阻抗、安全隔离等。

变压器是一种静止电气，它利用电磁感应作用将一种电压、电流的交流电转换成同频率的另一种电压和电流的交流电能。在电力系统和电子线路中，变压器都有着广泛的应用。

在电力系统中，变压器是一种重要的电气设备。在远距离输电时，把交流电功率从发电站输送到远距离的用电区，电压越高，则线路电流越小，因此线路的用铜量、电压降落和损耗就越小。由于发电机的电压受绝缘限制，电压不能做得很高（一般为 10.5 ~ 20kV），因此需用升压变压器将发电机发出的电压升高到输电电压（220 ~ 750kV 或更高），再由输电线路输送出去，电能输送到用电区后，再用降压变压器将电压降低后送到配电区，供各种动力和照明设备使用。所以变压器的生产和使用，对电力系统具有重要意义。

变压器的种类很多，可按其用途、结构、相数、冷却方式等方式来进行分类。

一、变压器的结构

从变压器的功能来看，变压器主要由铁芯和绕组组成，它们是变压器进行电磁感应的基本部分，称为器身；油箱作为变压器的外壳，起冷却、散热和保护作用；变压器油对器身起着冷却和绝缘介质的作用；套管主要起绝缘作用。下面对每部分的结构及作用做简要介绍。

1. 铁芯

铁芯是变压器导磁的主磁路，由铁芯柱和铁轭组成。安装绕组的部分叫作铁芯柱，连接各铁芯柱形成闭合磁路的部分叫作铁轭。为了具有较高的磁导率以及减少磁滞和涡流损耗，铁芯多采用 0.35mm 厚的硅钢片叠装而成，片间彼此绝缘。

另外，为了尽量减少变压器的励磁电流，铁芯中不能有间隙，因此相邻两层铁芯叠片的接缝要相互错开。

按铁芯的构造，变压器可分为芯式和壳式两种。芯式结构的变压器其铁芯柱被绕组包围，壳式结构则是铁芯包围绕组。壳式结构的机械强度较好，但制造复杂，铁芯材料用料多，一般小型干式变压器多采用这种结构。芯式结构比较简单，绕组的安装和绝缘比较容易，所以电力变压器广泛采用芯式结构。

绕组是变压器的电路部分。其外形一般都是圆柱形，这种形状具有较好的机械性能，不易变形，同时便于绕制，通常用漆包线或纱包线绕成。

绕组由线圈组成，与电源相连的绕组称为一次绕组，与负载相连的绕组称为二次绕组；按结构分为高压绕组（电压较高，匝数较多）和低压绕组（电压较低，匝数较少）。根据高压绕组和低压绕组的相对位置，变压器绕组可分为同心式和交叠式两类。

（1）同心式绕组：高、低压绕组都绕制成圆筒形。为了增加高低压绕组之间的电磁耦合作用，将它们同心地套在铁芯柱上。为了减少绕组对地（铁芯）的绝缘距离，一般将低压绕组套在里面靠近芯柱，高压绕组套在低压绕组的外面。同心式绕组的结构简单，制造方便，芯式变压器常采用同心式绕组。

（2）交叠式绕组（饼式绕组）：低压绕组和高压绕组各分成若干个馅饼，沿着芯柱的高度交错地排列。为了减少绝缘距离，通常靠近铁轭处放置低压绕组。交叠式绕组的漏抗较小，易于构成多条并联支路，故主要用于低电压、大电流的电炉变压器和电焊变压器以及壳式变压器中。

2. 变压器油

电力变压器的铁芯和绕组组成变压器的器身，放在装有变压器油的油箱内，变压器油既是绝缘介质又是冷却介质。

变压器油是一种具有介电强度高、着火点高而凝固点低的矿物油，要求灰尘等杂质及水分越少越好，少量水分的存在可能使绝缘强度大大降低，因此防止潮湿空气侵入油中是十分重要的。此外，变压器油在较高湿度下长期与空气接触时会老化而产生悬浮物，堵塞油道且使酸度增加损坏绝缘，故受潮和老化的变压器油必须经过过滤等处理后方能使用。

3. 油箱及附件

（1）油箱

油浸式变压器的外壳就是油箱，箱中盛有用于绝缘的变压器油，可保护变压器铁芯和绕组不受外力和潮气的侵蚀，并通过油的对流对铁芯与绕组进行散热。油箱的结构与变压器的容量或发热情况密切相关，容量越大，发热问题就越严重。小容量变压器采用平板式油箱，用钢板焊成；容量稍大时，为增加散热面积而在油箱壁焊有散热器油管，称为管式油箱；容量很大时，为了提高冷却效果可采用散热器式油箱，甚至采用强迫油循环冷却方式。

（2）储油箱

为了减少油与空气的接触面积以降低油的氧化速度和水分的侵入，在油箱上面安装圆筒形的储油箱。储油箱通过连通管与油箱相通，变压器油的热胀冷缩而形成的油面高度的升降便限制在储油箱中。储油箱油面上部的空气由一通气管道与外部自由流通，在空气管道中设有吸湿器，空气中的水分大部分被吸湿器吸收。储油箱底部有沉积器，便于定期放出水分和沉淀杂质。

（3）气体继电器

在储油箱和油箱的连通管中装有气体继电器，当变压器内部发生故障或油箱漏油使油面下降时，它可以发出报警信号或跳闸信号以及自动切断变压器电源。

（4）安全气道

安全气道又称为防爆管，当变压器发生严重故障而产生大量气体，致使油箱内部压力超过某一限度时，油气将冲破防爆管，从而降低油箱内的压力，避免油箱爆裂。

（5）绝缘套管

变压器的引线从油箱内引到箱外时，必须经过绝缘套管，使带电的引线和接地的油箱绝缘。绝缘套管的结构取决于电压等级，1 kV 以下采用实心磁套管，10 ~ 35 kV 采用空心空气或充油式套管。为了增加表面的放电距离，套管外形做成多级伞形，绕组电压越高，级数就越多。

（6）分接开关

分接开关分为有载分接开关和无励磁分接开关，用来调节绕组的分接头。一般变压器均采用无励磁分接开关，这种分接开关只能在断电情况下进行调节，可改变高压绕组的匝数（即改变电压比），从而调节变压器的输出电压。如果要求在通电情况下调节绕组分接头，则应装设有载分接开关，其结构比较复杂。

二、变压器的型号和额定数据

1. 变压器的型号

每一台变压器都有一个铭牌，铭牌上标注着变压器的型号、额定数据及其他数据。变压器的型号是用字母和数字表示的，字母表示类型，数字表示额定容量和额定电压，例如：SL-1000/10，其中，S 代表三相，L 代表铝线，1000 代表额定容量为 1000V·A，10 代表变压器额定电压为 10 kV。

2. 变压器的额定数据

额定值是制造厂在规定使用环境和运行条件下的重要技术数据，它是制造厂设计和试验变压器的依据。在额定条件下运行时，可以保证变压器长期可靠地工作，并具有优良的性能。额定值通常标注在变压器的铭牌上，故也称为铭牌值。

变压器的额定数据主要有：

（1）额定容量 S_N：是变压器的额定视在功率，单位为 kV·A，它是在铭牌上所规定的额定状态下变压器输出视在功率的保证值。对于三相变压器，额定容量是指三相的总容量。

（2）额定电压 U_{2N}/U_{1N}：U_{1N} 是指电源加到一次绕组上的额定电压，U_{2N}

是一次绕组加上额定电压后二次绕组开路及变压器空载运行时二次绕组的端电压，单位为 V 或 kV。

（3）额定电流 I_{1N}/I_{2N}：根据额定容量和额定电压算出的电流值，单位为 A 或 kA。

对于三相变压器而言，不管一、二次绕组是 Y 或 △ 联结，铭牌上标注的额定电压和额定电流均为有效值。

对于单相变压器：

$$I_{1N} = \frac{S_N}{U_{1N}}, I_{2N} = \frac{S_N}{U_{2N}}$$

对于三相变压器：

$$I_{1N} = \frac{S_N}{\sqrt{3}U_{1N}}, I_{2N} = \frac{S_N}{\sqrt{3}U_{2N}}$$

例：额定容量 S_w=100kV·A，额定电压 U_{1N}/U_{2N}=35000 / 400 V 的三相变压器，求一、二次侧的额定电流。

解：

$$I_{1N} = \frac{S_N}{\sqrt{3}U_{1N}} = \frac{100 \times 10^3}{\sqrt{3} \times 35000}A = 1.65A$$

$$I_{2N} = \frac{S_N}{\sqrt{3}U_{2N}} = \frac{100 \times 10^3}{\sqrt{3} \times 400}A = 144.3A$$

（4）额定频率 f_N：我国规定标准工业用电频率为 50 Hz。

除了上述额定数据外，变压器的铭牌上还标注有相数、效率、温升、阻抗电压标幺值、运行方式（长期连续或短时运行）、冷却方式、接线图及联结组别、总重量等参数。

三、变压器的用途与分类

1. 变压器的用途

变压器是电力系统中的重要组件，发电机发出的电压受其绝缘条件的限制不可能太高，一般为 6.3 ~ 27kV。要想把发出的大功率电能直接送到很远的用电区去，需用升压变压器把发电机的端电压升到较高的输电电压，这是

因为输出功率 P 一定时，电压 U 愈高，则线路电流 I 愈小，于是不仅可以减小输电线的截面积、节省导电材料的用量，而且还可减小线路的功率损耗。因此，远距离输电时利用变压器将电压升高是最经济的方法。一般来说，当输电距离越远、输送的功率越大时，要求的输电电压也越高。电能送到用电地区后，还要用降压变压器把输电电压降低为配电电压，然后再送到各用电分区，最后再经配电变压器把电压降到用户所需要的电压等级，供用户使用。

为了保证用电的安全和合乎用电设备的电压要求，还有各种用途的变压器，如自耦变压器、互感器、隔离变压器及各种专用变压器（如用于电焊、电炉的变压器）等。由此可见，变压器的用途十分广泛，除了用于改变电压外，还可用来改变电流（如电流互感器）、变换阻抗（如电子设备中的输出变压器）。

2. 变压器的分类

变压器在国民经济各个部门中应用非常广泛，品种、规格也很多，通常根据变压器的用途、绕组数目、铁芯结构、相数、调压方式、冷却方式等划分类别。

按用途不同变压器可分为电力变压器（又可分为升压变压器、降压变压器、配电变压器、厂用变压器等）、特种变压器（包括电炉变压器、整流变压器、电焊变压器等）、仪用互感器（电压互感器、电流互感器）、试验用高压变压器和调压器等。

按绕组数目分为双绕组、三绕组、多绕组变压器和自耦变压器。

按铁芯结构可分为芯式变压器和壳式变压器。

按相数的不同分为单相、三相、多相变压器。

按调压方式可分为有载调压变压器和无励磁调压变压器。

按冷却方式不同可分为干式变压器、油浸式自冷变压器、油浸式风冷变压器、油浸式强迫油循环变压器、充气式变压器等。

电力变压器一般都为油浸式。在电子电路中，变压器还可以用来耦合电路、传递信号、实现阻抗匹配等。

四、变压器的基本工作原理

一般情况下，变压器都有铁芯和绕组（线圈）两个主要部件。两个相互绝缘的绕组套在一个共同的铁芯上，它们之间只有磁的耦合，没有电的联系。

其中与交流电源相接的绕组称为原绕组或一次绕组，也简称原边或初级；与用电设备（负载）相接的绕组称为副绕组或二次绕组，也简称副边或次级。

第二节　变压器的运行与检修

一、变压器的运行

（一）变压器的运行方式

1. 变压器的空载运行

（1）变压器各电磁量正方向的规定

图 9-1 是一台单相变压器的示意图，AX 是一次绕组，匝数为 N_1，ax 是二次绕组，匝数为 N_2。

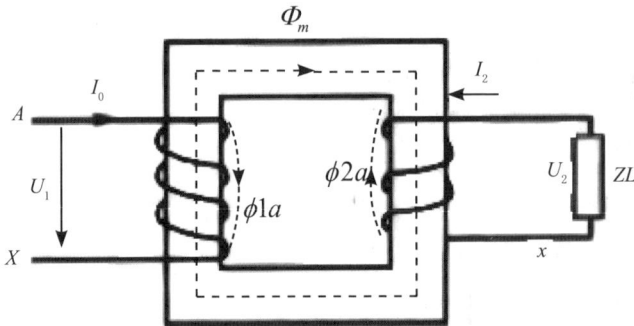

图 9-1　变压器运行时各电磁量规定的正方向

变压器运行时，各电磁量都是随时间而交变的量，因此在列电路方程时，必须先规定它们的正方向。正方向的规定，原则上是可以任意选取的，若正方向规定不同时，则同一电磁过程所列出的公式或方程中有关物理量的正、负号亦不同。在分析变压器时，我们采用了电路原理中常用的惯例，对各物理量的正方向做如下规定：

① 受电端（即一次侧）电流的正方向与电源电压的正方向取为一致，送电端（即二次侧）电流的正方向与感应电动势的正方向一致。感应电动势的

正方向为电位升的方向，如二次侧电动势为 $x \rightarrow a$，故二次电流（带负载后）亦应由 $x \rightarrow a$。

② 磁动势的正方向与产生该磁动势的电流的正方向之间符合右手螺旋定律关系。

③ 磁通的正方向与磁动势的正方向取为一致。

④ 感应电动势的正方向（即电位升的方向）与产生该电动势的磁通的正方向之间符合右手螺旋定则关系。

根据 ② 和 ④，由交变磁通所感应的电动势，其正方向与绕组中电流的正方向一致。

（2）变压器的空载运行

所谓变压器的空载运行是指变压器一次绕组接交流电源、二次绕组开路时的运行情况。图 9–2 为单相变压器空载运行时的示意图。图中，一次绕组所加电压为 U_1，二次绕组的开路电路为 U_2，N_1 和 N_2 分别为一次绕组和二次绕组的匝数。

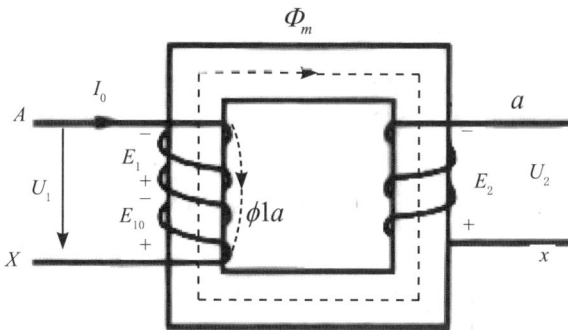

图 9–2　变压器空载运行时的各电磁量

① 主磁通和漏磁通

当一次绕组接上交流电源，一次绕组中便有交流电流流过，由于二次绕组开路电流为零，此时一次绕组的电流叫作（空载电流）用 I_0 表示。空载电流产生交变磁动势 $I_0 N_1$，并建立交变磁通。该磁通分成两部分，绝大部分沿铁芯闭合，同时交链一次和二次绕组，称为主磁通，其幅值用 Φ_m 表示，其路径叫作主磁路；另外，极少部分磁通只交链一次绕组，该磁通称为漏磁通 Φ，其路径主要是经一段绕组附近的空间而闭合，该路径叫作漏磁路。

主磁通和漏磁通在性质上有着明显的差别：

磁路性质不同：主磁路由铁磁材料构成，可能出现饱和现象，故主磁通与建立主磁通的空载电流不一定成正比关系，并且主磁路的磁阻很小，所以主磁通占总磁通的绝大部分；而漏磁通大部分是由非磁性物质构成，无饱和现象，故漏磁通和空载电流之间成正比关系，且漏磁路的磁阻较大，所以漏磁通很小，仅占总磁通的 0.1% ~ 0.2%。

功能不同：主磁通通过互感作用传递功率，漏磁通不传递功率，只在一次绕组中产生感应电动势，参与一次电压平衡。

② 主磁通感应电动势

由于主磁通 Φ 是交变磁通，将在其所交链一、二次绕组中产生感应电动势。

设主磁通按正弦规律变化，用三要素形式表示，即

$$\Phi = \Phi_m \sin \omega t$$

Φ_m——主磁通的最大值；

ω——电源角频率。

根据电磁感应定律规定的正方向，在一次绕组中主磁通感应电动势的瞬时值为

$$e_1 = -N_1 \frac{d\Phi}{dt} = -N_1 \omega \Phi_m \cos \omega t = N_1 \omega \Phi_m \sin(\omega t - \frac{\pi}{2})$$
$$= E_{1m} \sin(\omega t - \frac{\pi}{2})$$

同理，主磁通 φ 在二次绕组中感应电动势的瞬时值为

$$e_2 = -N_2 \frac{d\Phi}{dt} = -N_2 \omega \Phi_m \cos \omega t = N_2 \omega \Phi_m \sin(\omega t - \frac{\pi}{2})$$
$$= E_{2m} \sin(\omega t - \frac{\pi}{2})$$

式中，$E_{1m} = N_1 \omega \Phi_m$，$E_{2m} = N_2 \omega \Phi_m$，分别是一、二次绕组感应电动势的幅值。

感应电动势的有效值为

$$E_1 = \frac{\omega N_1 \Phi_m}{\sqrt{2}} = \frac{2\pi f N_1 \Phi_m}{\sqrt{2}} = 4.44 f N_1 \Phi_m$$

$$E_2 = \frac{\omega N_2 \Phi_m}{\sqrt{2}} = \frac{2\pi f N_2 \Phi_m}{\sqrt{2}} = 4.44 f N_2 \Phi_m$$

感应电动势有效值的相量表达式为

$$\dot{E}_1 = -j4.44 f N_1 \dot{\Phi}_m$$

$$\dot{E}_2 = -j4.44 f N_2 \dot{\Phi}_m$$

从式中可以看出，电动势 E_1 或 E_2 的大小与磁通交变的频率、绕组匝数以及磁通幅值成正比。当变压器接到固定频率电网时，由于频率、匝数都为定值，电动势有效值 E_1 或 E_2 的大小仅取决于主磁通的大小，相位上都滞后 $\Phi_m \pi/2$ 电角度。

③ 漏磁通感应电动势

由于漏磁通也是交变磁通，故漏磁通也可用三要素形式来进行表示，即

$$\Phi_{1\sigma} = \Phi_{1\sigma m} \sin \omega t$$

故一次绕组漏磁通产生的感应电动势瞬时值为

$$e_{1\sigma} = -N_1 \frac{d\Phi_{1\sigma}}{dt} = -N_1 \omega \Phi_{1\sigma m} \sin(\omega t - \frac{\pi}{2})$$

式中，$\Phi_{1\sigma m}$——次绕组漏磁通的最大值。

把上式写成向量形式，其有效值相量为

$$\dot{E}_{1\sigma} = -j\frac{\omega N_1 \dot{\Phi}_m}{\sqrt{2}}$$

根据漏电感的定义，代入式中的

$$\dot{E}_{1\sigma} = -j\omega L_{1\sigma} \dot{I}_0 = -jX_{1\sigma} \dot{I}_0$$

式中，$X_{1\sigma} = \omega L_{1\sigma}$，为一次绕组的漏电抗，其数值较小。

④ 变压器空载运行时的电动势方程及电压比

根据基尔霍夫电压定律，对变压器空载运行时一、二次绕组的回路列写电压方程。

一次绕组的回路电压方程为

$$\dot{U}_1 = -\dot{E}_1 - \dot{E}_{1\sigma} + \dot{I}_0 R_1$$

将两个公式代入，得

$$\dot{U}_1 = -\dot{E}_1 + jX_{1\sigma}\dot{I}_0 + \dot{I}_0R_1 = -\dot{E}_1 + \dot{I}_0(jX_{1\sigma} + R_1) = -\dot{E}_1 + \dot{I}_0Z_1$$

式中，R_1 是一次绕组的电阻，单位为 Ω；$Z_1 = R_1 + jX_{1\sigma}$，是一次绕组的漏阻抗，单位为 Ω。

在电力变压器中，空载电流在一次绕组中引起的漏阻抗压降很小，其数值不到 U_1 的 0.2%，因此在分析变压器空载运行时，可将其忽略不计，这样可得

$$\dot{U}_1 \approx -\dot{E}_1 \text{ 或 } U_1 \approx E_1 = 4.44fN_1\Phi_m$$

结论：当频率和匝数一定时，主磁通 Φ_m 的大小几乎决定于所加电压 U_1 的大小。在二次绕组中，由于绕组开路，电流为零，二次绕组的开路电压用 $\dot{U}_{20}$ 表示，则

$$\dot{U}_{20} = \dot{E}_2$$

在变压器中，一次电动势与二次电动势之比，称为变压器的电压比，用 K 表示，即

$$K = \frac{E_1}{E_2} = \frac{4.44fN_1\Phi_m}{4.44fN_2\Phi_m} = \frac{N_1}{N_2}$$

变压器空载运行时，$U_1 \approx E_1$，$U_{20} \approx E_2$ 故

$$K = \frac{E_1}{E_2} \approx \frac{U_1}{U_{20}}$$

对于三相变压器来说，不管绕组是 Y 或 △ 联结，电压比总是指一次、二次绕组相电动势之比，当二次绕组开路时，也可以是一次、二次绕组相电压之比。

按定义，$K>1$ 为降压变压器，$K<1$ 为升压变压器。

例，计算下列变压器的电压比：

额定电压 $U_{1N}/U_{2N}=3300/220$ V 的单相变压器。

额定电压 $U_{1N}/U_{2N}=0000/400$ V，Yy 接法的三相变压器。

额定电压 $U_{1N}/U_{2N}=10000/400$ V，Yd 接法的三相变压器。

解：额定电压 $U_{1N}/U_{2N}=3300/220$ V 的单相变压器的电压比为

$$K = \frac{U_{1N}}{U_{2N}} = \frac{3300}{220} = 15$$

额定电压 U_{1N}/U_{2N}=1000/400 V，Yy 接法的三相变压器的电压比为

$$K = \frac{U_{1N}/\sqrt{3}}{U_{2N}/\sqrt{3}} = \frac{U_{1N}}{U_{2N}} = \frac{10000}{400} = 25$$

额定电压 U_{1N}/U_{2N}=1000/400 V，Yd 接法的三相变压器的电压比为

$$K = \frac{U_{1N}/\sqrt{3}}{U_{2N}} = \frac{10000/\sqrt{3}}{400} = 14.4$$

例：有一台单相变压器，高压绕组接到 35kV 的工频交流电源上，低压绕组的开路电压是 6.6 kV，铁芯的截面积是 1120 cm^2，若选取磁感应强度 B_m=1.5 T，试求该变压器的电压比和高、低压绕组的匝数。

解：变压器的电压比为

$$K = \frac{U_1}{U_{20}} = \frac{35}{6.6} = 5.3$$

铁芯中的磁通量为

$$\Phi_m = B_m S = 1.5 \times 1120 \times 10^{-4} \, \text{Wb} = 0.168 \text{Wb}$$

高压绕组的匝数为

$$N_t = \frac{U_1}{4.44 f \Phi_m} = \frac{35 \times 10^3}{4.44 \times 50 \times 0.168} = 938$$

低压绕组的匝数为

$$N_2 = \frac{N_1}{K} = \frac{938}{5.3} = 177$$

2. 变压器的负载运行

变压器负载运行时，一次绕组接交流电源，二次绕组接负载，称为变压器的负载运行。负载阻抗 $Z_L = R_L + j X_L$，其中 R_L 是负载电阻，X_L 是负载阻抗。

（1）负载运行时的磁动势守恒及一、二次电流的关系

变压器带负载时，负载上的电压方程为

$$\dot{U}_2 = \dot{I}_2 Z_L = \dot{I}_2 (R_L + jX_L)$$

式中，$\dot{I}_2$ 是二次电流，又称为负载电流。

变压器负载运行时，一、二次绕组都有电流流过，都要产生磁动势，即 $\dot{F}_1$、$\dot{F}_2$ 按照磁路的安培环路定律，负载运行时，铁芯中的主磁通 Φ_m 是由这两个磁动势共同作用产生的，即

$$\dot{F}_1 = \dot{I}_1 N_1$$
$$\dot{F}_2 = \dot{I}_2 N_2$$

合成磁动势 $\dot{F}_m = \dot{F}_1 + \dot{F}_2 = \dot{I}_1 N_1 + \dot{I}_2 N_2$

根据变压器一次回路电压方程，由于变压器一次侧的漏阻抗 Z_1 很小，故其上的压降很小，可认为主磁通也保持近似不变，因此可以认为变压器空载运行、负载运行时合成磁动势保持不变，即变压器的磁动势守恒：

$$\dot{I}_0 N_1 = \dot{I}_1 N_1 + \dot{I}_2 N_2 \Rightarrow \dot{I}_1 N_1 = \dot{I}_0 N_1 + \left(-\dot{I}_2 N_2 \right) \Rightarrow \dot{I}_1 = \dot{I}_0 + \dot{I}_{1L}$$

式中，$\dot{I}_{1L} = -\dfrac{N_2}{N_1} \dot{I}_2$ 是带负载时增加的电流分量，称为负载分量。

上式表明，变压器负载运行时，一次电流包含两个分量，即励磁电流和负载电流，从功率平衡角度来看，二次绕组有电流，意味着有功率输出，一次绕组应增大相应的电流，增加输入功率，才能达到功率平衡。

变压器负载运行时，由于空载电流很小，故 $\dot{I}_1 \approx (-\dfrac{N_2}{N_1}) \dot{I}_2 = \dfrac{\dot{I}_2}{K}$。

可见，二次电流 I_2 变化时，一次电流 I_1 也随之变化，在一、二次电压基本一定时，如果 I_2 增大，变压器输出功率也增大，从而 I_1 也增大，表示一次绕组从电源吸收的功率也随之增加。一、二次绕组之间虽然没有直接电的联系，但是由于两个绕组共用一个磁路，共同交链一个主磁通，借助主磁通的变化，通过电磁感应作用，一、二次绕组间实现了电流的变换及电功率的传递。

（2）负载运行时二次电压、电流的关系

二次绕组磁动势 $\dot{F}_2 = \dot{I}_2 N_2$，还要产生只交链二次绕组本身而不交链一次绕组的漏磁通，其幅值用 $\Phi_{2\sigma}$ 表示，与一次绕组漏磁通 $\Phi_{1\sigma}$ 对照，虽然各自的路径不同，但此磁路材料性质都基本一样，都包含一段铁磁材料和一段

非铁磁材料，且非铁磁材料对应的磁阻远大于铁磁材料，因此 $\Phi_{2\sigma}$ 可以近似认为是线性磁路。$\Phi_{2\sigma}$ 在二次绕组中产生的感应电动势为 $E_{2\sigma}$，同 $E_{1\sigma}$ 类似，即

$$\dot{E}_{1\sigma} = -j4.44fL_2\dot{\Phi}_{2\sigma}$$
$$\dot{E}_{1\sigma} = -j\omega L_{2\sigma}\dot{I}_2 = -jX_2\dot{I}_2$$

式中，$L_{2\sigma}$ 称为二次绕组漏电感；$X_2 = \omega L_{2\sigma}$，称为二次绕组漏电抗，其数值很小，且当角频率 ω 恒定时 X_2 为常数。

根据基尔霍夫电压定律，二次回路的电压方程为

$$\dot{U}_2 = \dot{E}_2 + \dot{E}_{2\sigma} - \dot{I}_2 R_2$$
$$\dot{U}_2 = \dot{E}_2 - \dot{I}_2(R_2 + jX_2)$$
$$\dot{U}_2 = \dot{E}_2 - \dot{I}_2 Z_2$$

式中 $\dot{I}_2 Z_2 = R_2 + jX_2$ 称为二次绕组的漏阻抗；R_2 称为二次绕组的电阻；X_2 称为二次绕组的漏电抗。

例：一台降压变压器，一次电压 U_1=3000 V，二次电压 U_2=220V。如果二次侧接一台 P=25kW 的电阻炉，求变压器一、二次绕组的电流。

解：由题目已知条件易知，二次绕组的电流就是电阻炉的工作电流，故

$$I_2 = \frac{P}{U_2} = \frac{25 \times 10^3}{220}\text{A} = 114\text{A}$$

根据变压器的电压变换和电流变换关系，有

$$\frac{U_1}{U_2} = \frac{N_1}{N_2} = \frac{I_1}{I_2} \Rightarrow \frac{3000}{220} = \frac{114\text{A}}{I_1} \Rightarrow I_1 = 8.33\text{A}$$

（二）变压器运行前的检查项目

在变压器投运前，应进行下列项目的检查：

1.检查试验合格证。如果此试验合格证签发日期超过 3 个月，应重新测试绝缘电阻，其阻值应大于允许值，不小于原试验值的 70%。

2.套管完整，无损坏裂纹现象，外壳无漏油、渗油现象。

3.高、低压引线完整、可靠，各处接点符合要求。

4. 引线和外壳及电杆的距离符合要求，油位正常。

5. 一、二次熔断器熔体符合要求，干式变压器风机正常、可靠。

6. 防雷保护齐全，接地电阻合格。

（三）变压器在运行中，应做的测试项目

变压器在运行中，应经常对温度、负荷、电压、绝缘状况进行测试，其方法和内容如下：

1. 温度测试：正常运行时，上层油面温度一般不得超过85℃（温升55℃）；对干式变压器，应检查自带温度自动控制装置是否正常。

2. 负荷测定：为了提高变压器的利用率，减少电能损耗，在变压器运行过程中，根据每一季节最大用电时期，对变压器的实际负荷进行测定。一般负荷电流应为变压器额定电流的75%～90%。

3. 电压测定：电压变动范围应在额定电压的±5%以内。

4. 绝缘电阻测定：对变压器的绝缘电阻，一般不做规定。但应将所测得的绝缘电阻值与以前所测得的绝缘电阻值相比较，折算至同一温度下，应不低于前一次所测得的电阻值的70%。测量变压器的绝缘电阻时，应根据电压等级的不同，选用不同电压等级的绝缘电阻表，并停电进行测试。

5. 每隔1～2年还应做一次预防性试验。

（四）对主变压器停送电操作顺序的规定

主变压器停送电的操作顺序是：停电时，先停负荷侧，后停电源侧；送电时，先送电源侧，后送负荷侧。这是因为：

1. 从电源侧逐级向负荷侧送电，如有故障，便于确定故障范围，及时做出判断和处理，以免故障蔓延扩大。

2. 多电源的情况下，若先停负荷，则可以防止变压器反充电；若先停电源侧，遇有故障可能会造成保护装置的误动作或拒动，延长故障切除时间，并可能扩大故障范围。

3. 当负荷侧母线电压互感器带有低周减荷装置，而未装电流用锁时，一旦先停电源侧开关，由于大型同步电动机的反馈，可能使低周减荷装置误动作。

（五）根据声音来判断变压器的运行情况

变压器正常运行时，由于铁芯的振动而发出轻微的"嗡嗡"声，声音清晰而有规律。如果出现下述声音应视为不正常："嗡嗡"声大但仍均匀、"嗡嗡"声忽高忽低、"嗡嗡"声大而沉重、"嗡嗡"声大而嘈杂，有"吱吱"放电声或"噼啪"爆裂声等。

1."嗡嗡"声大或比平时尖锐，但声音仍均匀，这通常不是变压器本身的故障，而是由于电源电压过高所致，可通过电压表查看电压的实际值。造成电压高的原因，一是高压线路电压过高，二是高压侧投入电容器容量过大造成过电压。可根据实际情况，或与供电部门联系降低电压，或切除电压侧的部分电容器。

2."嗡嗡"声忽高忽低地变化但无杂音。一般是变压器负荷变化较大引起，可通过调整使变压器负荷尽量均衡。只要变压器在额定容量内运行，一般不会造成危害。

3."嗡嗡"声大而沉重，但无杂音。一般是过负荷引起，可通过调整负荷加以解决。变压器在不同程度的过负荷下允许在一定时间内存在。

在变压器中性点不直接接地系统中发生单相接地、铁磁共振及大型电动机起动、短时穿越性短路等故障时，由于变压器过电流也会引发上述声响。

4."嗡嗡"声大而嘈杂，有时会出现惊人的"叮哨"锤击声或"呼呼"的吹气声。通常是内部结构松动时受到振动而引起的。内部结构一般为铁芯制片，铁芯未夹紧，铁芯紧固螺钉松动等。可停电进行吊心检查并做相应处理。若不能停电处理，应加强监视，并适当减小负荷。

5.有"吱吱"放电声或"噼啪"爆裂声。这可能是跌落式熔断器有接触不良、变压器内部有放电闪络或绝缘击穿。当绝缘击穿造成严重短路时甚至会出现巨大的轰鸣声，并伴有喷油或冒烟着火。此时，应进行停电检查。重点检查绝缘套管、高低压引线连接处、高低压线圈与铁芯之间的绝缘是否有损坏等。若变压器油箱内有"吱吱"放电，且伴随着放电声电流表读数明显变化，有时瓦斯保护发出信号，此故障现象多为调压分接开关故障，或为触头接触不良，或为抽头引出线处的绝缘不良，引起的放电闪络现象。此时应对变压器调压分接开关进行检修。

6.有"嘶嘶"声。这可能是变压器高压套管脏污、表面釉质脱落或有裂纹而产生的电晕放电所致。也可能是由于引线离地面的距离不足而出现间隙放电，这种情况可伴有放电火花。

7. 有"轰轰"声。这常是因变压器低压侧的架空线发生接地引起的。

8. 有"咕噜咕噜"声。这可能是变压器绕组有匝间短路产生短路电流，使变压器油局部发热沸腾。

9. 间歇性的"哧哧"声。常由铁芯接地不良引起，应及时处理，避免故障扩大。

（六）变压器运行故障

1. 变压器温升过高

变压器温升过高、往往使变压器正常运行，严重时会使变压器损坏，甚至烧毁。

变压器负荷过大，当然温升升高。若在正常负荷下，温升过高，甚至温升不断上升，说明变压器内部发生了故障，例如调压开关接触不良，线圈匝间短路或铁芯片间短路等。铁芯片间短路时可使铁损增大、温升升高，绝缘加速老化。铁芯片间短路多由夹紧铁芯用穿心螺钉绝缘损坏所致，严重时会引起铁芯打火过热熔化，应及时停电进行吊芯检查。

线圈匝间短路是常见而严重的故障，这种故障发展很快，有时很快就会冒烟，严重地影响了变压器的正常运行，发生这种故障时，应立即停电，吊芯检查，视故障情况进行相应的检修。

2. 变压器轻瓦斯保护动作，发出轻瓦斯信号

瓦斯保护是变压器最基本、最主要的保护，它对油箱内线圈的相间短路、单相接地故障、绕组层间及匝间短路、铁芯烧损、油面降低等异常运行情况反应灵敏，动作迅速。所以 800kV·A 及以上容量的室外变压器和 400kV·A 及以上容量的室内变压器都要求装设瓦斯保护。

变压器轻瓦斯保护动作，发出轻瓦斯信号时，值班人员应立即进行处理。可在复归音响信号后，先对变压器进行外部检查，主要检查储油柜中的油位高低及油色、变压器的电压、电流、温度指示和声音等的变化情况。若有备用变压器可将备用变压器投入运行，暂时停用工作变压器以便对其进行检查和原因分析。

如果信号动作的时间间隔逐渐缩短，说明变压器内有较严重的故障，值班人员应立即报告上级主管部门。

若变压器轻瓦斯动作，但经检查继电器内无气体，变压器也无异常，则可能是保护装置的二次回路有故障，此时值班人员可将重瓦斯由掉闸改投信号，并在经领导批准后由维修人员对二次回路进行检查。

变压器吸湿器原因也会导致轻瓦斯信号。吸湿器油封碗处，用密封胶圈密封，是为变压器储运时用的，在运行时应将这密封胶圈取掉。

若重瓦斯动作已经跳闸，未查明原因，并做出适当处理之前不得重新合闸。

一般的处理方法是，在有备用变压器时将它立即投入，并向有关领导汇报。

3. 变压器自动跳闸

变压器自动跳闸，除了重瓦斯动作跳闸外，还可能是差动保护动作而跳闸，应对差动保护范围内的电气设备如套管、电缆头、油温、油色等进行检查。

由于过负荷、外部短路或保护装置的二次回路故障引起的跳闸，则变压器可重新投入运行。若是由于变压器内部引起的跳闸，则必须对变压器内部进行检查，经查明原因，处理方可合闸。

一般的处理方法是，如有备用变压器可将备用变压器投入运行，然后对变压器跳闸的原因进行分析检查，待查明故障，并经处理后，方可重新送电。严禁在变压器自动跳闸后，未经查明原因，就重新合闸，以免发生严重的事故。

4. 变压器熔断器熔体熔断

变压器熔断器熔体熔断，可能是只有低压侧熔断器熔断或只有高压侧熔断器熔断，或高、低压侧熔断器同时熔断三种情况。

所以，当变压器低压熔断器熔体熔断后，可通过对熔体熔断状况分析初步判断故障原因。当熔体容量过小时，应对熔断器熔体进行正确的选择，若因过负荷引起，应考虑调整负荷使之不超过额定值。若熔体有严重烧伤，熔断器瓷托有电弧烧伤痕迹，一定是发生对地短路或相间短路。此时应检查低压侧线路或设备，查明原因排除故障后方可重新送电。

变压器高压侧熔丝熔断后，首先根据变压器高压侧熔断器熔体熔断情况来判断是一相、二相或三相熔断。如果一相熔体熔断，对于单相变压器，会造成全部用户断电；对于三相变压器△-Y联结，会使低压侧两相电压降低一半，一相正常；对于三相变压器Y-Y联结，造成低压一相断电。如果两相熔体熔断，对于各种接线方式的变压器都会造成全部停电。

熔体一相熔断又无明显弧光烧伤痕迹，可能是熔体太小，质量不好或机械强度较差或安装方法不当所造成，应更换合适的熔体，将变压器重新投入运行，如果声音没有异常即可正常运行。

熔体一相或两相熔断，并伴着低压侧熔体熔断，一般是因低压侧短路，电流过大而引起高压侧熔体熔断。应将低压侧熔断器全部取下，使变压器低压侧开路，换上合适的高压侧熔体后将变压器送电，如果没有异常，说明变压器本身无故障，然后排除低压侧的故障，最后将变压器重新投入运行。

高压侧熔体两相或三相熔断，烧伤明显，如有条件可进行全电压空载或变比试验，若声音正常，三相空载电流或电流比基本平衡，可判断变压器本身无故障，再进一步检查高压侧接线柱以外是否存在故障。

若空载电流超出规定值或三相电流不平衡，说明变压器绕组有短路。若熔丝烧损严重，变压器油油色变黑并且有明显烧焦气味，便基本可判断变压器内短路故障。

熔体熔断时，还应检查高压侧熔断器和防雷间隙有无短路或接地，如果外部无异常现象，再认真检查变压器有无冒烟、温度是否正常。

严禁在熔断器熔断后，不分析原因、不排除故障就换以新熔体，甚至任意加大熔体、强行送电。

二、变压器的故障和修理

对于变压器的故障和修理，侧重于检修工作，目的是消除变压器的缺陷，保证变压器的安全运行。

（一）检修前的准备

1.了解变压器的运行状况和缺陷

（1）检查运行日志，了解变压器的历史情况，根据日志所反映的异常情况及缺陷登记，分析故障或隐患可能发生的部位。

（2）检修前对变压器进行外观检查，特别是事故后的外观检查，通过人的五官看、听、闻、摸等直观手段，对故障的性质和严重程度，进行初步的判断。

（3）用仪表进行测量、预防性试验和色谱分析记录，进行对比分析，确定检修内容、重点和项目。

2. 备品备件的准备

（1）更换部件和零件的准备，并进行检查和鉴定；

（2）电工材料的准备。

3. 工具和设备的准备

（1）常用电工和钳工工具；

（2）真空滤油机；

（3）试验设备；

（4）现场消防设备。

检修现场应有严密的组织措施、技术措施、安全措施，保证检修工作的顺利进行。

（二）变压器的故障分析

变压器在运行中可能因某些原因，使其一、二次的连引线断线，也可能熔断一次或二次熔丝，以及零线断线等。这几种故障，对变压器的电流、电压及低压电器都有所表征；另外，也可因绝缘、过负荷、雷击等因数的影响使绝缘烧损，都会给绕组留下某些迹象。了解这些迹象，便于分析损坏的原因，吸取教训，改进工作。

1. 变压器的故障分析及断线

在三相负荷不平衡的照明回路中，当零线断时，负荷的中性点就向着负荷大的方向移动，从而使各相负荷的电压降突变。哪相负荷大，则哪相电压最低，灯便发暗；负荷小的相，则电压升高。当电路中负荷严重不平衡时，负荷小的相电压升高过多，灯泡将会毁坏。配电变压器所用的绝缘材料是：纱丝、电缆纸、氧化膜等并浸以绝缘漆，属于 A 级绝缘，允许最高运行温度为 105℃，在此条件下绝缘逐渐老化、变脆、失去弹性而损坏。

对于年限、运行较长的变压器，绕组的绝缘可能发生老化，通常以观察其颜色、弹性、密度、机械强度、有无损伤等项情况来判断能否继续使用。一般根据经验，把绕组的老化程度分为以下四级：

一级（绝缘良好）——富有弹性，手指压下后绝缘暂时变形，手松开后恢复原状，绝缘不会被手指按裂，而且表面颜色较淡。

二级（绝缘合格）——质地较硬，手按时不发生裂纹，颜色稍深。

三级（绝缘不可靠）——绝缘有相当程度的老化，较坚硬，已变脆，用手指按压后有较小的裂缝而且颜色较深，若受条件所限不能更新，则应进行浸漆处理，同时在运行中应加强监视。

四级（绝缘劣化）——老化严重的绝缘非常脆弱，经手按压后，绝缘龟裂，呈炭片状脱落，略经弯曲即断裂，而且颜色发黑，遇到这种情况一定要调换新的绕组，才能继续使用。

导致变压器绕组绝缘损坏有如下原因：

（1）制造方面的原因有：制造绕组时，导线表面有毛刺、尖棱或绝缘被扭伤，或接头焊接不良，都可能引起绕组匝间短路；某些绕组设计得不好，太厚，内部容易积聚热量，使绝缘受烘烤变脆，发生匝间短路；高低压绕组高度不相等或安装偏心，电磁方面不对称等，会使绕组除了承受径向力外，还受轴向力的作用，这样易使端部线匝受损。

（2）变压器未经很好的干燥处理，或因运行中受潮，很容易产生匝间短路。

（3）持续的过负荷，使绕组过热或因外部严重短路使绕组受到机械的或热的破坏。

（4）由于大气过电压或操作过电压作用，绕组匝间或层间绝缘被击穿而发生短路。

（5）倒换分接头时，把接线板放错位置，使绕组发生局部短路。

（6）由于渗油现象严重，变压器油面过低或由于过多的油泥积聚在铁芯、绕组、箱壳上，影响变压器散热，致使绕组温度过高而绝缘损坏。

（7）变压器运行年限已久，绝缘老化，或变压器油老化变质，耐压强度太低。运行中的变压器常因绝缘老化、层匝间绝缘有弱点、雷击以及长时间过载运行等原因而发生烧损事故。按照对事故"三不放过"（事故原因不清楚不放过；事故责任不清楚不放过；防范措施不落实不放过）的要求，对烧损的变压器应进行原因分析。下面介绍常见的几种原因烧损的变压器在绕组上的表征。

①绝缘老化。原因大致有：氧化、温度、湿度及机械力的作用等。变压器绝缘老化主要原因是温度和氧化。但是它们之间又彼此影响。譬如，温度和氧化的作用，在温度高时，热的条件起主导作用，而在低温时氧化作用就居显著地位；热的老化加剧了氧化的因素，而氧化作用又受温度的影响，而且温度对绝缘而言影响较大。当电路有短路时，电动力的作用也会加剧前几种绝缘损坏的进程。变压器绕组绕成后，外面包电缆纸并浸漆，呈现正黄色或深黄色。假如变压器没有受过其他原因影响，只因时间的推移而老化，则外表电缆纸的颜色将变成深褐色，整个表面的颜色均一，而且完整无损，因此而击穿的绕组只是损坏某一个局部地方，面积不大。

②层间绝缘有弱点。大致的原因是：电缆纸的质量不均匀；垫的层数不足；包的不匀；绕制绕组的导线在拔丝的过程中遗留有毛刺，由电磁场的作用而发生振动，磨损了匝间或层间绝缘；在绕制绕组的过程中，锤打绕组而使绝缘受到损失。由于层间绝缘弱点而击穿的绕组，损坏部位不定，击穿数层乃至全部击穿，但损坏的范围不大。如果击穿的部位靠近绕组的上端或下端时，可能将被电弧烧碎的铜或铝的颗粒喷出在绕组之外，一般颗粒不大，仅在击穿处的附近外层电缆纸因受高温而变成深褐色。

③匝间短路。系绕组相邻的数匝因绝缘损坏而相互短路。在交变磁通的作用下，使短路的各匝感应出短路电流，而且这个短路电流的量值比较大，因此而产生高热，致使变压器的绕组烧损。匝间短路产生的原因与层间短路有相似之处。另外，由于穿越性故障产生很大的电动力，会使绕组发生位移而磨损绝缘。因绝缘老化在过电压或过电流时也会发生匝间短路。这种故障不严重时不易被发现，只是空载电流有变化，但平时又不能经常测量，等到能听见这种声音时，变压器也就接近要烧损的阶段了。因此巡视人员在巡视中除了用眼观察各部的缺陷外，还要仔细地听变压器是否有异音。

④雷击的情况。变压器绕组在冲击波的作用下，因为绕组间电容的影响，首端匝间绝缘承受的电压要比均匀分布的电压高得多。对配电变压器而言，一般均为连续式的绕组，所以可高出10倍以上。这个因素就决定了雷击绕组的部位，它必然要在绕组引出线的一端或中性点附近击穿。由于雷电的容量

大，无论是由变压器的一侧来波，击穿的范围都较大。严重的可将高低压绕组同时击穿，喷出大量的金属颗粒，颗粒的尺寸也较大。在雷击的 320kV 变压器中出现过长约 15mm 颗粒，绕组损失严重，但其余部分的绝缘无明显变化。

⑤ 过负荷烧损的变压器。具体地说是负荷电流超过了额定电流时，电流大小与时间长短共同作用的结果。焦耳—楞次定律（$Q=0.24I^2Rt$）表示了这个关系。从公式可以看出烧损变压器的主要因素是，因为 I 越大其平方值更大，所以在比较短的时间内就可能烧毁；其次，虽然电流超过不甚大，但长时间过负荷，由于热量集积的原因也会烧损变压器。所以变压器运行规程规定，过负荷 3 倍允许持续 1.5min；2 倍允许持续 7.5min 等。过负荷时，无论负荷电流多大、时间长短，电流都要经过整个绕组。因此，绕组绝缘是全部均匀变色，由原来的黄色变成深褐色（烧煳的颜色），过负荷相的绝缘和未过负荷的绝缘颜色明显不同，且多在二次绕组绝缘弱点处打穿。

用简易的方法可鉴别变压器油的好坏。变压器油只有经耐压试验，才能鉴别其优劣，但不合格的油，可以大致从外观上鉴别出来：

a. 颜色。新油通常为淡黄色，长期运行呈深黄色或浅红色。如果油质劣化，颜色就会变暗，并有不同颜色。如油色发黑则表明油炭化严重，不能使用。

b. 透明度。把油盛在玻璃管中观察，在 –5℃ 以上应透明。如果透明度差，表示其中有游离碳和其他杂质。

c. 荧光。装在试管中的新油，迎着光线看时，在两侧会呈现出乳绿或蓝紫色反光，称荧光。如果运行的油完全没有荧光，则表明油中有杂质和分解物。

d. 气味。好变压器油仅有一点煤油味或无味。若油有焦味，表示油不干燥；若油有酸味，表示油严重老化。测定气味时，应将油样搅匀并微微加热，若感到可疑，还要滴几滴油到干净的手，上搓磨，再鉴别气味。

2. 关于熔丝熔断的处理

（1）一次熔丝熔断

因熔丝规格小、安装不当、机械强度不够而熔断，一般只断一相。这种原因多半无明显的弧光痕迹。判断后可以更换熔丝恢复送电。

当变压器内部故障而熔断时，多为两相，遇此情况应查明原因。内部故障时，常引起从油箱的大盖接缝、注油孔等处喷油。打开注油孔盖闻闻有无油烟味，这就能证明变压器是否已烧损，能否继续使用。如无明显的表征也不能无根据地投入运行，应查明原因后再投入运行。

有时二次远方短路或过载，因熔丝的熔断时间较大，即 1h 内不熔断，加上一、二次熔丝的配合原因，能引起一次与二次熔丝同时熔断，并在熔丝管上及瓷托上留有痕迹与熔丝的熔点。遇此情况，应用摇表测量一、二次对地及一、二次间的绝缘电阻，判断是否是相间导通。无异状时，全部断开二次熔片，更换一次熔丝合闸，听变压器声音是否正常，测量二次电压是否正常、平衡。如无问题时，拉开跌落式开关，换好二次熔丝，再合闸送电。

（2）二次熔丝熔断

属于过负荷原因熔断者，大部分发生在熔片的中间，一般无烧伤痕迹。

因低压侧短路熔断，由于短路电流大，熔片有烧伤痕迹，断开的两个头翘起离开瓷托，并在瓷托上附有熔片的熔渣。

因熔片的固定螺栓松动而发生电弧烧断，多在固定处烧断，并烧成不规则的痕迹。熔丝的更换，因短路而熔断者，应排除短路点，再更换熔片。过负荷熔断的，要查明过负荷的原因，是增加了负荷还是远方短路，因低线路阻抗大，熔片熔断的表征同过负荷一样。应查明原因后再更换熔片。为确切起见，换上熔片送电后，还要测一下负荷是否继续过载，也要量一下电压是否平衡。

总之，无论一次或二次熔丝熔断，均不能草率地予以更换了事，还针对具体现象、表征慎重对待。送电后不能马上就走，必须听听声音是否正常，看看有无异状，正常后再走。

（三）变压器故障的检修

1. 变压器调压分接开关的故障检修

（1）分接开关接触不良

分接开关接触不良的故障与检修，如下：

① 触头严重损坏，应更换触头；

② 触头压力不平衡，有些分接开关的触头弹簧是可调的，应适当调节弹簧，使触头压力保持平衡；

③ 触头表存有污垢或产生氧化膜，不严重时可操作触头动作多次，使之消除，否则，应用汽油擦洗，对于绝缘层性质的沉淀膜，应用丙酮擦洗消除；

④ 滚轮压力不均，使有效接触面积减小，应调整滚轮，保证接触良好；

⑤ 弹簧失去弹性，压力不足，应更换弹簧。

（2）无励磁分接开关故障

当发现变压器油箱内有"吱吱"的放电声，电流表随着响声产生摆动，瓦斯保护可能发出信号，油的闪点急剧下降等现象时，可能是分接开关故障。

① 分接开关触头弹簧压力不足，滚轮压力不均，使有效接触面积减少；镀银层机械强度不够而严重磨损，引起分接开关在运行中烧坏；

② 分接开关接触不良，引线连接与焊接不良，经受不起短路电流冲击而造成分接开关故障；

③ 倒换分接头时，由于接头位置切换错误，引起分接开关损坏；

④ 由于三相引线相间距离不够或绝缘材料的电气强度低，在发生过电压时，使绝缘击穿，造成分接开关相间短路。

检修调压分接开关时，应将调压分接开关全部露出，重点检查引出线的绝缘是否良好，接线头的焊接是否牢固，接触压力及弹簧的弹性是否良好，接触面有无氧化或烧毛现象等。检查弹簧压力可用 0.05mm×10mm 的塞尺进行，接触到塞尺塞不进去方为正常。触头发生氧化或覆盖油污时，可将触头来回多转换几次，以将触头氧化物或覆盖的油污磨去。

（3）有载分接开关的故障

① 辅助触头中的限流阻抗在切换过程中可能被击穿、烧断，在烧断处发生闪络，引起触头间的电弧越拉越长，使故障扩大，并发出异常声音；

② 分接开关由于密封不严，进水后造成相间闪络或短路；

③ 由于分接开关触头中的滚轮卡住，分接开关停在过渡位置上，造成相间短路而损坏；

④ 调压分接开关的油箱不严密，使分接开关的油箱与主变压器的油箱相互连通，并使两个油位计指示相同，造成分接开关的油位出现假油位，而使分接开关油箱缺油，危及开关安全运行。

（4）有载分接开关的过渡电阻断路故障

有载分接开关是变压器在负荷运行中用以变换一次或二次绕组的分接，改变其有效匝数来进行分级调压的。分接开关在切换过程中常采用电抗或电阻过渡，以限制其过渡时的循电流。采用电阻过渡的，由于电阻是短时工作的，操作机构一经工作必须连续完成。倘若由于机构不可靠而中断操作，停在过渡位置上，将会使电阻烧坏而造成断路。判断过渡电阻是否烧坏断路，可通过在操作过程中对电流进行观察完成。即不论升挡或降挡，在变换过程中，由于串入了过渡电阻,电流都有一个变小的趋势,可以清楚地看到,电流表指针向减小的方向摆动一点后再升起来。若在操作过程中,没有电流下降现象,则说明过渡电阻已经断了,此时应予以更换。

（5）分接开关慢动的故障

分接开关是专门承担切换负荷电流的器件,它的动作是通过快速机构按一定程序快速完成的。如果分接开关慢动,将有可能烧坏过渡电阻,导致分接开关顶盖冒烟,分接开关的气体继电器动作;若分接开关在某个位置上停下来而结束调档,再调档时很可能造成选择器触头拉弧,变压器主体的继电器动作。分接开关慢动时,从电流表上可发现指针向下降的方向大幅度摆动。若发现分接开关慢动,应停止下一次调档,并把变压器停下来进行检修。

2. 变压器线圈的故障检修

（1）绕组绝缘损坏

① 线路的短路故障和负荷的急剧变化,使变压器的电流超过额定电流几倍或十几倍,绕组受到很大的电磁力矩而发生位移或变形,并使绕组温度迅速升高,造成绝缘损坏。

② 变压器长时间地过负荷运行,绕组产生高温,使绝缘受损,甚至酿成匝间或层间短路,造成绝缘烧焦损坏。

③ 由于绕组里层浸漆和绝缘油含有水分,绕组绝缘受潮,造成匝间短路,使绝缘损坏。

④ 绕组接头和分接开关接触不良,在带负荷运转时,接头发热,损坏附近的局部绝缘。

（2）绕组匝间短路

交流绕组匝间短路是常见故障,而且后果较为严重,它有蔓延迅速的特点,还有修理困难的特点,有的是由于制造质量有问题所致,有的是运行不当所致。

① 绕制绕组时,操作不当,产生缺陷,如排列、换位、压装等不正确,导线本身有毛刺、焊接不良,本身绝缘不完善或有磨损引起局部过热,使匝间的绝缘损坏,产生一个闭合环流,严重时会烧毁变压器。

检修时,应进行吊芯检查,一般匝间短路有比较明显的故障点,找到短路点,对于故障程度不严重时,可在短路点进行局部绝缘处理,短路严重时,不能简单修复时,则应考虑线圈重绕。

② 由于系统短路或其他故障，绕组受振动产生位移、变形、造成机械损伤，导致匝间短路。

③ 由于变压器长期运行，绝缘自然老化而引起损坏，或因散热不良，长期过负荷运行及油道堵塞，使变压器部分绝缘迅速劣化，发展成匝间短路，发生匝间短路故障后，变压器应立即停止运行，进行检修。

匝间短路故障可以通过三相直流电阻测量，或进行变压器空载试验来判断，有匝间短路的相绕组直流电阻变小，空载试验时三相电流会不平衡。

（3）绕组相间短路

变压器绕组发生相间短路的原因如下：

① 主绝缘老化而破裂、折断等缺陷；

② 绝缘油受潮，绝缘和绝缘油引起相间击穿；

③ 绕组内有杂物落入、绝缘损坏；

④ 过电压冲击波的作用；

⑤ 电磁作用力的破坏，可能引起套管间的短路；

⑥ 短路故障时产生的作用力使绕组变形损坏。

绕组发生相间短路，通常伴随着放炮声，应做停电检查，如发生在外部（如引线部分），则可做局部处理，如发生在绕组内部，则应进行绕组的修理，严重时应进行绕组的重绕。

（4）绕组对地击穿

和绕组相间短路原因相似，绝缘老化、破裂等缺陷，而引起绕组对地击穿。发生绕组对地击穿，时常发生高压熔丝熔断、油温剧增，甚至有时造成储油柜喷油。

发生这种故障时，有时还会同时有匝间短路和相间短路，造成比较严重的后果。

应立即停电检查，吊芯后视故障的情况，局部故障通常可以用肉眼看见，则做局部处理，严重时也要进行绕组的重绕。

（5）绕组断线

由于连接不良或短路应力使引线内部断裂，或由于匝间短路引起高温使线匝烧断，应将绕组吊出器身外进行外观检查。若绕组是三角形联结可用电流表检查绕组的相电流或测量直流电阻；若有一相断线时，则在三相绕组中进行 3 次电阻测量，有 2 次测量的阻值相近，而第三次为前两次的 1 倍，即说明该相有故障；若完全断线则第三次仅比先前两次略大。若是星形联结，可测量直流电阻或用绝缘电阻表检查，根据检查情况更换损坏的绕组或重新绕制。

由于连接不良或短路应力使引线断裂，导线内部焊接不良，匝间短路使线匝烧断，应吊心检查，如果绕组直流电阻有差别，找出断路点，予以排除。

变压器线圈断线时，有时断线处可能发生电弧，断线的相没有电流。线圈的断线有时多发生在导线接头、线圈引线处，常见的断线原因是短路故障。绕组断线的检查主要通过外部检查或测量各相绕组的直流电阻并进行数值比较，直流电阻大的说明有断线，然后进行吊芯检查。外部断线或接触不良的，可将其焊牢或紧固，若为内部断线则应进行局部处理，严重时则需更换线圈。

3. 变压器铁芯的故障检修

（1）变压器振动而噪声大

变压器往往由于内部结构松动，如铁芯制片、铁芯未夹紧、铁芯紧固螺钉松动等原因，引起变压器振动，伴随着产生"嗡嗡"噪声，有时还会有锤击声或吹气声，此时应停电进行吊芯检查，并做相应的处理。

对制片、多片情况，应进补片或抽片。螺栓松动时，应采取紧固措施。

（2）铁芯片间绝缘损坏

铁芯片间绝缘损坏，将会使变压器的铁耗增大，致使空载电流也增大，变压器温度升高，油的闪点降低、油色变褐、油质变坏。片间绝缘损坏的原因，可能是铁芯受到剧烈振动，铁芯片间发生摩擦，也可能是铁芯片间绝缘老化。

铁芯片间绝缘老化并有局部损坏，使涡流增大，造成局部过热，严重时还会熔化。应将铁芯吊出器身进行检查，用直流电压、电流表法测量片间绝缘电阻，如损坏不严重，可涂以 1611 号或 1030 号绝缘漆，如果严重应清除老化绝缘层，重新涂漆烘干。若硅钢片质量太差，影响变压器运行性能时，应考虑更换铁芯。

（3）接地片断裂

接地片断裂，再加上变压器组装工艺不符合要求，当电压升高时内部可能发出轻微的发电声，此时应做吊芯检查，并应更换断裂的接地片。

应注意，往往在吊芯检查时，不慎使接地片受机械损伤，变压器运行时有振动，使接地片断裂；或者在吊芯检查时直接，将接地碰断。所以，在做吊心检查时应严格按操作工艺要求进行。

铁芯通过接地片接地，只能有一个接地点，如果铁芯有两点接地，便可能产生环流，严重时会烧损铁芯。

（4）铁芯的烧熔故障

正常的变压器铁芯叠片表面是经过绝缘处理的，对片间绝缘良好的变压器铁芯，涡流被限制在每片的内部，其引起的损耗是很小的。如果片间绝缘损坏，涡流损耗便会增大，损坏处的温度就会上升。由于温度的升高，又造成周围绝缘迅速的老化，直到片间短路，故障范围又进一步扩大，严重时能把叠片熔化。熔化的铁液一部分渗入片间间隙，一部分流到油箱底部形成小钢珠。

铁芯局部熔化的另外原因，是铁芯螺栓的绝缘损坏使叠片片间短路，以及铁芯接地不正确（如有两个接地点），引起环流和放电。

在铁芯熔化时温度很高，高温的钢液与变压器油接触后分解出气体，产生一定量的气体以后，气体继电器便会动作。当故障发展到相当严重时，油的温度就会显著升高，甚至冒烟，过载继电器也会动作。

这种铁芯故障大多数发生在较大容量的变压器中，中小型变压器中较少发生。

对烧熔不很严重的铁芯，可用风动砂轮将熔化处刮除，再涂上绝缘漆；对严重烧毁的铁芯，则应进行大修理或更换铁芯。

第十章　供配电系统的运行维护与检修试验

我国在电力系统的发展上很迅速，供电系统作为电网中不可或缺的一部分，供电系统一旦出现任何问题，整个电网将会无法正常运行。基于此，本章主要研究供配电系统的运行维护与检修试验，以期促进我国电网的不断发展进步。

第一节　企业变配电所的运行维护

一、变配电所的运行值班

（一）变配电所的运行值班制度

企业变配电所的运行值班制度，主要有轮班制和无人值班制。轮班制通常采取三班轮换的值班制度，即全天分为早、中、晚三班，而值班员则分成三组或四组，轮流值班，全年都不间断。这种值班制度对于确保变配电所的安全运行有很大好处，这是我国工矿企业普遍采用的一种传统的值班制度。但这种轮班制耗用人力多，不经济。我国有些小型企业及大中型企业的一些车间变电所，则往往采取无人值班制，仅由工厂的维修电工或企业总变配电所的值班电工每天定期巡视检查。有高压设备的变配电所，为保证安全，一般应至少有两人值班。但当室内高压设备的隔离室设有遮拦且遮拦的高度在1.7m以上，安装牢固并加锁，而且室内高压开关的操作机构用墙或金属板与该开关隔离，或装有远方操作机构时，可由单人值班，但单人值班时不得单独从事修理工作。

（二）变配电所值班员的职责

1. 遵守变配电所值班工作制度，坚守工作岗位，做好变配电所的安全保卫工作，确保变配电所的安全运行。

2. 积极钻研本职工作，认真学习和贯彻有关规程，熟悉变配电所的一、二次系统的结线及设备的装设位置、结构性能、操作要求和维护保养方法等，掌握各种安全工具和消防器材的使用方法和触电急救法，了解变配电所现在的运行方式、负荷情况及负荷调整、电压调节等措施。

3. 监视所内各种设施的运行状态，定期巡视检查，按照规定抄报各种运行数据，记录运行日志。发现设备缺陷和运行不正常时，及时处理，并做好有关记录，以备查考。

4. 按上级调度命令进行操作，发生事故时进行紧急处理，并做好有关记录，以备查考。

5. 保管所内各种资料图表、工具仪器和消防器材等，并做好和保持所内设备和环境的清洁卫生。

6. 按规定进行交接班。值班员未办完交接手续时，不得擅离岗位。在处理事故时，一般不得交接班。接班的值班员可在当班的值班员要求和主持下，协助处理事故。如果事故一时难以处理完毕，在征得接班的值班员同意或上级同意后，可进行交接班。

（三）变配电所运行值班注意事项

1. 不论高压设备带电与否，值班员不得单独移开或跨越高压设备的遮拦进行工作。如有必要移开遮拦时，须有监护人在场，并符合设备不停电时的安全距离：10kV 及以下，安全距离为 0.7m；20 ~ 35kV，安全距离为 1m。

2. 雷雨天巡视室外高压设备时，应穿绝缘靴，并且不得靠近避雷针和避雷器。

3. 高压设备发生接地时，室内不得接近故障点 4m 以内，室外不得接近故障 8m 以内。进入上述范围的人员必须穿绝缘靴。接触设备的外壳和构架时，应戴绝缘手套。

二、变配电所送电和停电的操作

（一）操作的一般要求

为了确保运行安全，防止误操作，倒闸操作必须根据值班调度员或值班负责人命令，受令人复诵无误后执行。单人值班，操作票由发令人用电话向值班员传达，值班员应根据传达填写操作票，复诵无误，并在"监护人"签名处填入发令人的姓名。

操作票内应填入下列项目：应拉合的断路器和隔离开关，检查断路器和隔离开关的位置，检查接地线是否拆除，检查负荷分配，装拆接地线，安装或拆除控制回路或电压互感器回路的熔断器，切换保护回路和检验是否确无电压等。

操作票应填写设备的双重名称，即设备名称和编号。

操作票应用钢笔或圆珠笔填写。票面应清楚整洁，不得任意涂改。操作人和监护人应根据模拟图板或结线图核对所填写的操作项目，并分别签名，然后经值班负责人审核签名。特别重要和复杂的操作还应由值长审核签名。

开始操作前，应先在模拟图板上进行核对性模拟预演，无误后再进行设备操作。操作前应核对设备名称、编号和位置。操作中应认真执行监护和复诵制。发布操作命令和复诵操作命令都应严肃认真，声音洪亮清晰。必须按操作票填写的顺序逐项操作。每操作完一项，应检查无误后在操作票该项前画一个"√"记号。全部操作完毕后进行复查。

倒闸操作必须由两人执行，其中对设备较为熟悉者做监护。单人值班的变电所，倒闸操作可由一人执行。特别重要和复杂的倒闸操作，应由熟练的值班员操作，值班负责人或值长监护。

操作中产生疑问时，应立即停止操作，并向值班调度员或值班负责人报告，弄清问题后，再进行操作，不准擅自更改操作票。

用绝缘棒拉合隔离开关或经操动机构拉合隔离开关和断路器，均应戴绝缘手套。雨天操作室外高压设备时，绝缘罩应有防雨罩，还应穿绝缘靴。接地网电阻不符合要求的，晴天也应穿绝缘靴。雷雨时，禁止进行倒闸操作。

在发生人身触电事故时，为了解救触电者，可不经许可，立即断开有关设备的电源，但事后必须立即报告上级。其他事故处理及拉合开关等的单一操作和全所仅有的一组临时接地线的拆除等，可不用操作票，但上述操作应记入操作记录簿内。

（二）变配电所的送电操作

变配电所送电时，一般应从电源侧的开关合起，依次合到负荷侧的开关。按这种程序操作，可使开关的闭合电流减至最小，比较安全；万一某部分存在故障，也容易发现。

如果变配电所是事故停电以后的恢复送电，则操作程序视变配电所所装设的开关类型而定。如果电源进线是装设的高压断路器，则高压母线发生短路故障时，断路器自动跳闸。在故障消除后，则可直接合上断路器来恢复送电。如果电源进线是装设的高压负荷开关，则在故障消除后，先更换熔断器的熔管，然后合上负荷开关即可恢复送电。如果电源进线是装设的高压隔离开关—熔断器，则在故障消除后，先更换熔断器的熔管，并断开所有出线开关，然后合上隔离开关，最后合上所有出线开关以恢复送电。电源进线装设的是跌开式熔断器时，送电操作的程序与进线装设隔离开关—熔断器的操作程序相同。

（三）变配电所的停电操作

变配电所停电时，一般应从负荷侧的开关拉起，依次拉到电源侧的开关。按这种程序操作，可使开关的开断电流减至最小，也比较安全。但是在有高压隔离开关—高压断路器及有低压刀开关—低压断路器的电路中，停电时一定要按下列程序操作：拉高压或低压断路器；拉负荷侧隔离开关或刀开关；拉母线侧隔离开关或刀开关。

三、电力变压器的运行维护

（一）一般要求

电力变压器是变电所内最关键的设备，搞好电力变压器的运行维护至关重要。在有人值班的变电所内，应根据控制盘或开关柜上的有关仪表信号来监视变压器的运行情况，并每小时抄表一次。如果变压器在过负荷下运行，则至少每半小时抄表一次。安装在变压器上的温度计，于巡视时检视和记录。

无人值班的变电所，应于每次定期巡视时，记录变压器的电压、电流和上层油温。

变压器应定期进行外部检查。有人值班的变电所，每天至少检查一次，每周至少进行一次夜间检查。无人值班的变电所，变压器容量为 3150kV·A 及以上的变压器，每 10 天至少检查一次；3150kV·A 以下的变压器，每月至少检查一次。在下列情况下应对变压器进行特殊巡视检查：新设备或经过检修、改造的变压器在投运 72h 内；有严重缺陷时；气象突变（如大风、大雾、大雪、冰雹、寒潮等）时；雷雨季节特别是雷雨后；高温季节、高峰负荷期间；变压器急救负荷运行时。

（二）巡视检查项目

1. 变压器的油温和温度计是否正常。上层油温一般不应超过 85℃，最高不应超过 95℃。变压器各部位有无渗油、漏油现象。

2. 变压器套管外部有无破损裂纹，有无放电痕透及其他异常现象。

3. 变压器音响是否正常。正常的音响为均匀的嗡嗡声。如果音响较平常沉重，说明变压器过负荷。如果音响尖锐，说明电源电压过高。

4. 变压器各冷却器手感温度是否相近，风扇、油泵、水泵运转是否正常，吸湿器是否完好，安全气道（防爆管）和防爆膜是否完好无损。

5. 变压器油枕及瓦斯继电器的油位和油色如何。油面过高，可能是冷却器运行不正常或变压器内部存在故障；油面过低，可能是有渗油漏油现象。变压器油正常情况下为透明略带浅黄色。如油色变深变暗、则说明油质变坏。

6. 变压器的引线接头、电缆和母线有无过热迹象。有载分接开关的分接位置及电压指示是否正常。

7. 变压器的接地线是否完好无损。

8. 变压器及其周围有无影响其安全运行的异物（如易燃易爆和腐蚀性物体）和异常现象。

在巡视中发现的异常情况，应记入专用记录簿内。重要情况应及时汇报上级，请示处理。

四、配电装置的运行维护

1.一般要求

配电装置在变配电所中担负着受电和配电的任务，是变配电所的重要组成部分。

配电装置应定期进行巡视检查，以便及时发现运行中出现的设备缺陷和故障，如导体接头发热、绝缘子闪络或破损、油断路器漏油等，并设法采取措施予以消除。在有人值班的变配电所内，配电装置应每班或每天进行一次外部检查。无人值班的变配电所，配电装置应至少每月检查一次。如遇短路引起开关跳闸及其他特殊情况（如雷击后），应对设备进行特别检查。

2.巡视检查项目

（1）由母线及其接头的外观或其温度指示装置（如变色漆、示温蜡或变色示温贴片等）的指示，检查母线及其接头的发热温度是否超出允许值。

（2）开关电器中所装的绝缘油颜色和油位是否正常，有无漏油现象，油位指示器有无破损。

（3）绝缘子是否脏污、破损、有无放电痕迹。

（4）电缆及其终端头有无漏油及其他异常现象。

（5）熔断器的熔体是否熔断，熔管有无破损和放电痕迹。

（6）二次系统的设备如仪表、继电器等的工作状态是否正常。

（7）接地装置及 PE 线或 PEN 线的连接处有无松脱、断线的情况。

（8）整个配电装置的运行状态是否符合当时的运行要求。停电检修部分有无在其电源侧断开的开关操作手柄处悬挂"禁止合闸、有人工作"之类的标示牌，有无装设必要的临时接地线。

（9）高低压配电室和电容器室的照明、通风及安全防火装置是否正常。

（10）配电装置本身及其周围有无影响安全运行的异物（如易燃、易爆及腐蚀性物体）和异常现象。

在巡视中发现的异常情况，应记入专用记录簿内。重要情况应及时汇报上级，请示处理。

第二节　供配电线路的运行维护

一、架空线路的运行维护

1. 一般要求

对厂区架空线路，一般要求每月进行一次巡视检查。如遇雷雨、大风和大雪以及发生故障等特殊情况，应临时增加巡查次数。

2. 巡视检查项目

（1）电杆有无倾斜、变形、腐朽、损坏及基础下沉等现象。若有，应设法修理。

（2）沿线路的地面有无堆放易燃、易爆和强腐蚀性物体。若有，应设法挪开。

（3）沿线路周围有无危险建筑物。在雷雨季节和大风季节里，这些建筑物应不致对线路造成损坏，否则应予修缮或拆除。

（4）线路上有无树枝、风筝等杂物悬挂。若有，应设法消除。

（5）拉线和扳桩是否完好，绑扎线是否紧固可靠。如有毛病时，应设法修复或更换。

（6）导线的接头是否接触良好，有无过热发红、严重氧化、腐蚀或断脱现象，绝缘子有无破损和放电痕迹。若有，应设法修复或更换。

（7）避雷装置的接地是否良好，接地线有无锈断损坏情况。在雷雨季节到来之前，应进行重点检查，以确保防雷安全。

（8）其他危及线路安全运行的异常情况。

在巡视中发现的异常情况，应记入专用记录簿内。重要情况应及时汇报上级，请示处理。

二、电缆线路的运行维护

1. 一般要求

电缆多数是敷设在地下的，因此要做好电缆线路的运行维护工作，必须全面了解电缆的敷设方式、结构布置、走线方向及电缆头位置等。对电缆线路，一般要求每季度进行一次巡视检查，并应经常监视其负荷大小和发热情况。如遇大雨、洪水及地震等特殊情况及发生故障时，应临时增加巡视次数。

2. 巡视检查项目

（1）电缆头及瓷套管有无破损和放电痕迹。对充填有电缆胶（油）的电缆头还应检查有无漏油溢胶情况。

（2）对明敷电缆，应检查电缆外皮有无锈蚀、损伤，沿线挂钩或支架有无脱落，线路上及线路附近有无堆放易燃、易爆及强腐蚀性物体。

（3）对暗敷及埋地电缆，应检查沿线的盖板和其他覆盖物是否完好，有无挖掘痕迹，沿线标桩是否完整无缺。

（4）电缆沟内有无积水或渗水现象，是否堆有杂物及易燃、易爆等危险物品。

（5）线路上各种接地是否良好，有无松脱、断线和锈蚀现象。

（6）其他危及电缆安全运行的异常情况。

在巡视中发现的异常情况，应记入专用记录簿内。重要情况应及时汇报上级，请示处理。

三、车间配电线路的运行维护

1. 一般要求

要搞好车间配电线路的运行维护工作，必须全面了解车间配电线路的布线情况、结构型式、导线型号规格及配电箱、开关、保护装置的安装位置等，并了解车间负荷的类型、特点、大小及车间变电所的有关情况。对车间配电线路，有专门的维修电工时，一般要求每周进行一次巡视检查。

2. 巡视检查项目

（1）导线的发热情况，是否超过正常允许发热温度，特别要检查导线接头处有无过热现象。

（2）线路的负荷情况，可用钳形电流表来测量线路的负荷电流。特别是绝缘导线，不允许长期过负荷，否则可导致导线绝缘燃烧，引起电气失火事故。

（3）配电箱、分线盒开关、熔断器、母线槽及接地装置等的运行是否正常，有无接头松脱、放电等异常情况。

（4）线路上及其周围有无影响线路安全运行的异常情况。严格禁止在绝缘导线和绝缘子上悬挂物件，禁止在线路近旁堆放易燃、易爆等危险物品。

（5）对敷设在潮湿，有腐蚀性物质场所的线路和设备，要进行定期的绝缘检查，绝缘电阻一般不得低于 0.5MΩ。

在巡视中发现的异常情况，应记入专用记录簿内。重要情况应及时汇报上级，请示处理。

四、线路运行中突然事故停电的处理

电力线路在运行中，如突然发生事故停电时，可按不同情况分别处理。

1. 进线没有电压时的处理

进线没有电压，表明电力系统方面暂时停电。这时总开关不必拉开，但出线开关宜全部拉开，以免突然来电时，用电设备同时起动，造成负荷过大和电压骤降，影响供配电系统的正常运行。

2. 双电源进线之一停电时的处理当一路电

源进线停电时，应立即进行倒闸操作，将负荷特别是重要负荷转移给另一路电源进线供电。

3. 厂内架空线路首端开关突然跳闸的处理

开关突然跳闸一般是线路上发生了短路故障。由于架空线路的多数短路故障是暂时性的，例如雷击或风筝、树枝等造成的相间短路等，一般能很快自然消除，因此只要开关的断流容量允许，可予试合一次，以尽快恢复线路的供电。这在多数情况下能试合成功。如果试合失败，开关将再次跳闸。这时应对线路进行停电检查。

第三节 变配电所主要电气设备的检修试验

一、配电装置的检修

配电装置的检修，也分大修、小修和临时性检修。配电装置应按下列期限进行大修（内部检修）：

1.高压断路器及其操动机构，每3年至少1次。低压断路器及其操动机构，每2年至少1次。

2.高压隔离开关的操动机构，每3年至少1次。

3.配电装置其他设备的大修期限，按预防性试验和检查结果而定。

以检查操动机构动作和绝缘状况为主的小修，每年至少一次。

高低压断路器在断开4次短路故障后要进行临时性检修，但根据运行情况并经有关领导批准，可适当增加此项断开次数。

下面着重介绍SN10-10型高压少油断路器的停电内部检修，其一般要求也适用于其他少油断路器。

（1）油箱的检修

油箱最常见的毛病是渗漏油，其原因大多是油封（密封垫圈）问题。如果是密封垫圈老化裂纹或损坏时，应予以更换，一般可用耐油橡皮配制。如果油箱有砂眼时，应予以补焊。如果外壳脱漆时，应按原色油漆。

（2）灭弧室的检修

应用干净布片擦去残留在灭弧室表面的烟灰和油垢。灭弧室烧伤严重时，应拆下进行清洗和修理。检修完毕后，应装配复原，注意对好各条灭弧沟道和喷口方向。

（3）触头的检修

动触头（导电杆）端部的黄铜触头有轻微烧伤时，可用细锉刀锉平。为保持端面圆滑，可用零号砂布打磨。动触头端部的黄铜触头严重烧伤时，可用机床车光或更换触头。

（4）断路器的整体调整

调整断路器的转轴或拐臂从合闸到分闸的回转角度，恢复到原来设计的要求（110°～120°）。

调整动触头的行程，也使之达到原来设计的要求（约为160mm）。

在调整动触头的行程时，应同时进行三相触头合闸同时性的调整。检查时慢慢地用手操动合闸，观察灯亮是否同时。如合闸时三灯同时亮，说明三相触头同时接通。如三灯不同时亮，则应调节动静触头的相对位置，直到三相触头基本上同时接触即三灯差不多同时亮为止。

总的来说，断路器的总体调整应使其符合产品规定的技术要求。

二、配电装置的试验

新建和改建后的配电装置，在投入运行前，应进行下列各项检查和试验。大修后的配电装置，也应进行相应的检查和试验。检查和试验项目如下：

1. 检查开关设备的各相触头接触的严密性、分合闸的同时性以及操动机构的灵活性和可靠性，测量分、合闸所需时间及二次回路的绝缘电阻。小母线在断开所有其他并联支路时，小母线的绝缘电阻不应小于10MΩ；二次回路的每一支路和断路器、隔离开关的操动机构的电源回路等的绝缘电阻不应小于1MΩ，而在比较潮湿的地方，可不小于0.5MΩ。

2. 检查和测量互感器的变化和极性等。

3. 检查母线接头接触的严密性。

4. 充油设备绝缘油的简化试验，如前变压器油的试验所述；油量不多的可仅做耐压试验。

5. 绝缘子的绝缘电阻、介质损耗角及多元件绝缘子的电压分布测量；对35kV及以下绝缘子可仅做耐压试验。

6. 检查接地装置，必要时测量接地电阻。

7. 检查和试验继电保护装置和过电压保护装置。

8. 检查熔断器及其他防护设施。

下面以SN10-10型高压少油断路器为例，介绍高压少油断路器的试验项目。

（1）绝缘拉杆绝缘电阻的测量

采用2500V兆欧表测量，由有机物制成的绝缘拉杆在常温下的绝缘电阻不应低于1200MΩ（3～15kV断路器）。

（2）分、合闸线圈和合闸接触器线圈绝缘电阻的测量亦采用 2500V 的兆欧表测量，绝缘电阻不应低于 10MΩ。

（3）交流耐压试验

在交接时大修后及每年一次的预防性试验中都要进行交流耐压试验。6 ~ 10kV 的断路器应分别在分、合闸状态下进行试验。试验的方法与前述变压器的耐压试验相同。6kV 断路器试验电压用 21kV；10kV 断路器试验电压用 27kV。

（4）触头接触电阻的测量

在交接时大修后、每年一次的预防性试验中及故障跳闸 4 次后，均应对断路器触头进行检查，并测量其接触电阻。测量方法，可采用双臂电桥，也可采用较大直流电流通过触头，测量其电流和触头上电压降，然后计算触头的接触电阻值。测量前，应将断路器分、合闸数次，使触头接触良好。测量的结果，应取分散性较小的 3 次平均值。

（5）分、合闸时间的测量

对于配有远距离分、合闸操动机构（如 CD10 型等）的断路器，应在交接时和每次检修后，利用电气秒表（周波积累器）测量其固有分闸时间和合闸时间，检查这两段时间是否符合断路器出厂的技术要求。所谓固有分闸时间，是指从断路器的跳闸线圈通电时起到断路器触头刚开始分离时止的一段时间。所谓合闸时间，是指从断路器的合闸接触器通电时起到断路器触头刚开始接触时止的一段时间。

电气秒表，又称周波积累器。它的固定部分是一个马蹄形永久磁铁，可动部分是一个绕有电磁线圈的可偏转的电磁铁，置于固定的永久磁铁两极掌之间。当接上工频（50Hz）电压 220V 或 110V 时，可动电磁铁两端的极性就要随着外施电压的周波数而交变，从而使之在永久磁铁两极掌间依外施电压的周波数而往复振动。振动电磁铁的轴连接着一套齿轮计数机构，用以记录外施电压接通时间的周波数。由于工频电压 1 周波的时间为 0.02s，因此将记录的周波数乘以 0.02s 就可得到外施电压作用的时间（单位为 s）。

（6）绝缘油的试验

在交接时，每次检修中及运行期间认为有必要时，都应进行绝缘油试验。由于少油断路器油量少，且只做灭弧介质用，因此按规定可只做电气强度（耐压）试验，方法与变压器油的试验方法相同。

第四节 供配电线路的检修试验

一、供配电线路的检修

供配电线路的检修，分停电检修和不停电（即带电）检修两种。不停电检修对保证电力系统的连续供电、减少停电损失有很大意义，但对一般企业的供配电线路来说，主要还是采用停电检修。范围较小的短时间停电检修，如检修低压配电分支线，在不影响重要负荷用电的情况下，可随时通知用户停电进行。范围较大、时间较长的停电检修，如检修高压线路或低压配电干线，则应按《供电营业规则》规定提前通知用户，而且尽量安排在节假日进行，以减少停电造成的损失。

电缆线路的检修：

电缆线路的故障，大多发生在电缆的中间接头和终端头，而且常见的毛病是漏油溢胶。如果电缆头漏油溢胶严重或放电时，应立即停电检修，通常是重做电缆头。

电缆线路出现故障，一般需借助一定的测量仪器和测量方法才能确定。例如电缆发生了故障，外观无法检查，只有借助兆欧表，在电缆两端遥测各相对地（外皮）及相与相之间的绝缘电阻，并将一端所有相线短接接地，在另一端重做上述相对地及相间的绝缘电阻遥测。

在确定了电缆故障性质以后，接着就要设法探测故障地点，以便检修。

探测电缆故障点的方法，按所利用的故障点绝缘电阻的高低来分，有低阻法和高阻法两大类。

采用低阻法探测电缆故障点，一般要经过烧穿、粗测和定点三道程序。

1. 烧穿

由于电缆内部的绝缘层较厚，往往在电缆内发生闪络性短路或接地故障后，故障点的绝缘水平能得到一定程度的恢复而呈高阻状态，绝缘电阻可达 $0.1M\Omega$ 以上。因此，采用低阻法探测故障点时，必须先将故障点的绝缘用高电压予以烧穿，使之变为低阻。加在故障电缆芯线上的高电压，一般为电缆额定电压的 4 ~ 5 倍（略低于电缆的直流耐压试验电压，直流耐压试验电压为电缆额定电压的 5 ~ 6 倍）。

2. 粗测

粗测就是粗略地测定电缆故障点的大致线段。对于芯线未断而有一相或多相短路或接地故障的电缆，可采用直流单臂电桥（回路法）来粗测故障点的位置。

必须注意：为了提高测量的准确度，测量时应将电流计直接接在被测电缆的一端，以减小电桥与电缆间的接线电阻和接触电阻的影响；同时电缆另一端的短接线的截面也应不小于电缆芯线的截面积。

对于芯线折断及可能兼有绝缘损坏的故障电缆，则应利用电缆的电容与其长度成正比的关系，采用交流电桥来测量电缆的电容（电容法），以粗测电缆的故障点。

3. 定点

定点就是比较精确地确定电缆的故障点。通常采用音频感应法或电容放电声测法。

（1）采用音频感应法定点

将低压音频信号发生器（输出电压为 5 ~ 30V）接在电缆的一端，然后利用探测用感应线圈、接收放大器和耳机沿电缆线路进行探测。音频信号电流沿电缆的故障芯线经故障点形成一个回路，使得探测线圈内感应出音频信号电流，经过放大，传送到耳机中去。探测人员可根据耳机内音响的改变，来确定地下电缆的故障点。探测人员一走离故障点，耳机内的音响将急剧降低乃至消失，由此可测定电缆的故障点。

（2）利用高压整流设备使电容器充电。电容器充电到一定电压后，放电间隙就被击穿，此时电容器对故障点放电，使故障点发出"pa"的火花放电声。电容器放电后，接着又被充电。因此利用探听棒或拾音器沿电缆线路探听时，在故障点能够特别清晰地听到断续性的"pa—pa—pa"的火花放电声，由此可确定电缆的故障点。

补充说明：实际上也是前面所说的用于故障点"烧穿"的高电压电路，利用电容器连续充、放电使电缆故障点连续产生火花放电而使绝缘烧穿。

二、供配电线路的试验

供配电线路最常用的试验项目，是绝缘电阻的测量和定相。

1. 绝缘电阻的测量

绝缘电阻的测量，目的在于检查绝缘导线和电缆的绝缘是否完好，有无接地或相间短路故障。

绝缘电阻测量利用兆欧表。利用兆欧表遥测线路绝缘电阻时必须注意以下几点：

（1）在摇测绝缘电阻前，应仔细检查沿线有无外物搭接，是否有人在线路上工作，负荷和电源是否全部断开。只有线路上无外物搭接、无人在线路上工作且负荷和电源全部断开的情况下，才能遥测线路的绝缘电阻。

（2）雷雨时不得遥测室外线路的绝缘电阻，以免雷电过电压伤人。

（3）遥测电缆和绝缘导线的绝缘电阻时，应将其绝缘层接到兆欧表的"保护环"（或称"屏蔽环"），以消除其表面漏电电流的影响。

（4）为避免线路的充电电压损坏兆欧表，遥测完毕后，应先取下火线，再停止摇动。并且应立即使线路短路放电，以免线路的充电电压伤人。

（5）高压线路一般采用2500V兆欧表遥测，低压线路采用1000V兆欧表遥测。

2. 三相线路的定相

定相，就是测定三相线路的相序和核对相位。新安装或改装后的线路投入运行以及双回路要并列运行，均需经过定相，以免彼此的相序和相位不一致，投入运行时造成短路或环流而损坏设备。

（1）测定相序

测定三相线路的相序，可采用电容式或电感式指示灯相序表。

（2）核对相位

这里介绍常用的兆欧表法和指示灯法。

① 用兆欧表核对线路两端相位的接线。线路首端接兆欧表，其 L 端接线路，E 端接地。线路末端逐相接地。如果兆欧表指示为零，则说明末端接地的相线与首端测量的相线属同一相，如此三相轮流测量，即可确定线路首端和末端各自对应的相。

②用指示灯核对线路两端相位的接线。线路首端接指示灯，末端逐相接地。如果指示灯通上电源时灯亮，说明末端接地的相线与首端接指示灯的相线属同一相。如此三相轮流测量，亦可确定线路首端和末端各自对应的相。

结　语

综上所述，在电力系统的运行过程中，配电系统发挥了极其重要的作用，当前各个行业对于电力供应的依赖性不断地增强，一旦配电出现故障就会给各个行业的正常生产以及人们的日常生活造成重大的影响，为此，逐步地提升运行与维护技术，配电系统在维护过程中要不断地总结经验，采用科学的方法，大大减少配电系统运行中出现的故障，保证配电的设备安全、可靠运行，提供正常供电，是电气运行和维修人员的一项重要工作职责。

配电系统安全、稳定的运行，离不开日常的维护和检修工作，这也是整个电力系统供电稳定的重要保障。因此，发电厂应该根据自身的实际情况制定科学、合理的规章制度，以保证配电系统维护和检修工作的正常高效运转，同时电力工作人员应该明确自身的职责，不断提升自身各项专业技能知识，一旦变配电系统发生故障，工作人员便可以及时地找到故障的根源，进而保证变配电系统故障排除的效率，从而提高变配电系统运行的稳定性和安全性。通过完善管理措施、提高技术水平、加强配电网自动化建设等方式，提高电力配电网的可靠性，能够有效地减少配电网故障造成的事故，对我国经济与社会的健康、平稳发展起到积极的推动作用。

时代发展向前，技术革新不止。配电技术的发展有着鲜明的时代特征。在能源需求飞速增长的时代背景下，供电瓶颈突出、供电质量下降、可靠性有待提升、抵抗自然灾害能力较弱、环保节能压力增大、新型分布式电源的蓬勃发展等，都向配电技术的发展提出了新的挑战。配电技术的发展在不断革新的道路上依旧任重道远。

参考文献

[1] 陈彬，张功林，黄建业．配电自动化系统实用技术 [M]．北京：机械工业出版社，2015.

[2] 陈晓英．配电系统及其自动化 [M]．沈阳：东北大学出版社，2018.

[3] 袁建国，吴青军，李振华，等．配电设备运行与检修技术 [M]．北京：中国水利水电出版社，2018.

[4] 徐大军，张波，王秋梅，等．配电线路运维与检修技术 [M]．北京：中国水利水电出版社，2018.

[5] 李树元，李光举，王贵兰，等．供配电技术 [M]．北京：中国电力出版社，2015.

[6] 崔红，高有清．供配电技术 [M]．北京：北京邮电大学出版社，2015.

[7] 郑毅，刘天琪，吴琳，等．配电自动化工程技术与应用 [M]．北京：中国电力出版社，2016.

[8] 黄伟，黄红生，黄甦昕．供配电技术及设备 [M]．北京：机械工业出版社，2022.

[9] 雍静，杨岳．供配电技术 [M]．北京：机械工业出版社，2021.

[10] 刘介才．供配电技术：第 4 版 [M]．北京：机械工业出版社，2020.

[11] 唐小波．供配电技术 [M]．西安：西安电子科技大学出版社，2018.

[12] 海涛．供配电技术 [M]．重庆：重庆大学出版社，2017.

[13] 张丹，饶瑜，冯婉．供配电技术 [M]．重庆：重庆大学出版社，2016.

[14] 黄伟．供配电技术及成套设备 [M]．北京：国防工业出版社，2016.

[15] 蒋治国，马爱芳，程天龙，等．供配电技术 [M]．武汉：华中科技大学出版社，2012.

[16] 冷华，朱吉林，唐海国，等．配电自动化调试技术 [M]．北京：中国电力出版社，2015.

[17] 汪永华，刘军生．配电线路自动化实用新技术 [M]．北京：中国电力出版社，2015．

[18] 王小龙．配电技术研究 [M]．长春：吉林科学技术出版社，2017．

[19] 李润生，孙振龙，张祥军．供配电技术 [M]．北京：清华大学出版社，2017．

[20] 顾子明．供配电技术 [M]．北京：电子工业出版社，2017．

[21] 贾渭娟，罗平．供配电系统 [M]．重庆：重庆大学出版社，2016．

[22] 万凌云，吴高林，宋伟，等．高可靠性配电网关键技术及应用 [M]．北京：中国电力出版社，2015．

[23] 赵俊生，拾以超．实用工厂供配电系统运行与维护 [M]．北京：电子工业出版社，2013．

[24] 王志国．供配电系统的运行与维护 [M]．北京：北京理工大学出版社，2017．

[25] 李小雄，曾令琴．供配电系统运行与维护：第 2 版 [M]．北京：化学工业出版社，2018．

[26] 杨学坤，刘建农，解华明，等．工厂供配电技术 [M]．北京：中国轻工业出版社，2015．

[27] 姜磊．供配电技术与应用 [M]．北京：电子工业出版社，2020．

[28] 葛延友，李晓．供配电技术 [M]．北京：中国电力出版社，2020．

[29] 武交锋，陈龙．供配电技术 [M]．北京：中国电力出版社，2020．

[30] 李瑞福，李桂丹，张皓，等．工厂供配电技术 [M]．成都：电子科技大学出版社，2016．

[31] 吴兰娟，黄清锋，金晓东．工厂供配电系统运行与维护 [M]．西安：西安交通大学出版社，2019．

[32] 张志刚，熊巍，邓海鹰，等．配电系统自动化 [M]．北京：中国水利水电出版社，2015．

[33] 李群．配电自动化建设与应用新技术 [M]．北京：中国电力出版社，2020．

[34] 张帝．新一代配电自动化主站技术及应用 [M]．北京：中国电力出版社，2020．

[35] 李晓晨 . 配电线路运行与检修 [M]. 重庆：重庆大学出版社，2020.

[36] 叶社文，汪俊宇，兰凡璧 . 数据中心低压供配电系统运维 [M]. 北京：清华大学出版社，2022.